江西理工大学清江学术文库出版基金

芽孢杆菌芽孢特性及其作为吸附稀土离子材料的应用

CHARACTERIZATIONS OF BACILLUS SPORES AND THEIR APPLICATIONS AS ABSORPTION MATERIALS OF RARE EARTH IONS

董 伟 著

·长 沙·

内容简介

Introduction

本书系统地介绍了芽孢杆菌芽孢的生物学特性，以及不同环境因子、化合物对芽孢形成和特性的影响，为研究细菌芽孢的形态、结构、生理生化性质、芽孢萌发及可能的分子机制提供了完整体系。本书还从基础应用研究的角度，介绍了芽孢杆菌芽孢杀孢剂致死机理，芽孢吸附稀土离子的性能及从环境中回收稀土离子的潜在应用，为杀菌、微生物冶金等相关领域的研究提供了新的方法。本书主要内容包括芽孢杆菌芽孢特性及影响机理研究、芽孢萌发及萌发机制研究、化合物抑制芽孢萌发机理分析以及芽孢吸附稀土离子的作用及其作为吸附材料的应用研究。

本书可供从事细菌芽孢形成、芽孢结构及生理生化性质、芽孢萌发及杀孢灭菌、芽孢吸附重金属离子等方面工作的科技工作者参考，同时也可以作为高等院校生物类、环境类和食品类等专业本科生和研究生的教学和研究参考用书。

前言

Foreword

芽孢杆菌(Bacillus)是一类环境中普遍存在的细菌，当暴露于不利的生长环境时，其营养细胞会形成芽孢囊并释放出游离的芽孢。成熟的芽孢代谢活性极低、基本处于休眠状态，而且对高温、高压、外来大分子物质等具有较强的耐受性。然而，一旦周围环境条件转好，芽孢可以在萌发剂激活作用下萌发，并重新长成为营养细胞。芽孢作为一种新的生命形式，成为研究生命周期的最好素材之一。芽孢杆菌芽孢研究虽是微生物领域里一个很小的方向，却始终吸引着成千上万的学者去探索。笔者从事芽孢杆菌芽孢的研究已有十年，最初懵懂地臆测"芽孢是生命起源"的想法，虽然幼稚，但它是我开始细菌芽孢研究的原动力，在研究过程中，发现了新的现象，推翻了一些假设，证实了一些假设，循环往复，一直保持着对这个领域的研究兴趣。

第 1 章绪论部分介绍了本研究的背景和意义，并对国内外有关细菌芽孢研究的现状进行了综述。在此基础上，提出了本研究的主要内容、采用的主要措施及研究方法。

第 2 章分析了芽孢由外到内的多层结构，发现嗜热脂肪地芽孢杆菌(*Geobacillus stearothermophilus*)与枯草芽孢杆菌(*Bacillus subtilis*)芽孢结构类似：外层是由多层蛋白构成的芽孢衣，在外层的芽孢衣之下的结构依次是外膜、肽聚糖皮层和芽孢壁、内膜、芽孢质和核区；同时，比较了氮、碳、硫营养元素缺陷型芽孢的结构特征、生化组成与耐热性等，发现相对于培养基中限制氮元素，限制碳、硫元素对所形成芽孢的结构、分子组成及耐热性造成了损伤。

第 3 章研究了氨基酸等萌发剂对激活芽孢萌发的影响，发现 L 型缬氨酸是嗜热脂肪地芽孢杆菌和枯草芽孢杆菌芽孢萌发最为有效的营养型萌发剂，其浓度与萌发速率之间的关系符合米氏(Michaelis - Menten)模型，进一步表明芽孢内存在潜在的萌发受体。氮元素缺陷型芽孢的萌发率是硫元素缺陷型芽孢的 10 倍，蛋白质组学技术分析显示前者潜在萌发受体表达量是后者的1.8倍，然而，脂质组研究发现，与萌发率有关的心磷脂水平在两类芽孢中无明显差异，表明萌发受体表达量是影响芽孢萌发率的关键因素。

第4章分析了氟离子进出芽孢杆菌及其对芽孢性质的影响，结果表明氟离子抑制枯草芽孢杆菌芽孢的萌发及生长，而氟离子输出蛋白YhdU(现在命名为FluC)在防止氟离子在细胞和芽孢内过度积累方面发挥了重要作用，它能够减小氟离子对芽孢萌发的抑制作用。

第5章研究了阳离子表面活性剂十六烷基三甲基溴化铵(CTAB)杀死枯草芽孢杆菌、蜡样芽孢杆菌(*Bacillus cereus*)和巨大芽孢杆菌(*Bacillus megaterium*)芽孢的作用，很可能是通过破坏芽孢内膜结构实现的，杀孢作用也可能是在引发芽孢萌发后发生的。

第6章研究了芽孢吸附稀土离子的作用，发现芽孢杆菌芽孢表面结构能够有效吸附铽与镝等稀土离子，吸附量相当于芽孢干重量的3%，而对芽孢的湿热抗性或萌发特性几乎没有影响，虽然机理尚不清晰，但芽孢作为高效吸附材料具有从环境中回收稀土离子的潜在应用价值。

第7章得出本专著研究的结论及建议。

本书提供了与芽孢杆菌芽孢形态、结构、大分子组成、耐热特性、芽孢萌发与抑制、芽孢吸附稀土离子等研究相关的插图和表格，为教学和科研工作提供大量的原始素材与数据，无论在理论研究与实践应用上都具有较强的参考价值。

笔者任职于江西理工大学，研究期间得到了美国微生物科学院院士、康涅狄格大学杰出教授Peter Setlow、香港城市大学张汉扬副教授、林润华副教授的支持、帮助和指导。特别是Peter Setlow教授对芽孢研究50年如一日的执着和热情深深感染了我，激励着我在这个研究领域深耕。在此，一并向以上为本研究及专著出版提供支持和帮助的单位及个人表示衷心的感谢。

本专著为江西理工大学清江学术文库出版基金资助图书。本专著同时得到国家自然科学基金项目(No. 31760177，No. 31500421)、江西理工大学清江青年英才支持计划(JXUSTQJYX2018007)的资助。

由于时间所限和作者水平有限，书中难免存在不妥、疏漏之处，敬请广大读者批评指正。

董　伟

2019年11月

目录

Contents

第1章 绪论

1.1 研究背景和意义

细菌芽孢与人类生活及社会生产活动密切相关，迄今为止，对于细菌芽孢的研究几乎涵盖了芽孢的方方面面，大致包括芽孢的形成、组成、性质、萌发、杀孢、抗性、灭菌，以及其引起食物腐败和疾病等领域。美国微生物科学院院士彼得·塞特洛(Dr. Peter Setlow)分析发现 PubMed 上 360 000 多篇细菌芽孢的相关文献，有 1% 的论文研究芽孢杆菌和梭菌芽孢。

芽孢杆菌和梭菌属芽孢的研究持续了数十年，驱动此领域研究的主要因素可以概括为六个方面(Setlow, 2019)：①芽孢形成的简单发育系统，通常由于缺乏营养引发，这导致母细胞内形成芽孢，然后母细胞裂解释放游离的芽孢；②由低分子量化合物，通常是营养元素如氨基酸等引发的芽孢萌发使芽孢迅速恢复生命状态，表明环境适合细胞生长；③芽孢的休眠和耐受特性，以及建立和维持这些芽孢特性的新机制通常远高于任何其他细菌形态；④使用芽孢杆菌芽孢来监测外层空间恶劣环境中的生物存活情况，并允许开发机制以确保其他行星免受地球微生物的意外污染；⑤许多物种的芽孢作为食物腐败和食源性疾病的载体的作用(梁栋 等, 2018)；⑥由于芽孢对环境的极端抗性，某些细菌芽孢成为严重的人类疾病载体，包括由肉毒杆菌引起的肉毒杆菌中毒、由产气荚膜梭菌引起的气性坏疽和食物中毒、由艰难梭菌引起的足以致命的腹泻，以及由蜡状芽孢杆菌和地衣芽孢杆菌引起的食物中毒。

因此，对芽孢的研究具有重要的理论与应用价值。然而，国外大量芽孢杆菌芽孢的研究文献多分散于芽孢的形成、结构、性质等方面。国内对芽孢杆菌的研究集中在细胞层面(刘秀花, 2007)，对芽孢的研究较少，鲜有细菌芽孢吸附稀土离子的研究。嗜热脂肪地芽孢杆菌因其芽孢无致病性、无热原、无毒，且对压力蒸汽的抵抗力强等特性，常用作湿热灭菌生物的指示剂(王似锦 等, 2018)。枯草芽孢杆菌芽孢因具有状态稳定、耐氧化、耐高温等特点(罗进明, 2008)，在酸性胃环境中依然能保持活性，常用作胶囊包埋剂。利用新思路和新技术研究细菌芽孢的形态、结构、生化组成、生物学特性等不仅能加深对环境因子等因素影响芽孢形成过程、生物学特性的理解，而且能为阐明芽孢抗性机理、萌发机理，为防止或阻断芽孢引起食品腐败或疾病提供理论依据。

本研究首先以嗜热脂肪地芽孢杆菌菌株为研究对象，利用发酵罐进行微生物培养，并测定发酵过程中的各种指标，利用电镜技术、蛋白质组学技术等手段分析了营养缺陷条件下造成芽孢产量、结构及生化组成差异的可能原因，与此同时，利用上述手段及脂质组学技术等分析了芽孢萌发特性，并揭示了造成芽孢萌发差异特性的可能机理。随后以枯草芽孢杆菌、蜡样芽孢杆菌和巨大芽孢杆菌等芽孢杆菌菌株为研究对象，利用基因工程技术及电镜技术等手段分析了氟化钠、十六烷基三甲基溴化铵等不同化合物抑制芽孢萌发甚至引起芽孢致死的作用与杀孢的可能机理。最后，根据芽孢自身的结构特点及生物学特性，结合稀土绿色提取需求，研究了芽孢作为生物吸附剂吸附稀土离子的作用，以及稀土离子吸附对芽孢特性的影响。

希望本研究成果可以为研究细菌芽孢提供系统的架构，为了解芽孢形态结构与生物学特性提供全面的知识，为开发芽孢绿色提取稀土元素提供全新的思路，为食品安全加工、生态环境保护、资源回收等提供可行的方案。

1.2 国内外研究现状

1.2.1 芽孢的形成

某些细菌和多种真菌都可以产生芽孢，但它们所产的芽孢却有着不同的形态和功能。细菌芽孢(或称内生芽孢)能使细菌在恶劣的环境条件下生存，而真菌芽孢的产生主要是为了繁殖。产生芽孢的细菌属于厚壁菌门，代表菌属有芽孢杆菌属和梭菌属。芽孢杆菌属是需氧型菌，梭菌属是厌氧型菌(Marquis & Gerhardt, 2001)，两者均来自同一种产芽孢微生物。产芽孢的菌属还包括芽孢乳杆菌属、脱硫肠状菌属、芽孢八叠球菌属和高温放线菌属，其中有的是严格厌氧型菌或兼性厌氧型菌，有的是需氧型菌(Slepecky, 1992)。然而，通过基因鉴定和其他实验已证明分枝杆菌并不形成芽孢(Traaga et al., 2010)。

1980 年以前，需氧型芽孢菌已经确定有 4 个属，其中杆菌属种类被发现得最多。Fritze 通过形态学、生理学、遗传分类学鉴定出了超过 25 个属、200 个种的产芽孢菌(Fritze, 2004)，研究者们仍在持续通过新的方法对其中的许多种属进行分析和归类。基于 16S rDNA 序列分析，芽孢杆菌和梭状芽孢杆菌是完全不同的属。de Hoon 等人研究了在芽孢形成期间由 RNA 聚合酶 σ 因子控制的主要调控模块的保护机制(de Hoon et al., 2010)，并发现这些模块存在于产芽孢细菌中，Spo0A 存在于 24 种典型的菌种中。根据芽孢形成过程中保守模块的不同，细菌分为两大类产芽孢菌属和菌种。

细菌芽孢的形成过程通常被认为是最简单的细胞分化模型之一。细胞分化是指细胞的结构形态、功能特征逐渐改变，最终导致子细胞与母细胞不再相同(Iber et al., 2006)。枯草芽孢杆菌的生命周期如图1-1所示(Iber et al., 2006; De Hoon et al., 2010)。芽孢的形成、芽孢的萌发及生长过程被认为是一个细胞分化模型(Aguilar et al., 2007)。细菌产生的芽孢代谢率极低，处于休眠状态，然而当环境条件适宜时，它们就会被“唤醒”，然后出芽并生长成为营养细胞，营养细胞再次进入二分裂过程。研究人员通过利用已知条件触发分化过程来研究芽孢形成过程(Driks, 2002b)。在芽孢形成过程中，细菌细胞的形态结构和生化特征不断地发生变化(Levin & Grossman, 1998)。

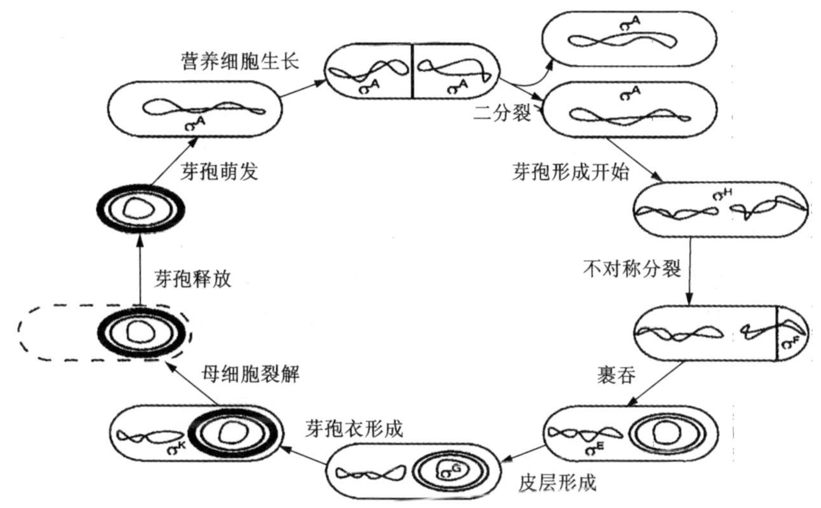

图1-1 枯草芽孢杆菌的生命周期示意图

营养细胞一般通过二分裂形成两个相同的子细胞。当环境条件恶劣时，细胞受RNA聚合酶σ因子调节并开始形成芽孢。在芽孢形成过程中，营养细胞形成一个大的母细胞和一个小的前芽孢。经过七个阶段之后，前芽孢成熟且最终从裂解的母细胞中释放。如果没有适宜的环境触发芽孢的萌发和营养细胞的生长，成熟的芽孢则会长期处于休眠状态。

在自然界或实验室中，芽孢形成最常见的条件是营养耗尽(Lee ct al., 1982; Piggot & Hilbert, 2004)，当培养的细胞进入对数生长期晚期后的稳定期时通常用控制碳源的方法来促使芽孢的形成，此方法已被用于对多种芽孢杆菌菌种芽孢形成的研究，包括蜡状芽孢杆菌、巨大芽孢杆菌和最普遍的枯草芽孢杆菌。此外，氮和磷酸盐的匮乏同样能使芽孢形成。一旦芽孢开始形成，就可以通过使用多种技术联合检测连续的生理生化变化。用来观测细菌芽孢形成期间变化的最重要的技术是电子显微技术，包括扫描电子显微镜、透镜电子显微镜 (Catalano et al.,

2001)、原子力显微镜(Dufrêne et al., 1999; Dufrêne, 2008), 以及拉曼光谱仪(Jarvis & Goodacre, 2008; Pestov et al., 2008; Konget al., 2010)。

细菌在芽孢形成时, 营养匮乏的环境信号会转导为细胞生化、结构及功能的改变。研究发现, 在进入对数生长期后期, 营养细胞感应到饥饿信号或其他环境压力所带来的信号时, 芽孢形成这一过程(阶段0)将会开始。然而, 在芽孢形成之前, 营养细胞可能选择适应环境的变化并进入稳定期(Sonenshein, 2000; Phillips & Strauch, 2002)。在遗传学研究中, 已经发现数百个基因参与芽孢形成的过程, 其中 spo0A ~ P 编码转录因子用来应对氮源、碳源甚至磷源的匮乏(Aguilar et al., 2010)。在过渡态时, 全局性调控因子, 如 AbrB 蛋白结合在启动子或大量基因的调控区上来影响基因表达(Phillips & Strauch, 2002)。Spo0A ~ P 的活化被 Spo0A 的磷酸化作用介导, 由包括 KinA 在内的几种激酶催化。研究已表明, 磷酸化 Spo0A 可以抑制 abrB 转录, 因此尽管 AbrB 保持在全局性调控因子水平, Spo0A 仍是 AbrB 浓度的独立抑制因子。Spo0H(sigH)基因编码一种 RNA 聚合酶 σ 因子(σ^H)识别 spo0A 和 spo0F 上游的启动子。sigH 受被 Spo0A ~ P 抑制的 AbrB 的负调控作用, 导致可能是由转录后调控的 σ^H水平的增加。除 σ^H外, 包括 σ^A, σ^F, σ^E, σ^G和 σ^K等的其他 σ 因子(刘燕 等, 2005), 是前芽孢和母细胞形成早期指导基因表达的关键(Haldenwang, 1995; Bejerano - Sagie et al., 2006)。所有的激酶、调控因子和转录因子都参与组织芽孢形成中的复杂网络模块。

除了磷酸化和基因调控网络参与引发芽孢的形成, 这一复杂的过程(芽孢形成过程)同样也对应细胞内的多肽和(或)细胞外恶劣环境的信号变化(Burkholder et al., 2001)。研究人员强调检查点因素, 如被 sda 基因编码的 Sda 调节 KinA, 还起到抑制启动过程的作用(Rowland et al., 2004; Veening et al., 2009; Errington et al., 2009)。在这种情况下, 从稳定期到芽孢形成的过渡期被视为"有利"平衡的过程, 若环境中有足够的营养, 则营养细胞会继续生长; 否则, 营养匮乏时营养细胞将形成芽孢。然而, 芽孢形成过程一旦被触发就是不可逆的, 特别是在第二阶段不对称分裂发生后(Schultz et al., 2009)。

如图 1 - 2 所示, 芽孢形成过程共分为七个阶段 (Doherty et al., 2010)。第 I 阶段, 细胞中的 DNA 沿径轴方向延伸, 部分染色体被隔离于前芽孢区, 这个复杂的过程由 σ^F指导完成。第 Ⅱ 阶段, 极性 FtsZ 环形成, 并被重新定位于有隔膜的不对称分裂细胞极点附近 (Ben - Yehuda & Losick, 2002)。在这种情况下, 一个细胞分裂为两个子细胞, 其中较大的细胞被命名为母细胞/芽孢囊, 不能分化但可以为较小的细胞提供营养, 最后经历程序性死亡; 而较小的细胞是形成成熟芽孢的前芽孢。第 Ⅲ 阶段, 母细胞中肽聚糖开始环绕前芽孢形成两层膜(Rubio & Pogliano, 2004; Meyer et al., 2010)。这种吞噬行为是通过隔膜上的 Spo Ⅱ D、Spo Ⅱ M、Spo Ⅱ P 三个关键蛋白分子完成的。第Ⅳ阶段, 前芽孢两层膜之间经过修饰的肽聚糖被合成为维持前芽孢渗透缩水的皮层。第Ⅴ阶段，超过60种芽孢衣蛋白开始组装成多层外壳结构，芽孢衣形成。第Ⅵ阶段，芽孢继续发展和成熟，最终前芽孢发展成一种高度耐受型芽孢。第Ⅶ阶段，游离的芽孢从母细胞释放，母细胞凋亡溶解。成熟的芽孢核心充满了吡啶二羧酸钙，占芽孢干重的10% ~25%，使芽孢具有较强的耐热稳定性(Sanchez - Salas et al. , 2011)。

母细胞早期产生的一种形态蛋白 SpoⅣA，对皮层和芽孢衣的形成至关重要，它被发现存在于所有产芽孢细菌中。然而，SpoⅣA 用来定位到前芽孢的母细胞细胞膜上的 SpoVM，并不是在所有的产芽孢细菌中都存在(Wu & Errington, 2008)。SpoⅣA 招募 SpoⅣD 作为芽孢衣组装成分。还有另一种蛋白质 SafA，连接皮层和芽孢衣，并指导外壳蛋白组装（Ozin et al. , 2000; Ozin et al. , 2001)。芽孢衣的结构具有种间特异性，可以通过电子显微镜来观察分析(Catalano et al. , 2001)。芽孢衣形成后，芽孢能抵抗溶菌酶的消化、化学药物甚至是辐射(Henriques & Moran Jr, 2000)。

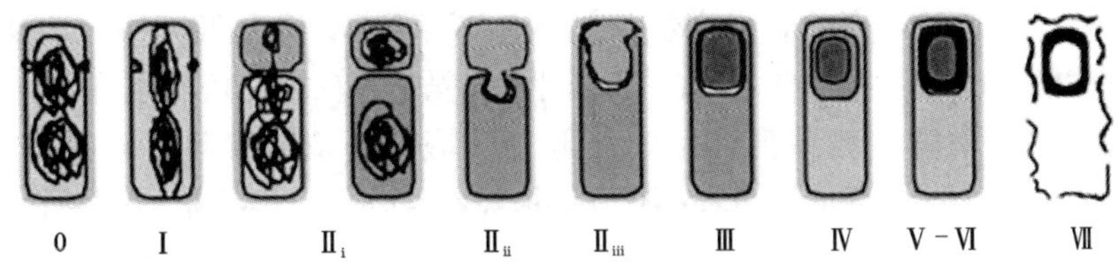

图1-2 芽孢形成各阶段形态示意图

阶段0中有一个营养细胞，环境条件不利时芽孢形成。芽孢形成过程包括：细胞不对称分裂发生在第Ⅰ阶段；在第Ⅱ阶段母细胞和前芽孢形成；第Ⅲ阶段母细胞吞噬前芽孢；皮层和芽孢衣分别在第Ⅳ、第Ⅴ阶段形成；第Ⅵ阶段芽孢成熟；第Ⅶ阶段母细胞溶解，游离芽孢释放，芽孢形成过程结束。

母细胞的分化基因在前芽孢中继续表达，并且通过细胞间信号传导互相协调。例如，在细胞未分裂时 σ^E 和 σ^F 的表达由 Spo0A ~ P 控制，但在不对称分裂后它们被不同的方式激活或抑制(Mascarenhas et al. , 2002)。值得注意的是，在芽孢形成过程中，有一些蛋白质会作为两个子细胞间的桥梁和通道。因此，母细胞和前芽孢之间会产生联系，此时前芽孢需要的一些组件可以从母细胞中获得(Meisner et al. , 2008)。在脱氧核糖核酸(DNA)转运模型中，FtsK/SpoIIIE 跨膜片段横跨隔膜的两层脂质双分子层形成 DNA 运输/传导通道(Burton et al. , 2007)。因此，芽孢形成对生存在恶劣环境中的细胞来说是一种很经济的方式，这一方式也让产芽孢细菌产生种群群体感应来与其他细菌进行竞争。

一般来说，通过消耗营养物质如磷酸盐、碳源或氮源会使营养细胞转变为芽孢(Liu et al. , 1994; Sonenshein, 2000)，芽孢的形成开始于细胞对数生长期后，营养细胞大概需要 8 h 完成耐热芽孢形成过程，芽孢的形成率在30%至100%之间（Lalloo et al.，2009）。因其能产生有价值的代谢产物，如生物农药和抗生素等，芽孢杆菌属的芽孢已被广泛应用于农业和医疗领域。这些生产效率高的产芽孢菌种具有重要的商业价值，实现芽孢生产高效、高产目标的通用可行方法是增加细胞密度和(或)提高菌体浓度。此外，还有营养成分、溶解氧浓度和搅拌速度等内部和外部因素也会影响芽孢形成效率。特别是对于严格好氧细菌来说，溶氧浓度对芽孢的形成来说是一个重要的因素。例如，当 2 L 的生物反应器装置中的氧气充足时，苏云金芽孢杆菌可以生产更高的生物量(Avignone－Rossa et al.，1992；Flores et al.，1997)。球状芽孢杆菌和苏云金芽孢杆菌的毒素合成和芽孢形成依赖氧气，从而导致在有一定氧浓度的保障条件下会有更高的细胞收益率(Rowe et al.，2003)。

芽孢生产发酵条件优化，一直是学界和业界的热门研究领域。在发酵过程中，通过控制 pH 和温度来监测细胞生长和芽孢形成，并即时改变培养基组分。Monteiroet 等人在分批补料发酵过程中研发了一种工艺，它可以使芽孢浓度增加 19 倍，比已报道的最高的芽孢产量高 3 倍（Monteiro et al.，2005a）。与此同时，不同发酵模型已经用在最佳培养条件的优化过程中。在震荡培养条件下，采用响应面法(RSM)对解淀粉芽孢杆菌的芽孢生产培养基中的碳源与氮源进行优化(Liu & Tzeng，1998；Rao et al.，2007)。神经网络(NNs)模型是另一种在发酵中用于控制和管理分批补料参数的方法，如在苏云金芽孢杆菌生产中对底物和培养条件进行限制(Kang et al.，1992；Valdez－Castro et al.，2003)。此外，考虑到工业生物制品的生产成本，在产蜡状芽孢杆菌芽孢培养基中添加低成本的玉米浆也是一种节约成本的方法(Lalloo et al.，2009)。

培养基的化学组成是影响芽孢产量最重要的参数，因为芽孢的形成是由营养匮乏引起的，确切地说，是养分的耗尽所触发的(Long et al.，1983)。营养匮乏作为一种压力信号可以诱导特定的蛋白质，从而导致细菌细胞进入稳定期(Hoi et al.，2006；Tam et al.，2006)。在环境中，碳元素是保证细菌生长的重要营养元素，因为它是一种能源，也是结构元件如蛋白质合成必不可少的基质。当生长过程缺少碳源，尤其是葡萄糖受到限制时，细胞会立即停止生长繁殖并进入稳定期(Bernhardt et al.，2003)，随后由于细胞溶解和芽孢形成，培养液的浊度下降。同样，氮元素也是细菌生长必需的营养元素。有研究表明，氮影响细菌酶活性和胞外酶形成的数量（Untrau et al.，1994）。除此之外，氮对核酸和蛋白质的合成也很重要(Voigt et al.，2006)。基因通过转录、翻译表达合成大分子的过程中所需的大量的碳、氮、硫和磷并将其作为细胞的“材料费”。硫与碳、氮一样重要，因为它们是蛋白质基础元素，也用于细胞的生长(Baudouin－Cornu et al.，2001；Bragg & Wagner，2008)。通过限制培养基中的硫元素使枯草芽孢杆菌进入稳定期，细胞分泌蛋白质来适应环境，随后形成芽孢(Coppee et al.，2001)。

已有人从不同方面研究了限制如碳源和氮源等必需营养物质对芽孢培养及相关特征的影响(Fujioka & Frank，1966；Guzman et al.，1972；Cheung et al.，1982b；Shi & Zhu，2007；Veening et al.，2008)。生长培养基也会影响枯草芽孢杆菌前芽孢的染色体的形状和位置（Dawes et al.，1971）。营养匮乏会对炭疽杆菌产孢效率和芽孢特性产生影响，营养物质缺乏可以使芽孢更早地形成，且使芽孢对变性剂更敏感。培养基中二价阳离子的浓度也影响芽孢的形成和芽孢的特性。例如，通过拉曼光谱和培养基优化方法分析可知，对于某些芽孢杆菌菌种，在芽孢形成培养基中补充锰会加速芽孢形成(Stockel et al.，2009)。研究发现，在培养基中添加高浓度的锰离子，会增加所产芽孢的耐湿热能力，但过高浓度的锰对所产芽孢反而有毒害作用(Cheung et al.，1982 b)。因此，芽孢形成的条件对芽孢产量来说非常重要。

1.2.2 芽孢的性质

如图1－3所示（Kim & Schumann，2009)，芽孢一般是一个包括多层结构的复杂组成，以枯草芽孢杆菌芽孢为例，从内到外的基本结构组成有芽孢核区、芽孢质、芽孢内膜、芽孢壁、皮层、外膜和芽孢衣(Driks，1999)。其他芽孢杆菌菌种的芽孢，如炭疽杆菌、苏云金芽孢杆菌、蜡状芽孢杆菌和其他一些梭菌属是被最外层的孢外壁包住的，它能保护芽孢不受外界伤害，尤其是免受病原微生物的入侵。孢外壁由亚晶状的基底层和外部表面头发状的细毛组成，电子显微镜下观察是像球一样的结构(Aronson & Fitz－James，1976；Henriques & Moran Jr，2007)。透射电子显微镜观察发现它在芽孢衣外层10～20 nm处，但炭疽杆菌和蜡状芽孢杆菌之间没有连接的纽带。利用原子力显微镜可观察到苏云金芽孢杆菌孢外壁25～40 nm厚毛发状细丝。短小芽孢杆菌和克劳氏芽孢杆菌靠近芽孢衣外层底部有短发毛状突起(Zolock et al.，2006；Mallozzi et al.，2008)。因此，孢外壁具有菌株特异性，可以用来区分不同的菌种或菌株，且一个完整的孢外壁是芽孢萌发的关键元素。例如，孢外壁有缺陷的cotE突变菌株不能像野生型炭疽杆菌那样萌发(Henriques & Moran Jr，2007)。

然而，大多数芽孢杆菌最外层结构是芽孢衣，而不是孢外壁结构。透射电子显微镜显示，芽孢衣有两层：内衣层和外衣层。前者主要由3～6层薄层组成，而后者包含4～5条电子致密的条纹，它们挤压在一起排列在芽孢的极点加厚。用原子力显微镜观察发现，芽孢表面有许多脊状结构(约85 nm，12 nm高)，而且分散着直径为7～20 nm的突起(Plomp et al.，2005；Wang et al.，2007)。

芽孢衣蛋白大约有70种，其中有超过40种参与芽孢衣的构造与装配。在芽孢衣装配期间，CotE在芽孢外膜上与内衣层上受σ^K控制的蛋白CotT相互作用，另外

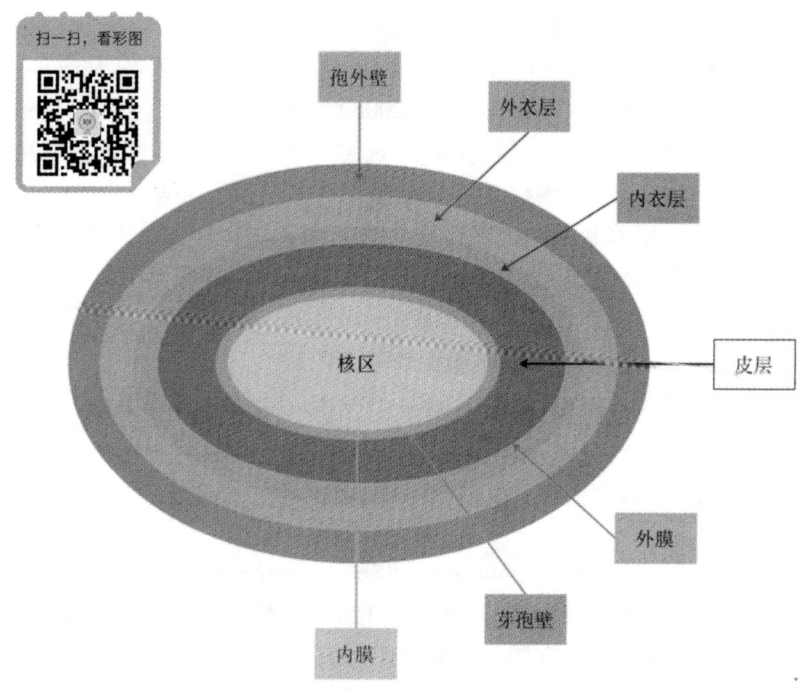

图 1-3 细菌芽孢结构示意图

最外层是致病芽孢杆菌的孢外壁，如炭疽杆菌，但枯草芽孢杆菌的芽孢最外层是芽孢衣。随后为外膜、皮层、芽孢壁和内膜。最里面的核区充满了吡啶二羧酸钙、DNA 和保护 DNA 的小酸溶性蛋白质。

σ^K还控制 CotD 和 OxdD 蛋白(Isticato et al., 2010)。CotT 也和 CotO 与 CotH 起作用参与外芽孢衣的装配，CotO 与 CotH 分别是 CotG 和 CotC 的稳定化所需要的。CotG、CotC 和 CotB 是芽孢外衣中丰度最高的蛋白质，特别是 CotB，它可以指导仿外衣层的组装。通过绿色荧光蛋白融合技术(GFP)，发现 CotD、CotF、CotT、GerQ、YaaH、YeeK、YmaG、YsnD 和 YxeE 等蛋白存在于内衣层，CotA、CotB、CotC、YtxO 等存在于外衣层(Imamura et al., 2010)。由于芽孢衣蛋白的生化性质，芽孢可以抵御一些大分子、外界酶，如溶菌酶和化学物质，特别是当芽孢皮层是由肽聚糖组成时，可以保护芽孢不会被水解(Pandey & Aronson, 1979; Driks, 1999)。芽孢外衣层是溶菌酶重要的防线，而芽孢内衣层可以有效地阻挡溶菌酶，芽孢衣蛋白 CotE 也有助于防御溶菌酶(Moir, 1981; Driks, 1999; Okugawa et al., 2012)。芽孢衣也能保护芽孢不受氧化剂如二氧化氯、次氯酸盐等的影响。芽孢衣的作用已通过外衣层缺陷而内衣层正常的 CotE 突变体来证实 (Isticato et al., 2010)，然而影响芽孢衣结构的芽孢衣蛋白，却不一定影响芽孢的形态，芽孢的脊状结构有足够的可塑性去适应湿度的变化，并且会在萌发时消失 (Setlow, 2008)。

芽孢外膜的功能尚不清楚，但它似乎并不是屏障或者有助于芽孢的抗性。皮层由类似于营养细胞肽聚糖的变性肽聚糖组成，它在减少芽孢中央核区水分中起重要作用。在芽孢萌发时，皮层会降解消失，使芽孢核区扩张，让细胞生长成为可能。在芽孢生长期间，有类似营养细胞肽聚糖的芽孢壁发展成为细胞壁(Popham et al., 1996)。芽孢内膜包含类似于营养细胞质膜的脂质，具有渗透屏障的作用，使芽孢对一些化学物质产生很强的耐受性，因此可以通过芽孢内膜来保护 DNA 免受损伤(Young & Setlow, 2004)。

芽孢内部是核区，类似于营养细胞的原生质体，它包含了在芽孢休眠期不需要的主要大分子，如 DNA、核糖体和酶等(Setlow, 2006)。水分占芽孢核区湿重的很大比例，但因为几乎没有自由水，导致酶的活性极低，因此芽孢具有很强的耐湿热性。但在芽孢萌发期间，核区的含水量增加，酶随之恢复活性。核区中第二个重要的分子是吡啶二羧酸，它可以与二价离子特别是钙离子螯合。吡啶二羧酸在母细胞中形成后进入前芽孢核区，占芽孢核区干重的比例最高，用于减少芽孢形成过程中的含水量，并负责抵抗紫外线和 γ 射线(Paul et al., 2006)。另外一个由一组小酸溶性芽孢蛋白(SASP)组成的分子，也是芽孢耐受性的关键因素。芽孢形成阶段后期，酸溶性芽孢蛋白在前芽孢细胞中合成并与 DNA 结合，保护它们免受伤害 (Johnson et al., 2007)。然而，随着芽孢生长，这些 α/β 蛋白也会被降解。

1.2.3 芽孢的萌发

当外界环境条件变得有利时，细菌芽孢开始萌发，休眠的芽孢又会重新长成营养细胞。芽孢萌发可以通过营养物质或非营养物质触发，这两者统称为萌发剂(Moir et al., 2002; Setlow, 2003; Moir, 2006)。营养型萌发剂通常是低分子量分子，包括氨基酸、糖类或嘌呤核苷等，而非营养型萌发剂通常包括溶菌酶、离子、吡啶二羧酸钙和高压诱导及一些表面活性剂等(Vries, 2004)。值得注意的是，有时萌发剂会由不同的营养或非营养萌发物质组合而成。例如，由天冬酰胺、葡萄糖、果糖和钾离子组合而成的混合物 AGFK，它可令枯草芽孢杆菌芽孢萌发，嘌呤核糖核苷和氨基酸混合可令炭疽杆菌芽孢萌发(Setlow, 2003)，溴化钾(KBr)可以作为巨大芽孢杆菌的芽孢萌发剂(Cortezzo et al., 2004)。

此外，不同种类的芽孢萌发需要不同的萌发剂，尤其是一些病原菌芽孢萌发时需要特定的萌发剂分子(Paredes - Sabja et al., 2011)。然而，这些萌发剂是否在芽孢萌发激活过程中发生变化并不确定。有研究表明，在巨大芽孢杆菌萌发触发过程中发现了标记的 L 型丙氨酸和(或者)葡萄糖及它们的类似物(Heffron et al., 2009; Wilson et al., 2012)。从 A 型产气荚膜杆菌中分离出的可导致食物中毒的芽孢萌发需要 pH 为 6.0 的无机磷酸钠盐，以及萌发相关蛋白 GerAA 和 GerO (Paredes - Sabja et al., 2009 b)。总体来说，营养萌发是一个萌发受体与特定萌发剂接触之后，通过信号传导启动整个通路的过程（Atluri et al.，2006；Ramirez et al.，2010）。

除了营养物质可以作为萌发剂外，一些化合物如去污剂也可以作为萌发剂，这些就是非营养型萌发剂。例如，阳离子表面活性剂十二烷胺（DDA），通常用于实验室促发芽孢杆菌芽孢萌发（Rode & Foster，1961；Pinzón - Arango et al.，2009）。由于生物圈提供的营养物质充足，因此非营养萌发在自然界中很少发生。非营养萌发不同于营养萌发的是不需要萌发受体。例如，十二烷胺会改变芽孢膜的物理性质，从而提高膜的通透性，使吡啶二羧酸和其他小分子通过 SpoVA 通道蛋白而释放（Vepachedu & Setlow，2007）。外部添加吡啶二羧酸钙也可以通过激活可水解芽孢皮层的 CwlJ 酶而启动芽孢萌发（Paidhungat et al.，2001）。

同样，溶菌酶可以通过降解芽孢皮层和芽孢壁去除芽孢衣，从而导致芽孢膨胀和芽孢萌发（Cowan et al.，2004）。此外，高压也可令芽孢萌发，例如，150 MPa 的压力可使枯草芽孢杆菌芽孢萌发（Black et al.，2005；Reineke et al.，2011）。然而，尽管高压能够导致芽孢非营养萌发，其机理却与非营养萌发不同，而是更类似于营养萌发，其机理可能是通过激活通道释放吡啶二羧酸钙或是激活受体蛋白使其萌发（Setlow，2003；Black et al.，2005）。

虽然近来有研究发现一些芽孢衣蛋白如 GerP 等有帮助萌发剂通过芽孢衣并进入芽孢的功能（Carr et al.，2010），但芽孢萌发的激活机理仍然不清楚。如图 1－4所示，萌发剂进入芽孢后，与特定的萌发受体接触从而激活芽孢萌发，随后经过一个萌发信号转导系统，进而引发一步步的生理事件（Paredes－Sabja et al.，2011）。生理事件是萌发过程发生明确与可信的证据，包括萌发芽孢的初始渗透率以及发生在萌发剂与萌发受体之间的相互作用。随后芽孢萌发随着阳离子，包括钾离子、钠离子和氢质子的释放被启动，钙离子和吡啶二羧酸从芽孢中释放。此时，水的吸收导致芽孢体积增加，其他小分子如氨基酸等被释放（Setlow et al.，2008）。某些类型的离子通道和转运蛋白能调节这些离子透过生物膜。例如，在蜡状芽孢杆菌芽孢中，钠/钾逆向转运蛋白 GerN 被证明负责萌发过程中阳离子通道（Southworth et al.，2001）。同样地，存在于巨大芽孢杆菌中的同系物 GrmA 也是芽孢萌发所需要的通道蛋白（Thackray et al.，2001）。然而，我们对萌发剂受体如何运输阳离子或激活其他离子通道的机理所知甚少。幸运的是，GerP 蛋白可以允许小分子如 L 型丙氨酸（L－Ala）或肌苷进入芽孢作用于受体，研究者把它作为渗透蛋白看待（Behravan et al.，2000；Moir，2006）。

在芽孢释放离子和吸收水之后，组成芽孢皮层结构的肽聚糖依次被分解。枯草芽孢杆菌中 CwlJ 和 SleB 这两个重要的皮层水解酶，在这一过程中起关键作用。CwlJ 在母细胞中合成，而 SleB 在芽孢形成过程中的前芽孢中合成，但两者都在芽孢衣和皮层上被发现（Moriyama et al.，1999）。CwlJ 的活化由吡啶二羧酸钙诱导，

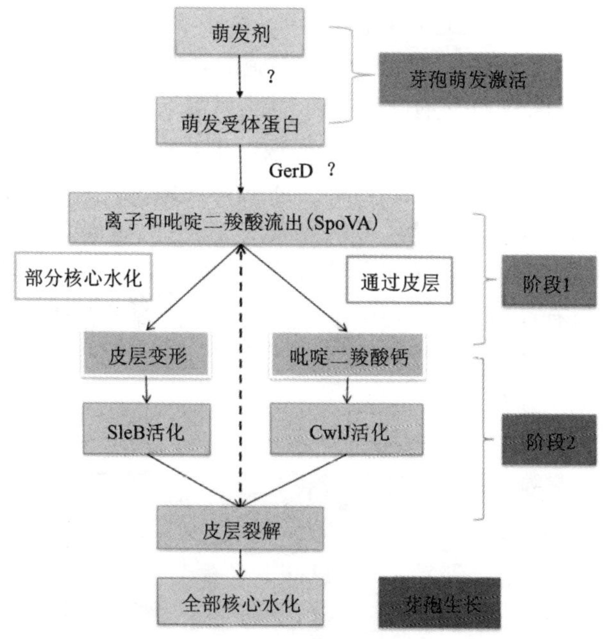

图1-4 芽孢萌发过程示意图

萌发剂进入芽孢触发芽孢萌发。通过早期萌发阶段，芽孢长成营养细胞，问号(?)表示机制不清。

而SLeB由皮层中营养反应或压力变化诱导激活(Magge et al., 2008)，它们在芽孢内的水解能力也得到了监测(Atrih & Foster, 2001)。研究人员通过建立模型在芽孢外阐明它们的功能，模型包含两个功能域：氮(N)端与肽聚糖结合；碳(C)端有肽聚糖水解活性，二者共同发挥酶的作用(Heffron et al., 2011)。在炭疽杆菌芽孢中，三种特有的萌发裂解酶(GSLEs)，即SleB、CwlJ和CwlJ2，在芽孢形成时水解皮层(Giebel et al., 2009)，缺乏萌发裂解酶的突变体不能在营养丰富的培养基上萌发，却可以在血液和血清里萌发，以此可解释感染炭疽病老鼠的毒性。萌发过程中有多种相关酶参与，例如，在枯草芽孢杆菌芽孢形成时表达且位于芽孢衣上的YcsK(LipC)已被证明是与芽孢萌发相关的脂肪酶(Masayama et al., 2007)。接下来，当芽孢核心膨胀、细胞壁扩张时，皮层已降解的芽孢吸收大量的水，用于核心再水合和增加自身体积，然后酶功能开始恢复。最后，膨胀的芽孢重新开始新陈代谢以成为营养细胞。这个过程被称为芽孢生长，是营养细胞生长的开始(Nicholson & Setlow, 1990)，如DNA、核糖核酸(RNA)、蛋白质的大分子和小分子开始合成(Mongkolthanaruk et al., 2009)。同时，芽孢膨胀和扩展的形态变化是显著的，炭疽杆菌芽孢萌发的表面力学性能可以通过原子力显微镜进行测量(Pinzón-Arango et al., 2010)。单个萎缩芽孢杆菌整个芽孢萌发过程的结构动力学已通过原子力显微镜进行观测(图 1 –5)，该研究表明了芽孢衣拓扑结构和萌发期间芽孢衣的分解，并揭示了初生细胞的表面有肽聚糖纤维结构的多孔网状物。首先，0.5 h 内在萌发剂的作用下萌发芽孢通过吸收水分子来增加体积；然后，芽孢衣在 1 ~2 h 内分解；最后，芽孢的生长在 3 ~7 h 内发生。该研究之前，没有关于萌发开始时芽孢衣如何被破坏的直观认识，但通过该研究，很明显可以观察到，在幼芽期前小棒状层分解方向垂直于个体小棒，大量的纤维构成腐蚀性坑的目的是为了在萌发诱发前形成芽孢衣裂缝。孔隙变得足够大使初生细胞露出，但最开始时有芽孢残余。初生细胞完全从芽孢释放后，其表面呈多孔纤维网状（Plomp et al.，2007）。虽然该研究表明了芽孢衣的形态学的动态变化，但其分子机制仍有待进一步研究。

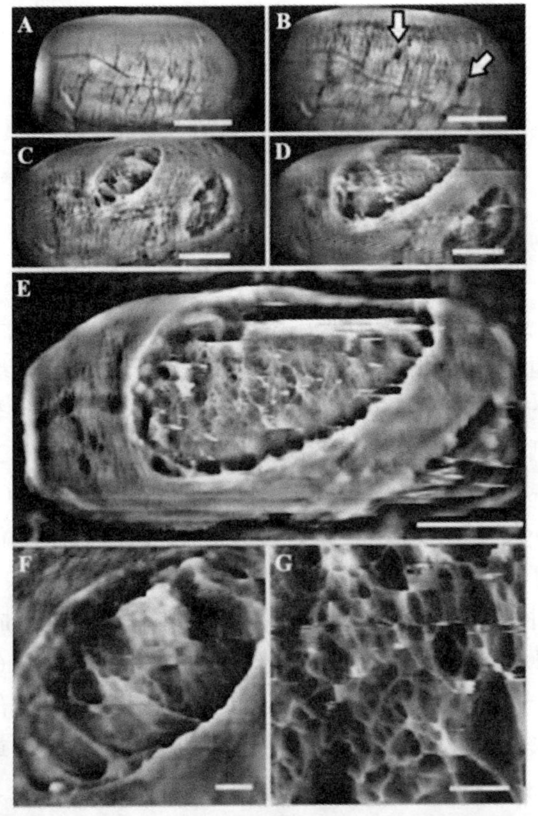

图 1 –5　一个萎缩芽孢杆菌芽孢萌发的原子力显微镜实时图像

营养剂激活芽孢萌发(A)时，裂缝开始形成(B，箭头所示)，并逐渐扩大(C，D)，然后初生细胞出现在芽孢残余部分(E，F)。最后，初生细胞摆脱芽孢残余部分(G)。

研究者已经提出炭疽细菌芽孢的萌发模型——瓶盖模型，即抑制芽孢萌发的酶 ALR 从芽孢外壁排除，使帽子结构足够弱从而促使生长细胞出现（Steichen et al.，2007）。最近，在枯草芽孢杆菌和炭疽杆菌中发现一种异常的萌发途径，即从细菌生长细胞的细胞壁释放胞壁肽促进了萌发。在细菌芽孢内膜上存在非常保守的类似真核生物的丝氨酸/苏氨酸生物膜激酶 PrkC，由于其胞外域在萌发期间结合肽聚糖以及磷酸化 DF－G，所以它是特定的胞壁肽激发萌发所必需的（Shah et al.，2008）。然而，胞壁肽只是与寡糖骨架相连接的主链肽第三位置有氨基酸 Dpm 的肽，这类胞壁肽无须补充任何营养型萌发剂就会引起芽孢萌发（Shah et al.，2008）。此研究虽然不能完全解释萌发机制，但它提供了一种对芽孢萌发新的合理解释。

虽然已证实许多基因产物与萌发有关，但对萌发机制和这些基因产物的具体功能仍然所知不多。有研究推测在营养充足的条件下，芽孢的萌发非常容易被触发，一旦触发很难控制，甚至是不可逆的（Driks，2003）。有研究推测通过改变芽孢膜可以提高芽孢的渗透率，这会进一步导致离子流出和水分流入芽孢，从而活化芽孢衣裂解酶（Setlow，2003）。有研究猜测通过除去芽孢衣，溶菌酶进入芽孢，芽孢随着皮层消化开始萌发，但有实验表明，芽孢萌发早期如离子转移和核心局部再水合的发生不需要皮层水解（Moir，2006）。缺乏正常胞壁 δ－内酰胺，即缺少芽孢肽聚糖的 CwlD 突变体，不能被特定的皮层裂解酶识别，但突变体芽孢仍能完成芽孢萌发的早期事件（Moir，2006）。

至于萌发剂，特别是营养萌发剂和受体之间的相互作用，通常被理解为遗传操控。GerAB 突变体的芽孢萌发需要高浓度的 L 型丙氨酸，这表明芽孢萌发是 L 型丙氨酸和 GerAB 的特异性结合激发的（Yasuda et al.，1993）。尚不清楚的是芽孢萌发是否会引起萌发受体发生变构变化，然后启动令芽孢萌发的酶的级联反应，或者是否有萌发剂和受体相互作用直接诱导转运蛋白。因此，要理解芽孢萌发过程中的每一步细节还有一段很长的路要走，要完成这些需要更先进的技术。参考所有的文献，尤其是关于胞壁肽作为特定萌发剂诱导芽孢萌发的途径，如图 1－6 所示，有研究者构建了芽孢从休眠期到萌发期的模型（Setlow，2008）。芽孢的外层包括芽孢衣、外膜和皮层等结构，它们允许像胞壁肽这样的小分子通过，然后吡啶二羧酸钙和其他阳离子从核心释放，水分则进入其中。芽孢壁不会被分解，并在新细胞壁中起肽聚糖作用。核心转变为新的原生质体时该过程完成，随后芽孢衣和外膜被分解，营养细胞形成。

1.2.4 芽孢萌发相关蛋白与磷脂

有关产芽孢细菌，尤其芽孢杆菌目和梭菌目中的受体蛋白家族的研究较为广泛（表 1－1）（Ross & Abel－Santos，2010a；Paredes－Sabja et al.，2011）。一般认为萌发受体蛋白（GRs）存在于各种芽孢内膜上并在芽孢形成后期成熟，但是其表

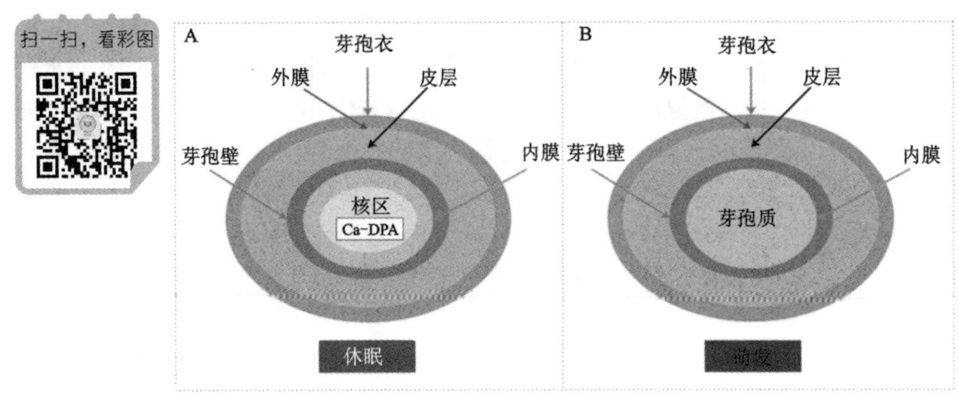

图1-6　休眠和萌发芽孢

图A和图B分别表示休眠芽孢和萌发芽孢。当芽孢萌发、生长成为营养细胞时芽孢衣和外膜消失

达率很低，每个芽孢只有几十个(Paredes - Sabja et al. , 2011)。受体蛋白通常是由三个顺反子操纵子编码的亚基A、B、C组成（Ross & Abel - Santos, 2010b)。例如，GerA有三个亚基分别为GerAA、GerAB和GerAC，它们被gerA操纵子编码并连接形成复合物。GerAA和GerAB可能是膜内在蛋白，而GerAC可能是有添加二酰基甘油的信号肽和信号肽酶II切割位点的脂蛋白(Hudson et al. , 2001; Igarashi & Setlow, 2005)。除了GerA，三个亚基的组合物不仅是在枯草芽孢杆菌的GerB和GerK中，在其他菌种的受体蛋白中也是保守的(Paredes - Sabja et al. , 2011)。在枯草芽孢杆菌芽孢形成后期的前芽孢中，GerA、GerB和GerK受体分别由相应的在σ^G因子控制下的三个顺反子操纵子gerA、gerB和gerK编码(Paidhungat & Setlow, 2000)。现已证明GerA受体，如GerAA、GerAB和GerAC，与其他未知蛋白质都在内膜上，虽然以前的免疫化学研究中没有特异性抗体免疫蛋白质表明它们在外层上(Sakae et al. , 1995; Yasuda et al. , 1996)。尽管在不同产芽孢细菌菌种间有同源性，但即使是不同的菌株，萌发受体蛋白也是特定的。例如，并没有发现蜡状芽孢杆菌4个菌种的特定的萌发剂和受体蛋白之间有必然的联系(Hornstra et al. , 2006; Voort et al. , 2010)。

萌发受体蛋白对于不同营养萌发剂的特异性具有应变性和种间专一性(Paredes - Sabja et al. , 2011)。例如，GerA受体与L型丙氨酸作用来诱导枯草芽孢杆菌的芽孢萌发，但GerB和Gerk受体是通过共同识别AGFK来诱导芽孢萌发的(Atluri et al. , 2006)。缺乏这些受体的芽孢不能通过营养萌发剂诱导萌发，但可以通过非营养萌发剂触发萌发。枯草芽孢杆菌特有的GerC、GerD和GerF蛋白

表1-1 芽孢杆菌和艰难梭菌芽孢的萌发剂和萌发蛋白

种属	营养型萌发剂	GR(s)	GerD	SleB	CwlJ	YpeB	SpoVA	PrkC
炭疽芽孢杆菌	核苷 L-丙氨酸、L-缬氨酸 L-丙氨酸、L甲氨酸	GerH GerK GerL	+	+	+	+	+	+
蜡样芽孢杆菌	L-丙氨酸、L-半胱氨酸 L-谷氨酸 肌苷	GerR GerG GerI, GerQ & GerR	+	+	+	+	+	+
巨大芽孢杆菌	L-亮氨酸和葡萄糖	GerU	+	+	+	+	+	+
枯草芽孢杆菌	L-丙氨酸、L-缬氨酸 AGFK	GerA GerB & GerK	+	+	+	+	+	+
卡氏土杆菌 (*G. kaustophilus*)	未知	GerA	+	+	+	+	+	+
嗜热脂肪地芽孢杆菌	氨基酸	未知	+	未知	未知	未知	未知	未知
艰难梭菌(*C. difficile*)	Taurocholate and glycine	未知	-	+	-	-	+	+
产气荚膜梭菌 (*C. perfringens*)	L-缬氨酸、丙氨酸、 天门冬氨酸	GerL	-	-	-	-	+	+

与 GerA 蛋白相似，均由同源染色体编码，也参与了枯草芽孢杆菌芽孢的萌发(Wang et al., 2006)。在蜡状芽孢杆菌 ATCC 14597 基因组中，现已证实有七个萌发操纵子，分别是 gerG、gerI、gerK、gerL、gerQ、gerR 和 gerS，它们的萌发剂特异性由 20 种氨基酸、嘌呤核糖核苷或它们的组合物决定。GerG 可诱导 L－谷氨酰胺诱导的芽孢萌发；GerR、GerI 和 GerQ 在核糖核苷信号通路中起作用；GerG 和 GerI 在萌发过程中一起作用于 L－谷氨酰胺和肌苷；GerI 识别 L－苯丙氨酸和肌苷的组合物诱导萌发，该过程与 GerQ 和 GerI 在其他蜡状芽孢杆菌的芽孢中的作用类似(Barlass et al., 2002；Abel－Santos & Dodatkob, 2007；Dodatko et al., 2010)。此外，在分子水平上操纵受体蛋白的尝试都已经通过相关的营养型萌发剂确定了其结合位点的位置(Christie et al., 2008；Christie & Lowe, 2008；Christie et al., 2010a)。

除了内膜上的受体蛋白外，分布在芽孢各处的蛋白质在芽孢萌发中同样起着重要的作用(Setlow, 2003)。激活阶段，小分子营养物需要透过芽孢的疏水外壁最外层进入(Wiencek et al., 1990)，芽孢衣蛋白如枯草芽孢杆菌和蜡状芽孢杆菌的 GerP，允许这些萌发剂进入芽孢内部并与 GR(s)结合。GerP 突变菌体芽孢不能萌发，但当移除突变体芽孢衣后却能完成芽孢萌发，这表明 GerP 有助于提高渗透性，从而让萌发剂进入芽孢(Behravan et al., 2000)。受体蛋白与 GerD 在内膜上共同组成一个“萌发体”与萌发剂相互作用，会迅速引起芽孢萌发(Griffiths et al., 2011)。研究表明，由营养萌发剂促发的芽孢萌发过程会因为枯草芽孢杆菌中 GerD 突变而放缓速率(Pelczar et al., 2007)。

第一阶段，参与这一过程的蛋白质执行一系列物理事件。虽然可能有逆向转运蛋白负责一价阳离子的释放，但这个过程在物种间是不同的。例如，GerN 是蜡状芽孢杆菌芽孢外膜中一个重要的逆向转运蛋白，gerN 突变体形成的原因是终止了肌苷对芽孢萌发过程的激活(Southworth et al., 2001；Thackray et al., 2001)。同样，产气荚膜杆菌芽孢萌发时，GerO 具有 Na^+/H^+-K^+ 逆向转运的功能，缺少 GerO 的芽孢萌发比野生型的萌发更慢(Paredes－Sabja et al., 2009a)。在枯草芽孢杆菌芽孢中，从含 SpoVA 蛋白通道中释放的吡啶二羧酸与二价阳离子特别是钙离子组成的螯合物，位于芽孢内膜上，且会与芽孢中的受体蛋白相互作用(Vepachedu & Setlow, 2007)。

第二阶段，也是萌发过程中最后一个重要步骤，由吡啶二羧酸钙激活的皮层裂解酶(CFLEs)降解芽孢皮层(Vries, 2004)。然而，不同的皮层裂解酶通过不同的肽聚糖结合位点识别 δ－内酰胺(Atrih et al., 1996；Atrih et al., 1998)，它们在芽孢衣、外膜、内膜甚至皮层上分布广泛，缺少皮层裂解酶意味着既不会发生肽聚糖的水解作用也没有后续的芽孢生长过程(Fukushima et al., 2002)，炭疽杆菌、巨大芽孢杆菌与枯草芽孢杆菌芽孢中有两个赘余的皮层裂解酶：SleB 和 CwlJ(Giebel et al., 2009；Heffron et al., 2009；Setlow, 2003；Setlow et al., 2009)。在

SleB 活化之前的芽孢萌发阶段中，当大部分钙离子 - 吡啶二羧酸释放，并被水取代时，芽孢核心释放的吡啶二羧酸钙将 CwlJ 激活(Paidhungat et al. , 2001)。

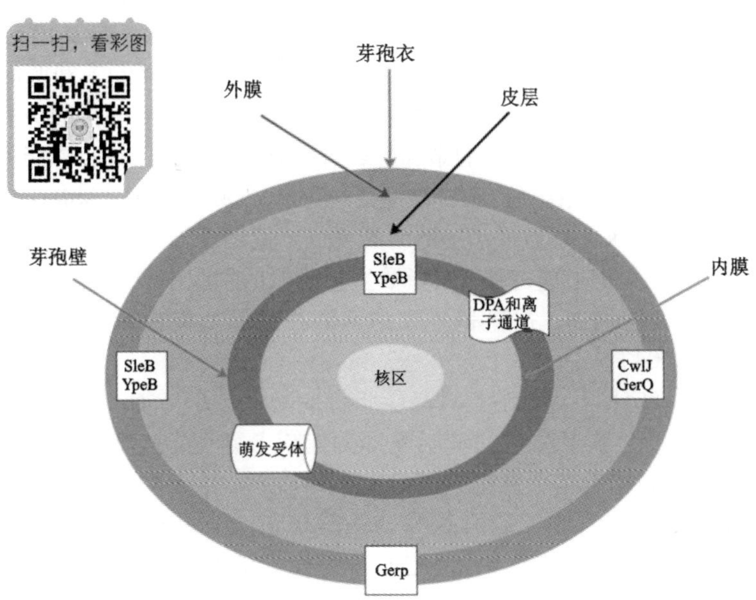

图1-7 枯草芽孢杆菌芽孢萌发相关蛋白的结构和位置

现已确认参与早期芽孢萌发的大部分蛋白质存在于芽孢内膜和芽孢核心周围。由于通过对内膜刺激的萌发受体蛋白识别，以及与其他萌发关联蛋白的相互作用，膜扑拓结构研究吸引了一些学者的关注(Wilson et al. , 2012)。枯草芽孢杆菌芽孢内膜上萌发蛋白的拓扑结构通过生物素化试剂和其对蛋白酶的敏感性来确定。四个萌发蛋白质分别是 GerD、SpoVAD、YpeB 蛋白，以及 SleB 皮层裂解酶，这些蛋白质存在于芽孢内膜，尽管 SleB 皮层裂解酶是跨膜结构，也会存在于芽孢衣中，但这种拓扑结构还是很容易被识别(Korza & Setlow, 2013)。

脂质和蛋白质共同组成细胞膜，且能调节包括能量储存、细胞信号传导和病原体保护在内的生物学进程，该细胞膜还是防止囊泡塌陷的结构(Matsumoto et al. , 2006)。磷脂(PLs)是所有细胞膜的主要和关键成分(占脂质的 50% ~60%)，大量存在于组织和体液中，且作用于细胞信号传导、细胞生长和衰亡中。磷脂是类似于卵磷脂(PCs)的甘油磷脂，它在哺乳动物细胞而非细菌细胞中的含量最多(Mazzella et al. , 2004; Barák & Muchová, 2013)。通过透射电子显微镜观察发现，细菌细胞膜包含不同的磷脂，磷脂的亲水头部显示出电子致密性，尾部出现了电子透明区，这是由它的细胞膜的嵌入所导致的(Barák & Muchová, 2013)。在产芽孢菌种的芽孢形成期间，母细胞内膜发生变化，转化为萌发细胞的外膜，这种变化是脂质合成造成的，并以此调节蛋白位点(Tocheva et al.，2011)。值得注意的是，芽孢杆菌内膜上的脂质基本上是固定的(Cowan et al.，2004)。

心磷脂也称双磷脂酰甘油，是最初在大肠杆菌和枯草芽孢杆菌细胞膜上发现的脂质，存在于线粒体内膜和细菌细胞质膜上(Barák & Muchová，2013)，它在膜形成中起着非常重要的作用(Mileykovskaya & Dowhan，2009)。壬基吖啶橙是一种能将细胞膜上的心磷脂染色并确定数量的荧光染料，壬基吖啶橙的荧光性对心磷脂比对其他磷脂阴离子有更大的亲和性，因为两个染料分子与心磷脂的荧光部结合，因此能引起心磷脂由绿到红的转变（Petit et al.，1992；Mileykovskaya & Dowhan，2000；Mileykovskaya & Dowhan，2009）。使用壬基吖啶橙监测枯草芽孢杆菌细胞的成长和芽孢形成过程，在指数生长阶段的细胞中只能观察到少量荧光区域，但是在极性的隔膜、吞噬和形成芽孢的芽孢膜上能清楚地观察到荧光区(Kawai et al.，2004)。

事实上，从稳定期开始，细胞对心磷脂合成酶的需求增加，心磷脂合成酶催化了肽聚糖和另一个肽聚糖中的磷脂酰部分构成心磷脂(Serricchio & Bütikofer，2012)，但缺乏心磷脂的枯草芽孢杆菌细胞仍可存活，这表明心磷脂并不是细菌生长所必需的。然而，一个心磷脂基因 clsA 的缺失，会导致细胞和芽孢中心磷脂合成的减少。此外，clsA 突变体在芽孢萌发中被 L 型丙氨酸而非 AGFK 所抑制，表明心磷脂通过组装内膜上 L 型丙氨酸的受体 GerA 的前体参与芽孢早期萌发(Kawai et al.，2006)。不同于 clsA，GerF 是前 β－脂蛋白甘油二酯酰基转移酶，它也参与了通过给 C 端增加甘油二酯对 GerA 修饰过程，从某种意义上说是为了萌发的正常进行，这种酶的缺陷造成 GerA 的机能障碍，从而抑制了 L 型丙氨酸触发的芽孢萌发(Igarashi et al.，2004；Igarashi & Setlow，2005)。一般认为受体蛋白的碳端亚基最有可能是位于枯草芽孢杆菌芽孢内膜上的脂蛋白，GerD 蛋白与它相同，都需要二酰基甘油区连接到半胱氨酸残基氮末端附近(Igarashi et al.，2004)。芽孢的高效萌发及毒性需要这些类型的脂蛋白，比如炭疽杆菌的芽孢(Okugawa et al.，2012)。脂质修饰的失败可能是由于需要一部分心磷脂来定位在细胞膜上的 GerAC 或 GerD 的缺陷(Stewart et al.，2012)。因此，心磷脂影响了萌发蛋白，继而影响芽孢萌发的效应，这就直接决定了芽孢的萌发率。

1.2.5 化合物对芽孢萌发特性的影响

细菌中的芽孢杆菌目和梭菌目能够形成代谢休眠状态的芽孢（Setlow，2006)，休眠性质源于芽孢独特的结构，这些结构包括多层蛋白的孢衣外层、外膜、肽聚糖皮层以及芽孢壁、内膜及核心区域。芽孢核心具有不同于生长细胞的组成成分及性质，主要由约占 25% 芽孢干重的吡啶二羧酸钙组成(吡啶二羧酸与钙离子浓度之比为 1∶1)，而对于悬浮在水里的芽孢来说核心内水占了芽孢湿重的 25% ~45%（Setlow 2006，2014；Setlow et al.，2017）。芽孢内膜与细菌生长细胞质膜结构类似，但内膜上的脂质不具有流动性、黏度更高（Cowan et al.，2004；Griffiths & Setlow，2009；Loison et al.，2013）。虽然休眠芽孢具备这些渗透障碍，但是许多小分子物质如水、甲胺和卤离子等能够透过芽孢（Setlow & Setlow 1980；Swerdlow et al.，1981；Sunde et al.，2009；Ghosal et al.，2010；Kaieda et al.，2013；Knudsen et al.，2016；Tros et al.，2017）。值得注意的是，即使用化学法移除芽孢的外层结构，甲胺甚至是水透过芽孢内膜的速度也远低于萌发形成质膜结构的芽孢（Swerdlow et al.，1981；Cortezzo & Setlow 2005；Knudsen et al. 2016）。

研究发现许多化合物，特别是离子化合物和表面活性剂能够在一定环境条件下破坏芽孢结构，进而影响芽孢的生物学特性。例如，芽孢萌发被强碱抑制，甚至被如戊二醛的杀孢剂杀死（Gorman & Scott，1980；Power & Russell，1990；Cheung et al.，1998；Setlow，2006；Pinzón - Arango et al.，2009）。虽然这可能是由于戊二醛易与碱性蛋白质氨基相互作用（Power & Russell，1990），但对此试剂如何影响芽孢衣从而使芽孢深度休眠或死亡的机制仍知之甚少，迄今也没有合适的解释。同样地，1955 年的一项研究曾提到 200 mmol 的氟化钠能够抑制巨大芽孢杆菌及蜡样芽孢杆菌的芽孢萌发（Powell & Hunter，1955），但抑制机理仍然不清楚。1970 年的一项研究显示，10 mmol 氟化钠通过抑制巨大芽孢杆菌芽孢的 3 - 磷酸 - 甘油酸来产生三磷酸腺苷（ATP），这种抑制作用很可能是通过抑制烯醇酶实现的（Setlow & Kornberg，1970）。此外，研究表明氟离子具有抗菌作用，并且对植物和动物细胞有毒性（Marquis et al.，2003），也有研究表明至少一种芽孢杆菌菌种的芽孢积累了很高的氟离子水平（Ghosal et al.，2010），但并未有对氟离子进出细菌芽孢机理进行的详细研究。

研究还发现虽然芽孢内膜是阻止有潜在危险的分子进入内膜和芽孢核心的有力屏障，但许多季铵盐与芽孢表面强烈地相互作用（Siani et al.，2011）。此外，十六烷基三甲基溴化铵会使芽孢内膜更容易受损，甚至可能严重损害这层内膜（Rode & Foster 1960；Russell 1990；Banerjee et al.，2006；Paulet al.，2007）。在评估十六烷基三甲基溴化铵等分子杀灭芽孢活性方面的复杂性时，为了评估其可行性，有一个必要前提是芽孢萌发，萌发的芽孢失去大部分抗性，很容易被季铵盐杀死（Lambert，2013；Setlow，2013，2018）。因此，如果在接种营养培养基之前，用十六烷基三甲基溴化铵孵育的休眠芽孢没有洗涤除去该试剂，十六烷基三甲基溴化铵会继续存在，甚至可能吸附到芽孢上，并可以在芽孢萌发时杀死芽孢。

1.2.6 芽孢杆菌与稀土离子的作用

稀土离子包括来自 La 系至 Lu 系的 17 种元素，是许多先进技术中的关键成分，被称为“工业维生素”（杨晓改 等，2014）。中国以 23% 的稀土资源承担了世界 90% 以上的市场供应，稀土资源被过度开发，大量稀土和其他化学物质释放到矿区周围环境中，导致生态环境严重破坏（Liang et al.，2018）。中国南方地区，尤其是赣州，富含稀有和更有价值的重稀土，包括铕(Eu)、钆(Gd)、铽(Tb)、镝(Dy)、钬(Ho)、铒(Er))、铥(Tm)、镱(Yb)、镥(Lu)和钇(Y)(Das & Das, 2013)。稀土离子由于其相似的化学性质，离子半径和三价正变化而难以彼此分开(Park et al. , 2016)。这种限制和对环境友好型加工技术的需求推动了生物湿法冶金的发展，微生物吸附成为一种潜在有效且低成本的稀土回收方法(Das & Das, 2013; Moriwaki & Yamamoto, 2013)。

目前，国外报道的具有稀土离子吸附性的微生物种类有很多，其中芽孢杆菌属较多，主要以枯草芽孢杆菌等为代表(表1－2)。枯草芽孢杆菌能够吸附15种镧系稀土元素；巨大芽孢杆菌能够吸附镧离子、铈离子等稀土离子(郑春丽 等, 2016)。微生物吸附稀土离子的方式主要是通过细胞壁进行吸附，而且芽孢杆菌菌株吸附稀土元素的能力具有选择性，其中枯草芽孢杆菌能够强力吸附铥、镱、镥等稀土离子。此外，微生物还有其他吸附稀土离子的方式。

芽孢杆菌吸附稀土离子，而反过来稀土离子又作用于芽孢杆菌，具有Homesis效应。低浓度稀土元素刺激菌株的生长，但高浓度稀土元素会减弱促进生长的作用，甚至抑制菌株的生长(姜照伟 等, 2008)。这种生物效应机制可能是由于稀土离子与钙离子的半径比较接近，因此稀土离子进入生物体内被认为可能占据或取代钙的位置。稀土抑制芽孢的机理为稀土离子取代了芽孢中2，6－吡啶二羧酸钙的钙离子，致使大量的钙离子流失，从而引起芽孢抗性降低，甚至引起芽孢菌死亡(霍春芳 等, 2002)。然而，现阶段较少有文献报道芽孢吸附稀土离子的研究，鲜少有关于稀土对芽孢的作用的研究，因此芽孢作为稀土离子吸附材料的研究需要进一步的探索。

表1－2 微生物对多种稀土元素的吸附作用

微生物	稀土元素	吸附结果	吸附机制
枯草芽孢杆	15种稀土元素	铥、镱、镥富集在菌株细胞壁	吸附在细胞壁上
芽孢杆菌W－18	14种稀土元素	对稀土元素的吸附特性	吸附在细胞壁上
枯草芽孢杆菌	14种稀土元素	在细菌表面与水之间吸附重稀土的分配模式呈陡增态势	吸附在细胞壁上
枯草芽孢杆菌	15种稀土元素	EXAFS数据表明，在稀土元素－细菌的比率较低时，重稀土元素形成了多磷酸盐复合物	吸附在细胞壁上
枯草芽孢杆菌	铒、铕、铥	稀土元素被有效地吸附在微生物细胞壁上	吸附在细胞壁上

1.3　研究内容和方法

1.3.1　研究内容

本书以嗜热脂肪地芽孢杆菌、枯草芽孢杆菌、蜡样芽孢杆菌和巨大芽孢杆菌等芽孢杆菌菌株为研究对象，从芽孢的形态、结构、萌发激活、萌发抑制及稀土离子吸附等方面进行了研究，具体包括：

(1)利用营养缺陷型培养基制备嗜热脂肪地芽孢杆菌芽孢，根据其发酵液动态信息检测影响芽孢产量的相关环境因子和芽孢形成率。通过分析芽孢的形态结构、蛋白组成、抗热性能等生物学特征，揭示造成营养缺陷型芽孢差异的可能原因。

(2)通过测定嗜热脂肪地芽孢杆菌芽孢萌发的动力学特征判断芽孢潜在的萌发受体蛋白，鉴定并分析参与芽孢萌发的相关蛋白和磷脂在营养缺陷型芽孢间的表达水平差异，探讨影响芽孢萌发率差异的可能机理。

(3)根据枯草芽孢杆菌细胞对氟离子的解毒作用机理，构建负责氟离子输出蛋白 YhdU 的突变菌株，通过比较氟离子进出野生菌株与突变菌株芽孢的速率以及对芽孢萌发的抑制作用，分析 YhdU 蛋白在芽孢中对氟离子输出的作用。

(4)对阳离子表面活性剂十六烷基三甲基溴化铵及其类似物杀死枯草芽孢杆菌、蜡样芽孢杆菌和巨大芽孢杆菌野生菌株和突变菌株芽孢的作用进行了研究。通过比较十六烷基三甲基溴化铵及其类似物对芽孢萌发和生长的影响，确定了十六烷基三甲基溴化铵的杀孢作用，并分析了杀孢作用的可能机理。

(5)通过分析芽孢杆菌对稀土离子的吸附作用，发现芽孢杆菌芽孢也具有吸附稀土离子的功能。对枯草芽孢杆菌和蜡样芽孢杆菌野生菌株以及某些外层蛋白基因缺失的枯草芽孢杆菌突变菌株的芽孢进行了铽离子与镝离子等稀土离子吸附能力的比较，对芽孢吸附的稀土离子在芽孢中的位置进行了定位，对吸附稀土离子的芽孢进行湿热抗性和萌发特性检测，根据结果分析了芽孢作为吸附材料从环境中回收稀土离子的应用效果。

1.3.2　研究方法

1)主要材料

(1)微生物菌株

除非在研究中有特殊说明，第 2 章和第 3 章使用的菌株为嗜热脂肪地芽孢杆菌菌株 NCTC10003，第 4 章至第 6 章使用的菌株包括枯草芽孢杆菌野生菌株及其突变菌株、蜡样芽孢杆菌菌株 T 和巨大芽孢杆菌菌株 QMB1551，具体见表 1－3。

表1-3 本研究所使用的菌株

菌种名	菌株号	菌株特点	提供单位
嗜热脂肪地芽孢杆菌	NCTC 10003	野生型	香港城市大学
蜡样芽孢杆菌	T	野生型	美国康涅狄格大学健康中心
巨大芽孢杆菌	QMB1551（ATCC12872）	野生型	美国康涅狄格大学健康中心
枯草芽孢杆菌	PS832(168)	野生型	美国康涅狄格大学健康中心
枯草芽孢杆菌	PS533	插入 Kar 基因	美国康涅狄格大学健康中心
枯草芽孢杆菌	PS2066	删除 dacB 基因	美国康涅狄格大学健康中心
枯草芽孢杆菌	PS2307	Cmr 替代 cwlD 基因	美国康涅狄格大学健康中心
枯草芽孢杆菌	PS2421	Cmr 替代 dacB 和 dacF 基因	美国康涅狄格大学健康中心
枯草芽孢杆菌	PS2422	Cmr 替代 cwlD 和 dacB 基因	美国康涅狄格大学健康中心
枯草芽孢杆菌	PS3406	Tetr 和 Spnr 替代 spoVA 和 sleB 基因	美国康涅狄格大学健康中心
枯草芽孢杆菌	PS3483	野生型 - PY79	美国康涅狄格大学健康中心
枯草芽孢杆菌	PS4150	Tetr 和 Spnr 替代 cotE 和 gerE 基因	美国康涅狄格大学健康中心
枯草芽孢杆菌	PS4458	Kar 替代 yhdU 基因	美国康涅狄格大学健康中心
枯草芽孢杆菌	PS4459	Spnr 和 Ermr 替代 yhdV 基因	美国康涅狄格大学健康中心
枯草芽孢杆菌	PS4460	Kar 替代 yhdW 基因	美国康涅狄格大学健康中心
枯草芽孢杆菌	FB72	Spnr、catr 和 Erm^r 替代 GerA、B、K 基因	美国康涅狄格大学健康中心
枯草芽孢杆菌	FB113	Tetr 和 Spnr 替代 CwlJ 和 SleB 基因	美国康涅狄格大学健康中心
枯草芽孢杆菌	FB122	Tetr 和 Spnr 替代 spoVF 和 SleB 基因	美国康涅狄格大学健康中心
枯草芽孢杆菌	PE670	cotXYZ - PY79	美国纽约大学
枯草芽孢杆菌	PE2763	spsI - PY79	美国纽约大学
枯草芽孢杆菌	PE2916	cgeB - PY79	美国纽约大学

(2)培养基

①活化和接种培养基

用于活化嗜热脂肪地芽孢杆菌细胞的培养基成分：葡萄糖 5.0 g，胰蛋白胨 10.0 g，琼脂 20.0 g，水 1 L；

用于活化枯草芽孢杆菌、蜡样芽孢杆菌菌株T和巨大芽孢杆菌菌株QMB1551细胞的LB培养基成分：胰蛋白胨5.0 g，酵母提取物10.0 g，氯化钠10.0 g，琼脂15.0 g，水1 L。

②芽孢形成培养基

用于培养嗜热脂肪地芽孢杆菌芽孢的营养缺陷型培养基成分见表1－4（Cheung，1980）。

表1－4　嗜热脂肪地芽孢杆菌菌剂制备及芽孢生产培养基

培养基组成/（$mmol \cdot L^{-1}$）	N（－）[a]培养基[a]	C（－）培养基	S（－）培养基
KH_2PO_4	7.30	7.30	7.30
Na_2HPO_4	17.60	17.60	17.60
NH_4Cl	1.75	9.35	9.35
$MgSO_4 \cdot 7H_2O$	0.10	无	无
$FeSO_4 \cdot 7H_2O$	微量	无	无
$MnCl_2 \cdot 4H_2O$	6.25×10^{-2}	6.25×10^{-2}	6.25×10^{-2}
$CaCl_2 \cdot 6H_2O$	0.10	0.10	0.10
D－葡萄糖	7.50	1.75	7.50
L－谷氨酸钠	2.40	2.40	2.40
Na_2SO_4	无	0.10	4.10×10^{-2}
$MgCl_2 \cdot 6H_2O$	无	0.10	0.10
$FeCl_2 \cdot 4H_2O$	无	Trace	Trace

[a] N（－）、C（－）和S（－）培养基分别是指1 L培养基中相对其他培养基铵盐、葡萄糖和硫酸盐的量有所减少，表示相应的缺陷型培养基。

用于培养枯草芽孢杆菌芽孢的培养基为2×Schaeffer's－glucose（SG）培养基（Setlow，2019），而SNB培养基用于蜡样芽孢杆菌菌株T和巨大芽孢杆菌菌株QMB1551芽孢的培养，具体配方参照文献所述（Ghosh & Setlow，2010）：2×SG培养基（1 L）中含有16 g营养肉汤（Difco Nutrient Broth），2 mL的$MgSO_4$（1 mol/L）溶液，13 mL的KCl（2 mol/L）溶液，100 μL的$MnCl_2$（1 mol/L）溶液，3 μL的$FeSO_4$（0.36 M）溶液，970 mL的水，20 mL的50×$Ca(NO_3)_2 \cdot$ Glucose。50×$Ca(NO_3)_2 \cdot$ Glucose溶液（100 mL）含有1.18 g的$Ca(NO_3)_2 \cdot 4H_2O$和5 g的Glucose，此溶液单独灭菌。

2）主要研究方法

（1）台式发酵罐培养嗜热脂肪地芽孢杆菌芽孢

①菌株活化：对保藏的菌株在嗜热脂肪地芽孢杆菌活化培养基上60℃过夜培

养活化，然后进行划线。挑选单菌落并接种到新鲜配制的液体活化培养基，再将细胞接种到生长培养基上。

②接种液制备：将上述培养基上的单菌落菌株接种到含有 100 mL 培养基的 500 mL 锥形瓶中。在转速为 200 r/min 的旋转摇床 60℃恒温培养 6 ~ 10 h，离心后重新悬浮于 15 mL 芽孢形成培养基中。

③发酵过程：发酵实验在一个有效容积为 5 L 的台式发酵罐中进行，将接种液注入发酵罐，使初始 OD_{600} 达到 0.02。发酵过程控制参数如下：初始 pH 为 7.20；搅拌速度 0 ~ 24 h 为 300 r/min，24 ~ 48 h 为 350 r/min，48 ~ 72 h 为 400 r/min；温度设为 60℃；连续通气速率为 1.5 $L \cdot min^{-1}$（LPM）。发酵 72 h 过程中，每隔一定时间利用紫外可见分光光度计检测培养液的浊度 OD_{600}。与此同时，发酵罐的控制面板自动记录发酵液溶氧（DO）水平、转速和 pH。

④活体营养细胞和（或）芽孢的计数：计数方法在参考之前文献的基础上做了修改（Monteiro et al.，2005b）。利用磷酸盐缓冲液（PBS）对细胞培养液进行梯度稀释，然后涂布到固体的活化培养基上。60℃恒温过夜培养后，对含有 30 ~ 300 个菌落的平板进行计数并计算细胞浓度。芽孢浓度可用同样的方法测定，区别是在稀释前先将细胞培养液在 100℃下加热 10 min，这会杀死所有营养细胞，而芽孢则仍可存活（Penna et al.，2003）。芽孢形成率是利用芽孢形成过程中形成的成熟耐热的芽孢在细胞总数中所占的百分比计算的，它的价值在于测算发酵过程中最终芽孢数量和最大营养细胞数之间的比例。

⑤二价阳离子的测定：每隔一定时间从发酵罐中取 10 mL 培养液，在 16000 g 离心力 4℃温度下离心 10 min，获得的上清液在电感耦合等离子体质谱仪（ICP－MS）测定之前保存在 4℃温度下。发酵液中二价阳离子的测定方法为：先制备二价阳离子系列浓度，然后通过电感耦合等离子体质谱仪检测后绘制其标准曲线。培养基中每种二价阳离子的初始浓度设为 100%，减少的百分比被视为发酵期间细胞吸收二价阳离子的量。

⑥芽孢的纯化：发酵液培养完成后离心收集芽孢。如需要去除细胞碎片，则将培养物在 1000 g 离心力下离心 5 min，然后在 6000 g 离心力下离心 10 min。再将沉淀物重新悬浮后在 4000 g 离心力下离心 5 min，最后去除上清液后收集沉淀物。

通常用美国材料试验协会（ASTM）提出的水洗法纯化芽孢，其他的方法，例如使用乙醇也能有效地从营养细胞中纯化芽孢（Dragon & Rennie，2001；Zhao et al.，2008）。依据 ASTM 制定的标准（E2111－00），本实验修改的纯化方法如下：收集含有营养细胞和芽孢等的培养液于 500 mL 离心杯中，然后在 10000 g 离心力 4℃温度下离心 10 min。离心并弃去上清液后将沉淀物用去离子水重新悬浮，然后振荡20 s。这个过程重复两次或以上，从而获得纯度超过 95% 的芽孢。已纯化的芽孢（10^8 mL^{-1}）置于 pH 为 7.2 的磷酸缓冲液中，于 4℃温度下保存以备后用。

(2)芽孢的性质测定

①显微镜观察：相差显微镜常被用于观察芽孢的形成过程、营养细胞及视野下明亮的前芽孢和(或)成熟芽孢并计数，观察芽孢萌发阶段明亮的芽孢是否变暗，以及逐渐变黑的过程，从而估算萌发芽孢的百分比。将芽孢或细胞悬浮液(2 μL)置于细菌计数器上下观察(10×40)并拍照。

根据之前的方法加以修改(Chadaet et al.，2003)，用原子力显微镜(AFM，Digital Instruments MultiMode V，Veeco Instruments)观察芽孢。将5 μL的芽孢悬浮液(10^8 mL^{-1})滴在新剥离的云母片(直径9.5 mm)上，然后将其安装到标准样品架上。以轻敲模式通过单晶硅悬臂和探针($k=1.80$ N/m，Bruker)来采集图像。在干燥的条件下，用不同扫描尺寸在扫描频率为1 Hz条件下捕获图像(512×512 points)。通过收集振幅显像来描述芽孢的形貌，经超高频示波器(version 1.3，Bruke)离线软件处理，用高清图像测量芽孢长度、宽度、粗糙度和深度。

根据修改后的透射电子显微镜方法(Bakhiet & Stahly，1985；Cheung，2008)，将明亮的和(或)处理过的芽孢(>95%纯度)，预先在8%戊二醛、4℃温度下放置过夜。离心弃去上清液，将沉淀重悬于0.1 mol/L二甲胂酸缓冲液(pH 7.2)中，再用离心机5000 g 离心10 min，使得到的沉淀物重新悬浮，重复3次。最终，将沉淀与45℃融化的琼脂加到载玻片上，混匀。琼脂凝固后，将琼脂用刀片切成1 mm^3的小块，然后转移到装有浓度为0.1mol/L的二甲胂酸缓冲液的玻璃小瓶中漂洗。洗后，用四氧化锇固定，然后置于室温下暗培养2 h。加入一部分(4 mL)磷酸钾缓冲液，形成悬浮液然后离心。每份沉淀中加入1.0 mL乙酸双氧铀(0.5%)，形成的悬浮液在室温下培养2 h。再用高锰酸钾溶液固定后，4℃温度条件下培养3 h。样品通过一系列丙酮脱水，嵌入Spurr resin(含有两个环氧基，是一种低黏度的环氧树脂)中。在LEICA S6E立体显微镜下，使用Leica超微切片机的金刚石刀切出60~90 nm的切片。切片用柠檬酸铅着色，然后在80 kV标准条件下用Philips Technai 12透射电子显微镜观察。除非特别说明，上述方法仅用于观察嗜热脂肪地芽孢杆菌芽孢的相关实验。用于定位稀土离子在枯草芽孢杆菌芽孢位置的实验稍有不同：样品制备过程中不能用四氧化锇固定(四氧化锇可能会对未吸附稀土离子的芽孢造成假阳性)，而且观察样品切片所用透射电子显微镜型号为Hitachi H-7650。

②芽孢耐热性测试：芽孢耐热性研究根据已有的方法进行了修改(Lopez et al.，1996)。将嗜热脂肪地芽孢杆菌休眠芽孢加入到含有1.5 mL磷酸盐缓冲液的离心管中，配制芽孢悬浊液的最终浓度大约是10^5 mL^{-1}。在不同时间间隔和给定温度(115℃、118℃和121℃)下，经硅油干浴加热测试芽孢的耐热性。加热后的芽孢立即进行冰浴冷却。然后将热处理过的芽孢重悬于1 mL的磷酸盐缓冲液中，或者继续用磷酸盐缓冲液稀释。最后将芽孢液(0.1 mL)涂布到葡萄糖蛋白胨

琼脂平板上，60℃温度下过夜培养，统计菌落的数量。每次进行三次独立实验平行测定，并完成两个独立的重复试验。将90%的芽孢被杀死的时间计为十倍致死时间（D 值），数值上等同于存活曲线斜率的负倒数。当 D 值有十倍变化时，热阻值（z 值）相当于热致死时间曲线斜率的负倒数。

此方法同样用于枯草芽孢杆菌、蜡样芽孢杆菌和巨大芽孢杆菌芽孢的耐热测试（Dong et al.，2019），同嗜热脂肪地芽孢杆菌芽孢不同的是，这三者热处理温度为90℃，热处理后的芽孢在固体平板培养基上的培养温度分别为37℃、30℃和30℃。经氟化钠、十六烷基三甲基溴化铵和稀土离子孵育过的芽孢耐热性测试同样依据此方法。

③芽孢的化学处理法：将1 mL休眠芽孢（10^8 mL^{-1}）分别进行以下处理：（a）将芽孢与溶菌酶（0.2 mg）在37℃孵育0.5 h；（b）室温下芽孢与浓度为0.8%的碱性戊二醛（16 μL戊二醛加3 mg碳酸氢钠碱化）孵育2 h，然后加入甘氨酸（20 mg）停止反应（Cheung & Brown，1982）；（c）十二烷基硫酸钠－二硫苏糖醇（SDS－DTT）法去除芽孢表层：纯化的芽孢（10^{10} mL^{-1}）用SDS－DTT（1% SDS，0.1 mol/L NaCl，0.1 mol/L DTT和0.1 mol/L NaOH）在70℃温度下分别处理0.5 h、1 h或者2 h。之后，将离心得到的沉淀用超纯水冲洗几次。处理之后，这些芽孢与完整的芽孢相比较，并用来进行溶菌酶敏感度测试、形态观察和萌发测试等试验。

（3）芽孢萌发特性检测

芽孢萌发通常有两种检测方法：一是根据芽孢萌发时芽孢液浊度的变化进行检测（Cheung et al.，1998；Leuschner & Lillford，1999）。将保存在4℃温度下的芽孢取出稀释，调整初始 OD_{600} 至0.6～1.0。在Tris－HCl缓冲液（pH 7.4）中添加各种氨基酸和/或其他小分子溶液，在芽孢所需培养温度下孵育。芽孢萌发速率可以通过在600 nm下芽孢悬液光密度的降低来估算：$\{[(OD_{i600}-OD_{t600})/(OD_{i600})]\times 100\%\}$，$OD_{i600}$ 和 OD_{t600} 分别表示初始时间 i 和培养一定时间 t 时的 OD_{600} 值。用分光光度计记录培养期间 OD_{600} 的变化，当初始 OD_{600} 降低约60%时视为所有芽孢萌发。同时，因为在相差显微镜下，芽孢萌发经历由亮到暗的变化过程，所以也可以通过相差显微镜辅助观察。除另有说明，每个独立的实验都需要两批独立的芽孢进行三次平行实验，并用方差分析（ANOVA）处理数据。

二是根据芽孢萌发时吡啶二羧酸流出与添加的铽离子结合产生的荧光强度进行检测。将芽孢加入25 mmol/L的Hepes缓冲液（pH 7.4）中，配成终浓度 OD_{600} 为0.5的芽孢悬浮液，通过添加50 μmol/L的铽离子与适宜的萌发剂一起温育。用Gemini EM多孔荧光仪（Molecular Devices，Sunnyvale，CA）实时测量吡啶二羧酸铽（Tb^{3+}－DPA）。吡啶二羧酸铽在发射波长为545 nm、激发波长为270 nm条件下产生荧光，用每隔一定时间测得的荧光强度估算芽孢的萌发。

可以通过上述两种方法检测芽孢萌发动力学，以期筛选有效触发芽孢萌发的萌发剂，同样也可以描述萌发剂浓度和萌发率之间的关系，以及测试组合萌发剂在芽孢萌发期间是否对萌发产生协同效应。萌发率被认为是比较各种萌发剂与芽孢结合效率的指标，是通过计算萌发动力学曲线得到的斜率值来表示的。

(4)芽孢结构部分的分离和蛋白提取

①芽孢结构的分离和蛋白质提取：为了分析芽孢结构和蛋白质组成以及营养缺陷型培养基对芽孢产量的影响，首先用发酵罐培养芽孢24 h后，对发酵液进行芽孢的纯化、芽孢结构分离和组成蛋白的提取。根据文献改进后的方法，嗜热脂肪地芽孢杆菌的休眠芽孢结构分为以下部分(图 1 - 8)(Eymann et al.，2004；Ramirez - Peralta et al.，2012a；Stewart et al.，2012)：

(a)芽孢首先与SDS - DTT在70℃下孵育1 h，然后离心收集上清液，上清液用Nanosep (10 kD)过滤，滤液作为芽孢结构的"第1部分"("F1")，此部分包含大多数芽孢外层蛋白；

(b)用冷的TE缓冲液(10 mmol/L Tris - HCl，pH为7.5，1 mmol/L EDTA)润洗上述离心产生的沉淀物，重复至少5次；

(c)润洗后的芽孢部分转入含有溶菌酶(200 μg/mL)、DNase(15 μg/mL)、RNase(1 mg/mL)和苯甲基磺酰氯(1 mmol/L)的2 mL蔗糖缓冲液(0.5 mol/L蔗糖，20 mmol/L顺丁烯二酸，氢氧化钾，20 mmol/L氯化镁，pH 6.5)中，在37℃温度下孵育1 h；孵育后，将芽孢离心(5000 *g*，10 min，4℃)；

(d)离心后的沉淀物在含有1 mmol/L的苯甲基磺酰氟(PMSF)和蛋白质抑制剂的1.5 mL TE缓冲液中重悬，用超声波(4 ×30 s，1 W)处理与玻璃珠(1 mm，100 mg)混合的芽孢；

(e)将上述混合液4℃温度下6000 *g*离心10 min后，将上清液超速离心处理(100000 *g*，60 min，4℃)。获得的上清液作为芽孢"第2部分"("F2")，"F2"包含了芽孢核心蛋白，于 -80℃温度下保存；

(f)将上述离心后的沉淀物加入5 mL高盐浓度的缓冲液(20 mmol/L Tris - HCl，10 mmol/L EDTA，1 mol/L NaCl，1 mmol/L PMSF，pH为7.5)中漩涡震荡、混匀，后在4℃温度下旋转震荡30 min，之后再次超速离心；

(g)离心后的沉淀物在pH为11的含有100 mmol/L的Na_2CO_3 - HCl、10 mmol/L的EDTA和100 mmol/L的NaCl溶液中混匀；

(h)最后用8 mL的TE缓冲液润洗后离心，将产生的沉淀物加入200 μL的TE缓冲液中混匀。通过用1%的Triton X100增溶沉淀物的方法从芽孢内膜中分离膜蛋白。溶解的膜蛋白收集后离心(20000 *g*，10 min，4℃)，把得到的包含内膜蛋白的上清液作为"第3部分"("F3")，于 -80℃温度下保存。

一个完整的芽孢，从外而内由芽孢衣、外膜、皮层、芽孢壁、内膜和核心构成。芽孢通过SDS - DTT(70℃，1h)处理后离心(5000 *g*，10 min)，所得上清液作

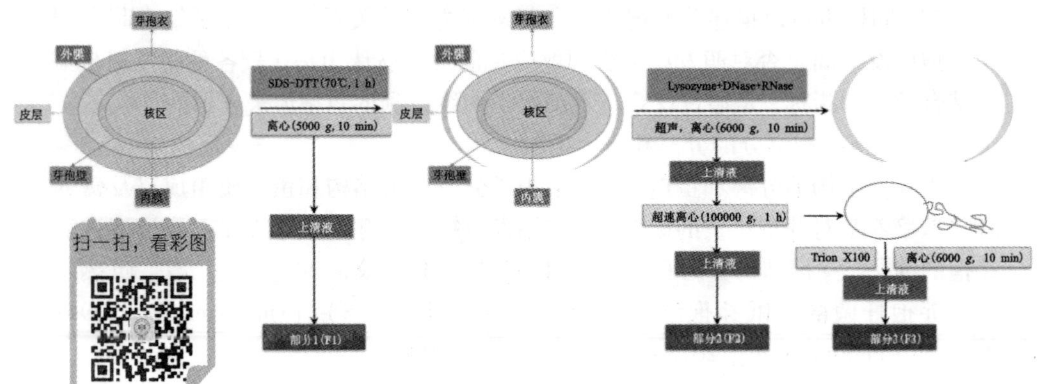

图 1-8　芽孢杆菌芽孢结构分离及蛋白提取流程图

为 F1，包含芽孢外层蛋白。离心后沉淀部分用能通过缺陷芽孢衣渗入水解皮层和芽孢壁的溶菌酶处理。然后，用脱氧核糖核酸酶（DNase）和核糖核酸酶（RNase）降解芽孢核心的 DNA 和 RNA，再经过超声处理后离心（6000 *g*，10 min），获得的上清液再经超速离心（100000 *g*，1 h），离心后上清液作为 F2，包含芽孢核心蛋白。沉淀部分用 Triton X100 溶解，经过离心（20000 *g*，10 min）后的上清液作为 F3，包含芽孢内膜蛋白。

②蛋白质浓度测定：根据 Bradford 方法来测定蛋白质浓度。例如，在图 1-9 中，不同浓度下的牛血清白蛋白（BSA）对应 OD_{595} 值的线性方程式为：$y=1.6402x-0.4219$（$R^2=0.996$），y 表示蛋白质浓度，x 表示 OD_{595} 值，R^2 是回归系数。因此，依据标准样品蛋白质浓度的方程式，可以估计 0.05 ~ 0.5 μg/μL 的蛋白质浓度，由此可以计算不同方法提取的蛋白质浓度。

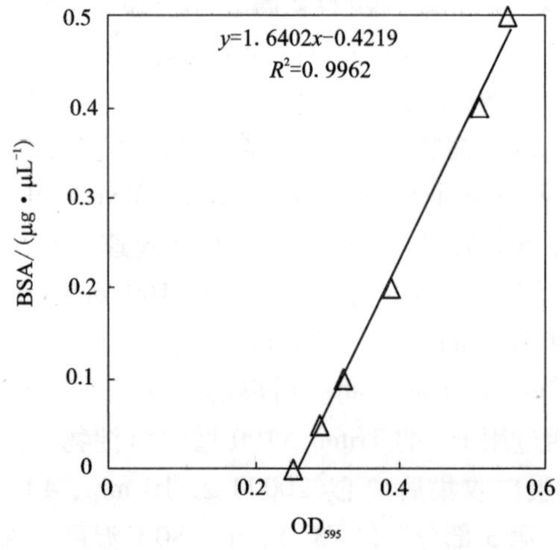

图 1-9　BSA 蛋白浓度测定的标准曲线

(5)鸟枪法蛋白质组学

①一维凝胶电泳：用SDS－聚丙烯酰胺凝胶电泳(SDS－PAGE，分离胶浓度为12.5%)对蛋白质样品进行分离，然后用考马斯蓝R－250(Bio－Rad)染色45 min。脱色过夜，用LAS－4000发光分析仪拍摄凝胶图像。每个泳道切成10片，使用Multi Gauge V3.2软件分析每片胶上蛋白的相对丰度。

②胶内胰蛋白酶解：每个凝胶切片的处理参照文献所述方法(Shevchenkoet al.，2006)：把每个凝胶切片转移进70%乙腈清洗过的微量离心管(1.5 mL)中，然后用含有DTT(10 mmol/L)的碳酸氢铵(25 mmol/L)溶液进行还原保护（56℃，孵育1 h)，之后室温下在有碘乙酰胺(55 mmol/L)的碳酸氢铵(25 mmol/L)溶液中暗孵育45 min。接下来的过程与接下来(6)中"凝胶内胰蛋白酶解"所述过程一致。加入胰蛋白酶(Trypsin gold，Madison，WI，USA)，在37℃温度下酶解过夜，最后将样品真空离心1 h，直至样品干燥。

③肽的提纯：在多肽的质谱仪分析之前，样品经过C18微量层析柱除去盐分，之后按照Millipore的说明进行多肽的纯化。纯化后的多肽保存在冰箱里备用。

④高效液相与质谱联用：对上述得到的多肽进行反向高效液相色谱(C18反相柱，Dionex)分离，然后用电喷雾四级杆飞行时间串联质谱仪(Bruker Daltonik GmbH，Bremen，Germany)进行分析鉴定。

⑤质谱数据分析：质谱数据分析方法参考已有方法(Abhyankar et al.，2011)。通过数据分析软件4.0(Bruker Daltonics)处理得到峰值表(pkl)。质谱分析数据提交到MASCOT搜索引擎(Version 2.2，Matrix Science)，搜索NCBI的细菌蛋白质数据库。以脲甲基化(C)为固定修饰，氧化(M)作为可变修饰。允许两个错误酶切的胰蛋白酶的专一性、MS前体与碎片离子公允质量差分别为0.08Da与0.15Da。选出+2价和+3价的肽段。MASCOT的分数用于多肽的鉴定评价，单一离子得分大于等于20($p<0.05$)才被认为鉴定的多肽有意义。

⑥蛋白质丰富度和功能分析：根据已发表的方法对数据进行了修改(Liang et al.，2012)。对鉴定出的多肽归纳产生蛋白质的总肽段，用来估计蛋白质在所有样品中的相对丰度。被鉴定的蛋白质的功能依据DAVID生物信息学工具库(http://david.abcc.ncifcrf.gov/)进行查询。为了比较不同样本间的蛋白质组，蛋白质参与的生化过程用GO Slim富集分析，富集数据的显著性用$\log_2(1/p)$表示。为了解释不同样品间的关系，对蛋白质基于Go Slim的代谢途径进行功能分类。

(6)基于二维凝胶电泳与质谱的蛋白质组学

①二维凝胶电泳：将蛋白质样品与IPG凝胶条(7 cm，pH为4~7或3~10)在二维凝胶电泳再水化缓冲液中水化过夜后，用Ettan IPGphor 3等电点聚焦系统

电泳约 4 h。然后在室温下，将等电点聚焦(IEF)凝胶条用含 DTT(10 mmol/L)的二维凝胶电泳平衡缓冲液还原处理 15 min，再去除缓冲液，在室温下，将胶条加入到有碘代乙酰胺(IAA，55 mmol/L)的平衡缓冲液中暗处理 15 min，使凝胶烷基化。用琼脂凝胶密封 IEF 胶条，转移至 SDS - PAGE 进行二维电泳。电泳结束后，凝胶用考马斯蓝 R - 250 染色 45 min，然后脱色过夜。脱色后的凝胶通过图像分析仪成像。用 Progenesis 软件对图像中不同强度的蛋白胶点进行定量比较，随后选出凝胶上表达水平差异的蛋白质斑点(>1.4 倍)做鉴定分析。

② 凝胶内胰蛋白酶解：根据 Progenesis 软件分析得到的结果，对从二维凝胶上选出的蛋白质斑点进行下列操作：

(a)将选定的蛋白胶点转移到用 70% 乙腈洗过的 1.5 mL 微量离心管中；

(b)加入 20 μL 脱色溶液(含 25 mmol/L 碳酸氢铵的 50% 乙腈)脱色 20 ~ 30 min，重复 3 ~ 4 次直到凝胶完全脱色，或者将凝胶置于 4℃ 温度下褪色处理过夜；

(c)每个凝胶片分别在室温下用 20 μL 乙腈(100%)中处理 5 ~ 10 min，直到变硬变白；

(d)37℃ 温度下，向样品中加入胰蛋白酶 (15 μL，10 ng/μL)水解一晚，胰蛋白酶溶液的体积取决于蛋白质斑点的大小；

(e)往样品中加入碳酸氢铵(20 μL，50 mmol/L)，37℃ 温度下过夜孵育。

(f)将样品温度平衡到室温，向样品中加入含乙腈(20 μL，2%)的甲酸(5%)，在室温下孵育 15 min，然后将样品进行短暂的漩涡振荡和超声粉碎 1 min；

(g)将上清液收集到离心管，其余的凝胶片用含 30 μL 的乙腈(50%)和甲酸(5%)同上述孵育，然后收集上清液并将其与相对应的之前的上清液合并；

(h)将样品真空离心干燥。

③基质辅助激光离子化飞行时间质谱(MALDI - TOF - MS)：MALDI - TOF MS/MS 用基于高通量肽指纹图谱的蛋白质鉴定。胰蛋白酶水解的多肽(1.5 μL)与 CHCA (10 mg/mL，1.0 μL)混合于乙腈(70%，体积分数)中，然后取点样到 MALDI 平板上。内部校准后，多肽结合基质受到脉冲激光束的连续轰击产生离子。根据离子化样品的移动获得母离子和产物离子的质量。然后，将由此产生的质谱提交 NCBI 细菌菌种的数据库进行 MASCOT 离子搜索查询，以此来鉴定蛋白质，每次查询得到的分数大于等于 80 才被认为有意义的($p<0.05$)。

(7)蛋白质印迹分析

①抗血清和/或抗体：抗枯草芽孢杆菌 GerD、SpoVAD、SleB 和 YpeB 蛋白质的兔抗血清是由 Setlow 教授提供和测定的(Korza & Setlow，2013)。与嗜热脂肪地芽孢杆菌 GerAC 反应的多克隆抗体是基于肽片段氨基酸序列(RIEGNPARGKRQTN)由 GenScript 公司设计提供的，是在兔子体内制备的，且所

有的二抗都来自兔子。

②蛋白质印迹：蛋白质印迹分析是依据已有的方法做的修改(Ghosh et al., 2012; Korza & Setlow, 2013)：将不同质量的蛋白质与SDS样品缓冲液混合，煮沸5 min，然后进行SDS-PAGE(12%)凝胶电泳。电泳结束后，凝胶转移到硝化纤维膜上(Bio-Rad, Hercules, CA, USA)。首先在室温条件下，硝化纤维膜放入稀释的抗体缓冲液中孵育（磷酸盐缓冲液中含有3% BSA或3%～5%的脱脂牛奶）1 h，以防止非特异性蛋白的结合。接下来，在室温条件下硝化纤维膜在特定的一抗的稀释缓冲液中孵育1～2 h，或者在4℃温度下孵育过夜。孵育后，用磷酸盐缓冲液洗涤硝化纤维膜，然后与二抗进行反应。最后，通过蛋白质印迹发光试剂(Santa Cruz)来增强化学发光(ECL)检测，用LAS-4000来捕捉化学发光信号，通过光强来测量目的蛋白浓度。

(8)磷脂分析

①磷脂的提取：磷脂提取是根据Bligh & Dyer（B&D)方法做了一些调整(Lacombe & Lubochinsky, 1988)。准确称量0.1 g指数生长阶段的嗜热脂肪地芽孢杆菌培养液并离心，离心后的菌体放入含有0.5 mol/L高氯酸的微量离心管，冰浴30 min后离心，混合1.2 mL冰浴的三氯甲烷/甲醇(2/1，体积分数)溶液。超声破碎5 min（工作15 s，间歇30 s)，然后加入0.4 mL水进行两相分离。16000 *g*离心10 min后，将再次获得的下层有机相转移到新的微量离心管内。水相用0.8 mL的三氯甲烷再萃取，再次重复上述过程。将收集到的有机相用氮吹法脱水。吹干的脂质样品在-80℃温度下存储以备后用。在分离过程中，存在多元不饱和脂肪酸的氧化或脂质水解的风险，因此一旦准备好细胞，要尽量在冰浴条件下尽快提取脂质。

然而，芽孢磷脂的提取方法不同于细胞，因此本研究建立了有效提取芽孢磷脂的方法。由于很难用超声波法破坏外部芽孢结构，所以先用SDS-DTT处理休眠芽孢，破坏芽孢衣结构。提取上述磷脂后，去除芽孢衣的芽孢经低温离心获得沉淀物，将沉淀物重新悬浮在100 μL的高氯酸(1.0 mol/L)中。接着，添加10 μL高氯酸(10 mol/L) 冰浴30 min，之后再添加1.0 mL的氯仿/甲醇/水(12∶6∶2，体积分数比)冰浴1 h以提取心磷脂。两相分离方法与提取细胞磷脂所述过程一致，收集到的有机相同样使用氮吹法脱水，干燥后将心磷脂样品存储在-80℃温度下，以备后用。

②MALDI-TOF MS/MS：在本部分中，MALDI-TOF MS用于鉴定磷脂。用于MALDI分析的基质有1，5-萘二胺(1，5-diaminonapthane, DAN)和2，5-二羟基苯甲酸(2，5-dihydroxybenzoic acid, DHB)及9-吖啶胺半水合物(9-Aminoacridine hemihydrate, 9AA)。用50%（体积分数)的乙腈配制新鲜的DAN（5 mg/mL)，然后与等量的样品溶液混合。DHB溶液(30 mg/ml)在甲醇中制备，而9AA(10 mg/mL)

溶解于90%(体积分数)的乙腈中制备。脂质提取样和磷脂标准溶液分别与DHB、9AA和DAN等比例混合，随后分别加到MALDI点样板上。

所有质谱数据均是由MALDI－TOF/TOF质谱仪(Applied Biosystems 4800，AB Sciex，Foster City，CA)测得的，该质谱仪配备了355 nm波长200 Hz的三倍频Nd：YAG脉冲激光。在20 kV的加速电压下，利用MS和(或)MS / MS在正离子或负离子反射模式下检测样品。在研究中用综合视频成像系统(约25×放大率)可以直接观察样品点。用磷脂标准化合物的混合物进行外部质量校准。

质谱数据是利用制造商的Data Ecplorer v.4.9和Savitzky－Golay平滑算法进行分析的。脂质是通过精确的质谱和LIPID MAPS预测工具进行比较(http：//www.lipidmaps.org/tools/index.html)定性的，数值是通过两批独立样品的至少两次测量结果的平均值±标准差(SD)来表示的。

③心磷脂的定位和量化：芽孢中心磷脂的定位和量化方法根据已有方法进行了修改(Petitet al.，1992)。壬基吖啶橙(NAO)溶液具有光敏性，所以应现用现配。休眠芽孢、去除芽孢衣的芽孢或用溶菌酶处理的去除芽孢衣的芽孢分别直接与NAO溶液(200 nmol/L)在室温孵育1 h。孵育后的芽孢经离心去掉上清液，获得的沉淀用PBS冲洗几次，然后在荧光显微镜下观察，激发波长为490 nm，发射波长从528 nm(绿色)转到617 nm(红色)。同时，芽孢的心磷脂的量通过OD值进行相对定量。处理过的芽孢在室温下与NAO孵育2 min，然后30000 *g* 离心5 min。用紫外分光光度计测量上清液的OD_{474}值，OD值取三次平行实验测量值的平均数。

(9)氟离子的测定

芽孢在40 mmol/L氟化钠溶液中孵育，测量不同孵育时间、pH和温度对芽孢吸收氟离子(F^-)的量的影响。不同pH下使用的缓冲液包括(Dong & Setlow，2019)：pH为4.5，高哌嗪－N，N－双－2(乙磺酸)(Homopipes)；pH为5.5和pH为6.5，2－(N－吗啉代)乙磺酸(MES)；pH 7.4，4－(2－羟乙基)－1－哌嗪乙磺酸(Hepes)。将纯化的OD_{600}为10的芽孢在(干重约1.25 mg/mL)14000 r/min转速下离心1 min，然后将获得的沉淀悬浮在1 mL含有氟化钠(40 mmol/L)的上述缓冲液(100 mmol/L)中。在23℃温度下共同孵育1 min～72 h，pH为4.5～6.5。之后，离心去除上清液中的残余溶液，并用相应pH的缓冲液洗涤芽孢3次。在孵育期间，通过相差显微镜观察芽孢悬浮液，以确保最少的芽孢自然萌发。最后，如前所述，将芽孢悬浮在1 mL去离子水中，用于核磁共振样品的制备(Ghoshet al.2015年)。将1 mL上述所得芽孢悬浮液添加到一个装有4 mL煮沸的正丙醇的20 mL玻璃管中，煮沸5 min，然后通过闪蒸干燥。将冷水(1 mL)添加到试管内干燥的残留物中，再进行剧烈的涡旋震荡，接着将试管冰浴20 min，之后转移到1.5 mL微量离心管中。将离心管在17000 *g* 下离心1 min后，得到的上清液加入到装有0.5 mg Chelex树脂(Na型)的离心管中，并涡旋震荡5 min以去除二价阳离子，特别是顺磁性的Mn^{2+}。最后，在14000 r/min转速下离心1 min后，准备600 μL上清液用于19F－NMR分析。

采用改进的核磁共振方法，通过^{19}F－NMR测定样品中的氟离子水平(Stockbridge et al., 2012; Ghosh et al., 2015)。将100 μL的重水(D_2O)添加到上述所得的600 μL上清液中，然后将溶液转移到核磁共振管中。在20℃温度下，使用配备5 mm宽带探头的Varian Inova 400 MHz光谱仪获取^{19}F－NMR光谱，光谱仪工作条件：12.0 μs激发脉冲、10.0 kHz谱宽、12 s循环延迟和1.638 s采集时间。每个数据集记录每个瞬态128次扫描，每个样品净采集时间约为31 min。使用NMR的MestReNova软件处理和分析所有数据。在每个时间点重复取样并进行^{19}F－NMR分析，所有实验保证至少两个重复实验。通过1 mmol/L的氟化钠标准样品来验证实验样品中F^-峰的一致性，在每个实验条件下，根据实验值的峰面积计算样品中F^-的含量，参考浓度为0～2 mmol/L的氟化钠溶液的峰面积，假设芽孢核心含有50%的芽孢干重，而湿芽孢核心含有35%的水，则可以计算出芽孢中的氟离子浓度(Popham et al., 1999; Setlow, 2006)。

对于氟离子流出芽孢的实验，除非另有说明，否则将多个1 mL的芽孢($OD_{600}=10$)在23℃温度下于pH为4.5的氟化钠(40 mmol/L)中孵育72 h，并如上所述洗涤和离心。去除上清液后，将OD_{600}为10的芽孢重新悬浮在K－Hepes缓冲液(25 mmol/L, pH为7.4)中，然后在23℃温度下孵育1 min～48 h，或在37℃温度下添加或者不添加L型缬氨酸(10 mmol/L)，并孵育1 min～1.5 h。孵育不同的时间后，将芽孢悬浮液离心得到1 mL上清液，煮沸的上清液进行如上所述的^{19}F－NMR样品处理过程，最后得到的样品进行^{19}F－NMR检测。

(10) 稀土离子的测定

稀土离子的测定方法如下所述(Dong et al., 2019)：将纯化的芽孢在23℃温度下，与氯化铽六水合物($TbCl_3 \cdot 6H_2O$, Aldrich 99.9%)或氯化镝六水合物($DyCl_3 \cdot 6H_2O$, Aldrich 99.9%)在25 mmol/L缓冲液中孵育，通过测量铽离子或镝离子积累的量来描述其与孵育pH、时间、铽离子或镝离子浓度间的关系。在不同pH下使用的缓冲液如方法(9)中所述：pH为4.5, Homopipes; pH为5.5和pH为6.5, MES; pH为7.4和pH为8.0, Hepes。将1 mL OD_{600}为2.0(干重约0.25 mg/mL)的芽孢添加到微量离心管中，在14000 r/min转速下离心1 min，将沉淀物悬浮于1 mL含有各种浓度铽离子或镝离子的缓冲液(100 mmol/L)中。在各种条件下孵育后，通过离心将芽孢水洗三次或四次，并将洗过的芽孢沉淀物悬浮在1 mL去离子水中。对照实验显示最终上清液分别含有≤0.1 μmol/L或0.4 μmol/L的铽离子或镝离子。将0.5 mL上述获得的芽孢($OD_{600}=0.5$)悬浮液煮沸30 min，然后冰浴15 min，14000 r/min转速下离心1 min并收集上清液。将90 μL上清液与10 μL蒸馏水或1 mmol/L吡啶二羧酸添加到100 μL的K－Hepes缓冲液

(50 mmol/L, pH 为7.4)中，共200 μL混合液在Gemini EM多孔荧光板读数器(Molecular Devices, Sunnyvale, CA)上测量吡啶二羧酸铽或吡啶二羧酸镝的荧光强度。铽或镝离子-吡啶二羧酸在发射波长545 nm或480 nm，激发波长270 nm条件下产生荧光。通过将测量的荧光强度代入铽(或镝离子)-吡啶二羧酸与铽(或镝离子)标准样品浓度关系的曲线(图1-10)，计算芽孢吸附两种稀土离子的量。

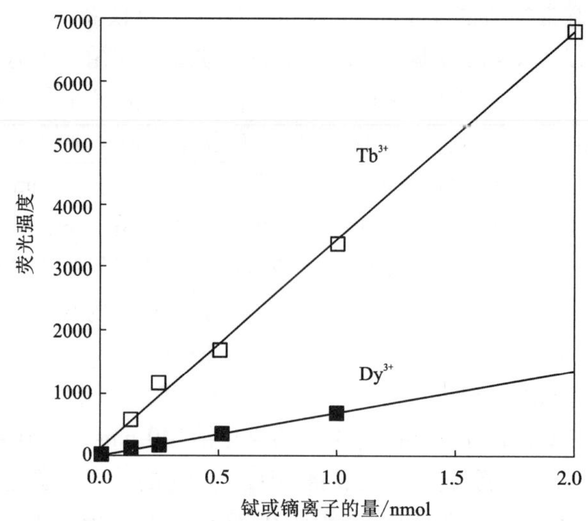

图1-10 铽离子或镝离子的量与对应化合物吡啶二羧酸铽和吡啶二羧酸镝荧光强度间的标准曲线

90 μL的铽或者镝离子添加到含有10 μL吡啶二羧酸(1 mmol/L)的K-Hepes缓冲液(50 mmol/L, 100 μL, pH为7.4)中，测量其荧光强度。

为了检测其他金属离子对芽孢吸收铽离子或镝离子的影响，将OD_{600}为2.0(1 mL)的野生型枯草芽孢杆菌PS832 (Djouiai et al., 2018)芽孢单独与离子铽或镝离子溶液(20 μmol/L)，或添加氯化钙或氯化镁(200 μmol/L)在K-Hepes缓冲液中(25 mmol/L, pH为7.4)23℃温度下孵育5 min，洗涤芽孢后煮沸30 min，如上所述离心后测定上清液中的铽离子和镝离子水平。除非另有说明，所有实验进行双样本分析，所得数据进行ANOVA分析。

为了检测芽孢中是否有铽离子或镝离子释放，先在pH为7.4的条件下将芽孢与氯化铽或氯化镝(20 μmol/L)孵育5 min，并用以上所述方法洗涤和离心。将离心后得到的芽孢沉淀物在K-Hepes缓冲液(25 mmol/L, pH为7.4)中悬浮，使OD_{600}达到0.5，然后在37℃下与吡啶二羧酸(50 μmol/L)或L型缬氨酸(10 mmol/L)一起孵育。利用荧光板读数器实时测量吡啶二羧酸铽或吡啶二羧酸镝的荧光强度，最后如上所述计算出从芽孢中释放的铽离子或镝离子的量。

第 2 章　芽孢的基本结构、生物学性质和影响因素分析

2.1　引言

产芽孢细菌形成芽孢通常是由环境压力导致，特别是由于营养如磷酸盐、碳、氮和硫的缺乏所致(Bassler & Losick, 2006)。细胞离开稳定期进入芽孢形成阶段，完成这一过程大约需要 8 h。2001 年，Nazina 等对芽孢杆菌属的嗜热菌组群进行了生理特性对比研究，发现它们是一组系统发育相近、生理和形态相似的细菌，可以组成新的菌属，将其命名为地芽孢杆菌属(*Geobacillus*) (Nazina et al., 2001)。权威菌种保藏机构如 ATCC 和 DSMZ，以及国际权威标准和药典等，很快就陆续将嗜热脂肪芽孢杆菌(*Bacillus stearothermophilus*)更名为嗜热脂肪地芽孢杆菌(*Geobacillus stearothermophilus*)。但国内一直沿用嗜热脂肪芽孢杆菌的名称直到 2017 年 01 月 01 日，彼时中国国家标准化管理委员会发布的《湿热灭菌用生物指示物》(GB 18281.3 -2015)正式实施，才将嗜热脂肪芽孢杆菌改称为嗜热脂肪地芽孢杆菌。嗜热脂肪地芽孢杆菌属于嗜热性需氧芽孢杆菌，而且由于形成的芽孢对湿度、热、甲醛和过氧化氢等化学物质具有抗性，所以常被用作灭菌的生物学指示剂(BIs) (Dlugokenski et al., 2011; Guizelini et al., 2012)。

尽管嗜热脂肪地芽孢杆菌芽孢被广泛使用，但很少有对这些芽孢结构和其生化组成的研究。因此，本研究主要参考枯草芽孢杆菌和其他菌种芽孢的文献报道。环境因子包括营养成分、溶氧量和搅拌速度等会在很大程度上影响芽孢的形成及其抗性(Sarrafzadeh & Navarro, 2006; Boniolo et al., 2012)。除了环境因素外，其他效应因子也会影响芽孢产量，甚至培养基中的离子含量还会影响芽孢形成效率和芽孢特性(Fujioka & Frank, 1966)。研究发现，添加锰的芽孢形成培养基会加速多种芽孢杆菌菌种芽孢的形成(陈美娜 等, 2013; 程淑琴, 2014; Stockel et al., 2009)。含有高浓度钙离子的芽孢具有最强的耐热性，而含有锰和镁的芽孢比含有钠和钾的芽孢更具耐受性(Bender & Marquis, 1985)。还有研究发现，嗜热脂肪地芽孢杆菌芽孢的产量和抗热性受培养基中营养元素的浓度的影响，两者呈正相关性 (Penna et al., 2003)。

本章从超微结构和蛋白质组学两个角度分析围绕完整芽孢的多层组分：使用原子力显微镜和透射电子显微镜等电镜技术来观察芽孢的形态和结构 (Bakhiet &

Stahly, 1985; Plomp et al., 2005; Plompet al., 2007; Cheung, 2008; Permpoonpattana et al., 2013),使用高效液相质谱联用分析芽孢蛋白质组学(Liu et al., 2004; Wu et al., 2008; Abhyankar et al., 2011)。

本实验首先利用台式发酵罐来制备芽孢液，即在发酵罐中接种嗜热脂肪地芽孢杆菌发酵。通过添加氮元素缺陷型液体培养基制备嗜热脂肪地芽孢杆菌芽孢，并以此为基础，为本章后续实验建立起发酵过程控制体系。在发酵过程中，对细胞密度、pH、溶氧量和二价阳离子等细胞生长过程中的动态变化进行了监测。

其次，通过本书第1章描述的方法将培养纯化得到的芽孢结构分为几部分，这些不同部分中的蛋白质经分离提取，基于凝胶电泳与质谱相结合的蛋白质组学技术，分析鉴定参与萌发过程的候选蛋白质大分子。

最后，在上述相同的发酵条件下，如相同的初始接种物、通气速率、搅拌速度、温度和初始pH，利用台式发酵罐研究不同营养缺陷型培养基，包括铵、葡萄糖和硫酸盐营养缺陷培养基，对嗜热脂肪地芽孢杆菌NCTC10003芽孢产量的影响。利用有效容积为5L的发酵罐制备大量芽孢，同时检测了不同培养液发酵过程中的生物物理参数，包括细胞生长密度和二价阳离子的吸收等，分析了可能影响芽孢产量的蛋白质及其表达水平差异。

2.2 结果

2.2.1 发酵动态检测

虽然包括初始接种物、搅拌速度和通气速率等在内的初始参数值设置得相同，但在不同培养基内发酵时的发酵图谱却不尽相同(图2-1)。从细胞生长情况来看，在氮元素缺陷培养基，细胞经过8 h指数生长期后的增长阶段仅有6 h，且极少浑浊。总的来说，不同的培养条件下发酵液的pH和溶氧水平各有差异，主要变化发生在最初的24 h内，然后有轻微的差异。细胞开始生长时pH首先降低，之后开始增加直到pH稳定，N(-)培养基的pH介于7.05和7.34之间。整个发酵过程N(-)培养基中溶氧水平一直在下降。然而，从第4 h到第8 h期间，N(-)培养基中的溶氧水平可能由于产生大量的代谢物而突然增加，并且此后耗氧量逐渐降低，溶氧水平再次下降直至36%(图2-1A)。在发酵过程中，每隔6 h对培养液进行取样并对细胞/芽孢计数。结果表明，12 h左右细胞生长量达到最大，然后在营养耗尽后开始形成少数芽孢。芽孢在第一个24 h的形成速度比之后发酵过程形成芽孢的速度更快(图2-2)，因此基于已有研究结果，对第一个24 h内二价离子的动态变化进行测定(图2-1B)，对培养液进行72 h的连续发酵以用于芽孢的生产，直到发酵末期，最大芽孢形成浓度只达到最大细胞浓度的

3.5%（芽孢 $0.3\times10^8\ mL^{-1}$，细胞 $8.5\times10^8\ mL^{-1}$），即为在 N(－)培养基中芽孢的形成率。

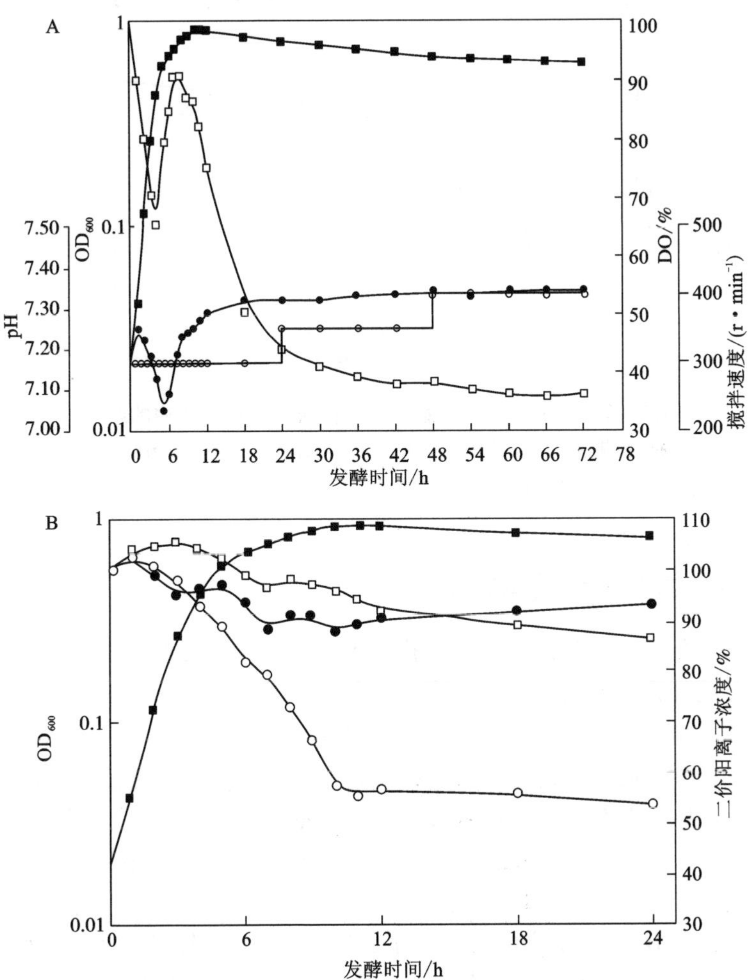

图 2－1　嗜热脂肪地芽孢杆菌在 N(－)培养基中的发酵图谱

A. 发酵图谱，包括细胞浊度(■)、溶解氧(□)、pH(●)和搅拌速度(○)；B. 细胞浊度(■)和二价阳离子的变化，包括锰离子(□)、镁离子(●)和钙离子(○)在第一个 24 h 培养基内确定百分比的变化。发酵参数：工作容积为 5 L；搅拌速度 0～24 h 为 300 r/min，24～48 h 为350 r/min，48～72 h 为 400 r/min；通气速率为 1.5 L/min；温度为 60℃；初始 pH 为 7.20。所得数值为两个独立批次实验的平均值。

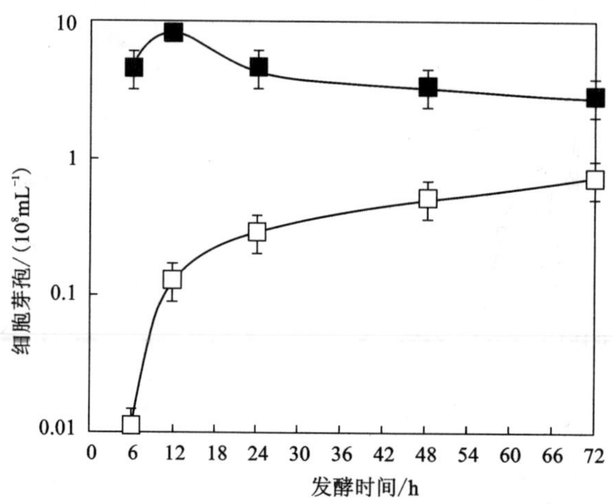

图 2-2　发酵过程中细胞和芽孢在 N(-)培养基中的浓度

细胞(■)和芽孢(□)计数按照 1.3.2 节所述方法。所得数值为两个独立批次实验三次测定值的平均值 ± 标准偏差。

2.2.2　芽孢的形态和结构特征

本部分工作的主要目的是描述芽孢的形态和结构。发酵完成后，芽孢从液体培养基中分离纯化，得到相差显微镜下明亮的芽孢(纯度 >98%)，然后用原子力显微镜和透射电子显微镜观察获得的高纯度芽孢。原子力显微镜高清图像可用于测量芽孢的长度、宽度和粗糙度(图 2-3)。风干的 N(-)芽孢，平均长度约为 1.82 μm、宽度为 1.06 μm，粗糙度为 13.2 nm（表 2-1）。芽孢表面点缀着 7~40 nm大小不等的突起(图 2-3A)。通过透射电镜观察完整芽孢的细微构造，发现芽孢具有类囊结构，将其命名为孢外壁，孢外壁包裹着整个芽孢，是芽孢的最外层(图 2-4 D)。在更高的分辨率下，即 135000 放大倍数时，孢外壁显示为毛发状结构(图 2-4 G)。孢外壁的下面是芽孢衣结构，由电子致密的内衣层和外衣层组成。内衣层有 5~7 层，平行分布在外膜周围。而由肽聚糖组成的皮层在外膜下，最内层是充满吡啶二羧酸钙的芽孢核心（图 2-4 D 和 G)。

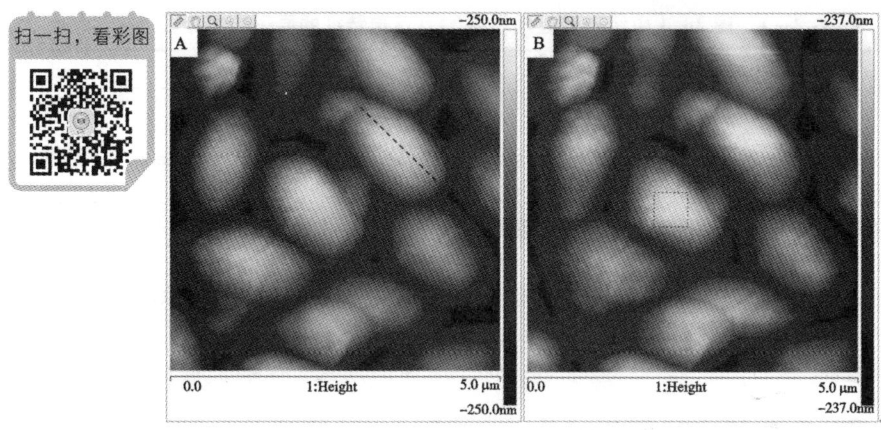

图 2-3　N(-)嗜热脂肪地芽孢杆菌芽孢的原子力显微图像

(A)芽孢的长度和宽度用虚线表示；(B)粗糙度用 500 nm^2 的虚线框测量。图像为 5 μm^2 的扫描区域。

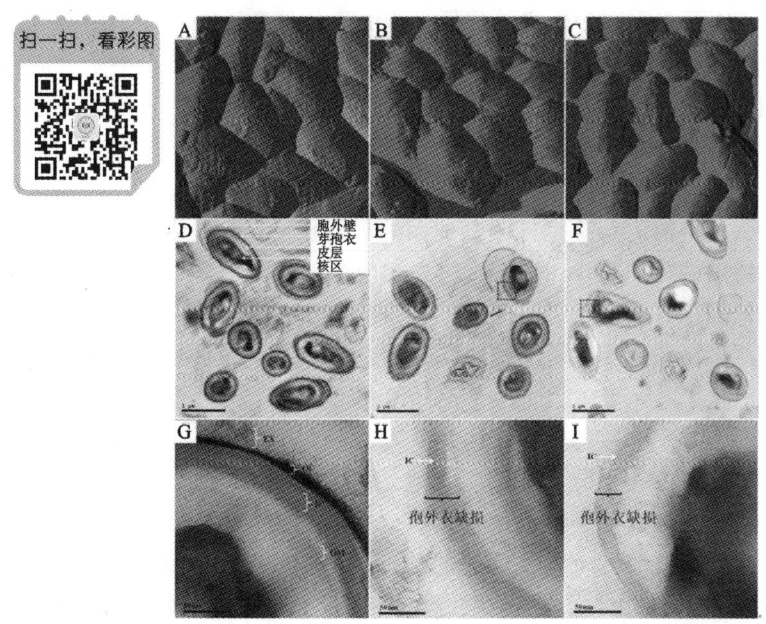

图 2-4　碱性 SDS-DTT 处理后嗜热脂肪地芽孢杆菌芽孢的原子力显微镜和透射电镜图像

与休眠芽孢对比(A、D、G)，经碱性 SDS-DTT 溶液分别处理 0.5 h(B、E 和 H)和 1 h(C、F 和 I)的嗜热脂肪地芽孢杆菌 N(-)芽孢。A、B 和 C 扫描区域为 5μm^2。D、G 中 N(-)芽孢有完整的类似毛发状孢外壁以及芽孢衣、皮层和核心。E、H 中 SDS-DTT 处理 0.5 h 后，芽孢的孢外壁、芽孢衣甚至外膜结构出现损伤。F、I 中 SDS-DTT 处理 1 h 后，芽孢仍存在内衣层结构(白色箭头)，但孢外壁几乎不可见，而电子致密的外衣层和外膜部分已消失。EX 为孢外壁；OC 为外衣层；IC 为内衣层；OM 为外膜。图 D、E 和 F 中红色虚线方框内的部分放大，分别对应 G、H 和 I。放大倍数：20500 倍(D、E 和 F)和 135000 倍(G、H 和 I)。

表2－1　图2－4中经不同处理后N(－)芽孢特征的原子力显微镜图像表征

图2－4	处理方式	长度/μm	宽度/μm	Rq/nm
A	无处理	1.82±0.08	1.06±0.05	13.2±0.4
B	SDS－DTT处理0.5h	1.44±0.09	0.83±0.05	19.5±4.1
C	SDS－DTT处理1.0 h	1.36±0.17	0.79±0.09	15.7±2.4

样品A与B(或C)的长度及宽度差异性极显著($p<0.01$)，而B和C之间没有差异($p>0.1$)。数值为芽孢的五个扫描图像的平均值±标准偏差。

Rq（均方根粗糙度)用于测量样品表面粗糙度。样品A与B的Rq值差异极显著($p<0.01$)，而C与A(或B)之间差异性显著($p<0.05$)。

2.2.3　芽孢结构的蛋白组分

本研究旨在通过蛋白质组学技术分析嗜热脂肪地芽孢杆菌芽孢结构的蛋白质组成。为了确保蛋白质组学分析能足够详细地阐明生物学性质，需要将芽孢分部分预处理，从而在质谱分析之前降低芽孢的生化复杂度。将芽孢结构分部分预处理是针对芽孢杆菌菌种芽孢发展起来的分离方法，这种方法是为了分离在形态学上有区别的细菌芽孢的结构。通过此方法与蛋白质组学技术相结合，许多研究团队描述了在芽孢杆菌芽孢的不同结构中大量蛋白质存在的位置(Eymann et al.，2004；Ramirez－Peralta et al.，2012a；Stewart et al.，2012)，为了解这些结构成分的功能提供了价值。与芽孢杆菌其他菌种芽孢相比，对嗜热脂肪地芽孢杆菌芽孢的形态学特点的描述很少，也没有建立相应的分离方法。而且，嗜热脂肪地芽孢杆菌的全基因组并不完整，用鸟枪蛋白质组学方法来分析芽孢的蛋白数据不够全面。关于芽孢杆菌芽孢结构有价值的生化数据在嗜热细菌上的应用仍有限，因此，本研究旨在填补嗜热脂肪地芽孢杆菌芽孢生化结构及蛋白质组成这一研究的不足。

因为以前没有关于分离嗜热脂肪地芽孢杆菌芽孢结构组分的方法，本研究首先借鉴了用于分离其他芽孢杆菌芽孢组分的方法，然后通过使用原子力显微镜和透射电子显微镜对分部分预处理过的芽孢进行形态和结构上的观察。结果显示，未经处理过的芽孢表面有均匀的突起(图2－4)，然而经SDS－DTT处理过的芽孢在表面有裂缝和少量隆起（图2－4B和2－4C)。此外，芽孢也变得更小了，总体减小效果显著：分别用SDS－DTT处理0.5 h和1.0 h后，芽孢平均长度从1.82 μm分别减小到1.44 μm和1.36 μm，宽度从1.06 μm分别减小到0.83 μm和0.79 μm。然而，处理0.5 h和1.0 h的芽孢大小并没有显著差异，表明SDS－DTT处理芽孢时很可能去除了芽孢最外层结构，而经过此处理后，芽孢的剩余结构抵抗破坏性的能力更强。为了确认SDS－DTT处理对芽孢结构的影响，通过分析透射电子显微镜图像可知，SDS－DTT处理后的芽孢最外层类囊结构已经破裂

(图2－4E和F)；而且，在高放大倍数下可清晰地观察到芽孢的外层结构，包括全部类毛发状结构和部分电子致密层在内的结构，已经在SDS－DTT处理过的芽孢表面消失(图2－4H和I)，部分芽孢外衣层甚至外膜部分也已经被去除掉。虽然电子致密度高的外衣层或多或少已被移除，但是具有多层结构的芽孢内衣层仍然明显可见，表明这部分的组成蛋白高度交联。

SDS－DTT处理后芽孢形态的变化让人想起了用相同试剂对枯草芽孢杆菌芽孢芽孢衣的有效去除实验。上述结果表明，与枯草芽孢杆菌芽孢类似，嗜热脂肪地芽孢杆菌芽孢的结构及其组成对这种化学提取法同样敏感。然而，对嗜热脂肪地芽孢杆菌芽孢的研究缺少通过此方法对提取的各组分的生化分析，因此本章开展相关研究，经SDS－DTT提取的芽孢结构组分被命名为“F1”。

由于在芽孢表面尤其是芽孢衣有缺陷时，溶菌酶可以穿透经SDS－DTT处理的芽孢，因此对芽孢各组分分离方法的后续步骤是利用溶菌酶水解皮层，超声处理使芽孢核心暴露，然后用DNase和RNase等酶降解DNA和RNA。在上述一系列处理之后，对芽孢碎片进行离心，提取的上清液用于分离提取F2和F3的蛋白质。离心后的沉淀物用原子力显微镜和透射电子显微镜观察。与未经处理的芽孢(图2－5A)比较发现，分离提取F1（图2－5B)或三个结构部分(图2－5C）后的芽孢厚度明显减小，特别是在分离提取芽孢三个结构部分的蛋白质之后。上述结果通过透射电子显微镜被进一步证实，表明只有芽孢最外层部分结构被保留(图2－6A)。由于在透射电子显微镜显微照片中观察到多层结构，所以类层片状外皮是内衣层(黑箭头，图2－6B)，但白色箭头所指结构是未知的，可能是断裂的内衣层结构。

2.2.4　基于LC－MS/MS的鸟枪蛋白质组学分析

验证芽孢结构分离法的有效性后，进一步将来自三个部分提取的蛋白质进行一维凝胶电泳分析。芽孢部分的一维凝胶蛋白图谱如图2－7所示。“F1”部分的蛋白图谱明显与“F2”和“F3”部分的蛋白图谱不同，因为芽孢表面蛋白组分与芽孢内部成分有明显差异，但后两者共有一些相似蛋白组分。

为进一步降低上述每个芽孢结构部分中蛋白质混合物的复杂度，首先通过SDS－DTT和酶逐步提取，然后通过一维凝胶按大小对“F1－3”各凝胶泳道上的蛋白质进行分级分离，将其进一步切成10段。因此，提取的完整嗜热脂肪地芽孢杆菌芽孢蛋白质被分为30部分(图2－7B)。这种操作方式的根本原则是用它将整个芽孢蛋白质组部分化，并以此降低蛋白质的复杂性，这与随后的LC－MSMS鸟枪法分析一致。随后，这30部分的蛋白质在凝胶内部被胰蛋白酶消化，由此产生的肽段被提取并被反相高效液相色谱分离。洗脱得到的游离肽被ESI电离并用高分辨率的MSMS进行分析。最后，对每个被选出的离子的MSMS碎片通过MASCOT进行查询分析。

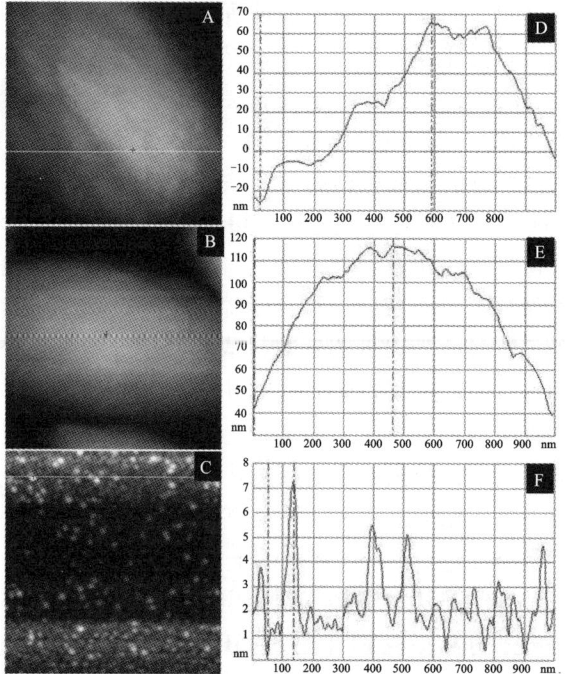

图 2-5　分离提取结构蛋白后嗜热脂肪地芽孢杆菌芽孢的原子力显微图像

分离前的嗜热脂肪地芽孢杆菌 N(-)芽孢(A)，用碱性 SDS-DTT 溶液去除“F1”后(B)，然后提取“F2”和“F3”进行观察(C)。样品 A 表面的垂直距离(91 nm，D)，样品 B (76 nm，E)和样品 C(7 nm，F)的垂直距离减小。图像为 1μm^2 扫描区域。

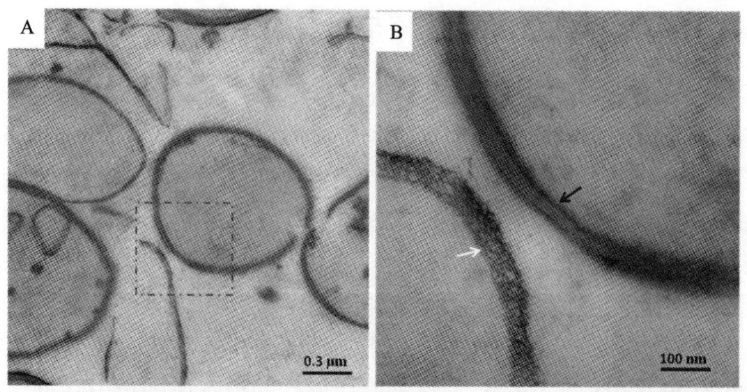

图 2-6　提取结构蛋白后嗜热脂肪地芽孢杆菌芽孢残余的外壳透射电镜图像

A. 分离提取嗜热脂肪地芽孢杆菌芽孢结构蛋白后，用透射电子显微镜观察 N(-)芽孢剩余的碎片，在虚线方框中的结构被放大。B. 黑色箭头指出多层类内衣层结构，白色箭头指向未知的部分。放大倍数：A 为 20500 倍；B 为 135000 倍。

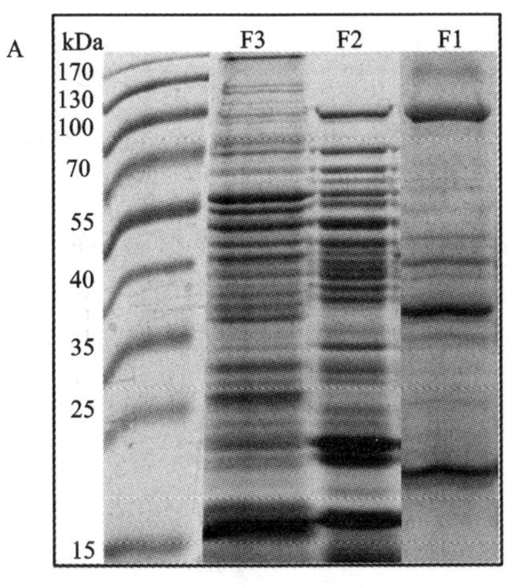

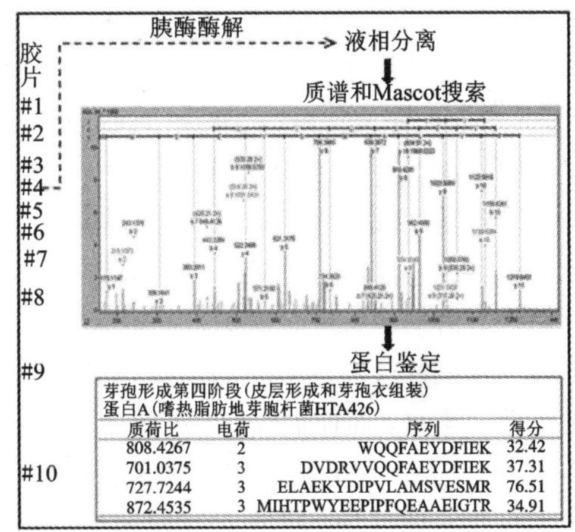

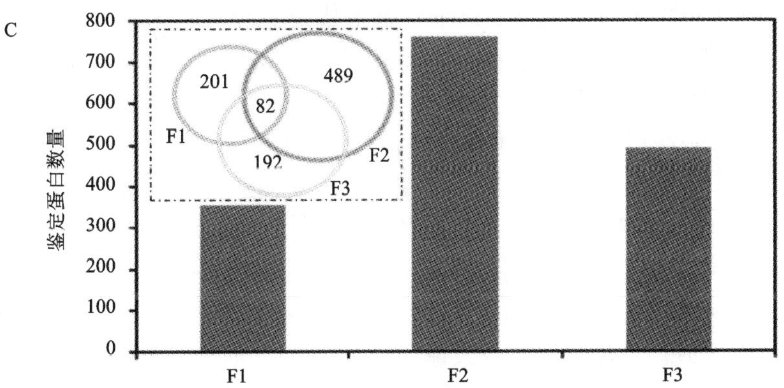

D　萌发相关蛋白

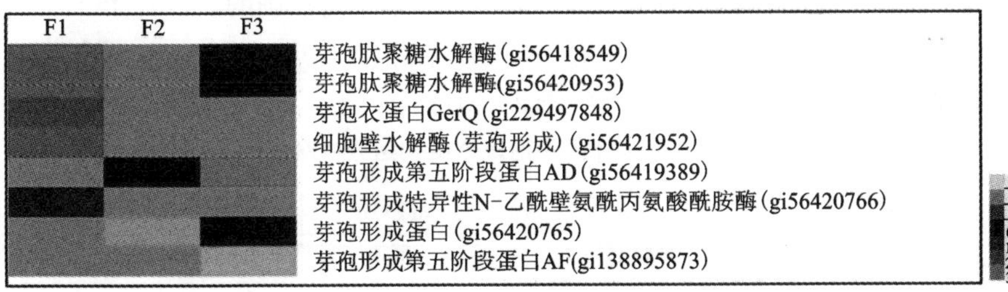

图 2-7　嗜热脂肪地芽孢杆菌芽孢各结构组分的鸟枪蛋白质组学分析

A. 从嗜热脂肪地芽孢杆菌 N(-)芽孢和(或)前芽孢中提取 20 μg 蛋白质，经 SDS-PAGE，然后用考马斯亮蓝染色。B. 每个样本泳道被切成 10 片，并进行凝胶内胰蛋白酶降解。被消化的蛋白质经高效液相分离并利用质谱分析多肽谱，然后用 NCBI 细菌数据库的 MASCOT 搜索鉴定蛋白质。此流程表明确定鉴定泳道凝胶相同位置的第四片的一个蛋白质(SpoIVA)的过程。C. 每个芽孢结构中鉴定到的候选蛋白质总数，其中有 82 个共有蛋白。D. 8 种潜在的萌发相关蛋白的鉴定及相对丰度。

经 MASCOT 搜索后，所有通过对比 NCBI 细菌数据库获得的蛋白质被认为是嗜热脂肪地芽孢杆菌芽孢蛋白质组的候选蛋白质。芽孢中共确定了 5654 个肽和 1204 个蛋白质。目前所知，用鸟枪蛋白质组学确定的蛋白质数量远远大于枯草芽孢杆菌/炭疽芽孢杆菌芽孢(1204 和 154/750)(Kuwana et al., 2002; Liu et al., 2004)。从“F1”共确定了 356 个蛋白质，而“F2”和“F3”分别为 761 和 491。有 82 个蛋白质在三个组分中很常见(图 2 -7C)。然而，一些蛋白质在不同组分中显示出相似的丰度。例如，包含延长因子 Tu 和 30S 核糖体蛋白的蛋白质在三个片段中的含量丰富，而活性腺苷甲硫氨酸合成酶、甲硫氨酸腺苷转移酶含量很低。此外，其他种类的蛋白质在不同片段中有不同的丰度。例如，芽孢衣蛋白 F 和热休克蛋白只在“F1”中含量明显丰富，而伴侣蛋白 GroEL 和 ABC 转运体(脂蛋白)分别在“F2”和“F3”中含量丰富。同时，8 个萌发相关的蛋白质被筛选出来，包括两个芽孢肽聚糖水解酶、一个芽孢衣蛋白 GerQ、一个细胞壁水解酶、一个 SpoVAD、一个芽孢形成特异性的 N - 乙酰胞壁酸 - L 型丙氨酸酰胺酶、一个芽孢形成蛋白和一个 SpoVAF(图 2 -7D)。芽孢肽聚糖水解酶是潜在的萌发蛋白 SleB，它属于皮层裂解酶，在芽孢萌发时降解芽孢皮层。细胞壁水解酶是 CwlJ 蛋白，也负责在芽孢萌发期间降解芽孢皮层。GerQ 是在芽孢萌发时需要特有的 CwlJ 组装的潜在蛋白，芽孢形成蛋白 YpeB 用来组装 SleB 蛋白。SpoVAD 和 SpoVAF 负责芽孢萌发期间芽孢内部 Ca - 吡啶二羧酸流出的潜在蛋白(表 2 -2)。通过这些鉴定的蛋白质肽段发现嗜热脂肪地芽孢杆菌与其他芽孢杆菌种具有直系同源性。然而，这些鉴定的萌发相关蛋白分布在芽孢不同结构组分中。例如，GerQ 和 CwlJ 在“F1”组分中具有较高的丰度，而 SpoVAF 只在“F3”组分中被发现。有趣但并不令人惊讶的是，“F2”结构组分中的萌发相关蛋白比其他两个组分少得多，因为从“F2”中分离提取的大部分蛋白质来自芽孢核心，这个发现也证明我们将芽孢结构分成组分的策略是正确的。“F1”和 F2”中的芽孢皮层裂解酶有显著差异，但其中有些酶也存在于“F3”中，例如，前两个芽孢肽聚糖水解酶被发现在“F3”中含量丰富(图 2 -7D)。

表 2 -2　嗜热脂肪地芽孢杆菌芽孢三个结构组分中萌发相关蛋白的鉴定

芽孢结构部位	登记号	蛋白质[a]	评分	分子质量/Da *
F1	gi|56420953	SleB	919	53189
	gi|56418549	YaaH	1073	48551
	gi|56418584	SpoVT	396	19821
	gi|229497848	GerQ	203	20676
	gi|56421952	CwlJ	472	17008

* 国际上通常以道尔顿(daldon, Da)、千道尔顿(kilodaldon, kDa)为单位来表示蛋白质分子质量。

续表 2-2

芽孢结构部位	登记号	蛋白质①	评分	分子质量/Da
F2	gi丨56420765	YpeB	78	50043
	gi丨56419389	SpoVAD	97	36272
F3	gi丨56419389	SpoVAD	125	36272
	gi丨56420766	SleB	239	29300
	gi丨56420765	YpeB	281	50043
	gi丨56420836	SpoVAF	74	55307
	gi丨56420953	SleB	246	53189
	gi丨56418549	YaaH	223	48551

①蛋白质缩写来自其他 Bacillus 种的 NCBI 数据库。

大部分鉴定到的蛋白质与另一种嗜热菌嗜热地芽孢杆菌(*Geobacillus kaustophilus*)的蛋白具有同源性。基于基因产物功能数据库(生物过程)，不同功能类型的蛋白质聚集于不同芽孢的结构组分(图 2-8)。然而，三个片段中的蛋白质在许多生物过程中丰度相似，这些过程包括细胞蛋白质/蛋白质代谢过程、细胞大分子生物合成过程、辅助因子分解代谢过程、有机化合物的氧化和辅酶的代谢过程，其中参与翻译过程的功能蛋白丰度最高。这些数据表明，在芽孢形成过程中参与翻译过程的蛋白质在某种程度上积累在芽孢中。除了上述提到的在三个芽孢组分中常见的功能蛋白，在两个组分中还有重复的功能蛋白。例如，在“F1”和“F3”中许多蛋白质均参与离子跨膜运输，这在意料之中，因为“F1”和“F3”的提取物分别包含来自外膜和内膜的蛋白质。此外，“F2”和“F3”中的蛋白质在大分子代谢和分解代谢过程中发挥作用，可能是因为“F2”提取物主要由来自内膜下方的芽孢核心蛋白质组成。然而，具有独特功能的蛋白质只是集中在一个与其他都不同的芽孢结构组分中。例如，阳离子运输、离子转运和氧化磷酸化功能蛋白只集中在“F1”组分，而参与细胞的胺/氨基酸代谢过程和碳水化合物的分解代谢过程的蛋白分别集中在“F2”和“F3”组分。

综上所述，通过对比芽孢不同组分的蛋白质图谱能够区别芽孢的三个组分，表明枯草芽孢杆菌芽孢组分的分离方法也可以应用于研究嗜热脂肪地芽孢杆菌芽孢结构的生化组成。因此，“F1”、“F2”和“F3”组分分别涉及芽孢外层、芽孢核心和内膜结构组成。

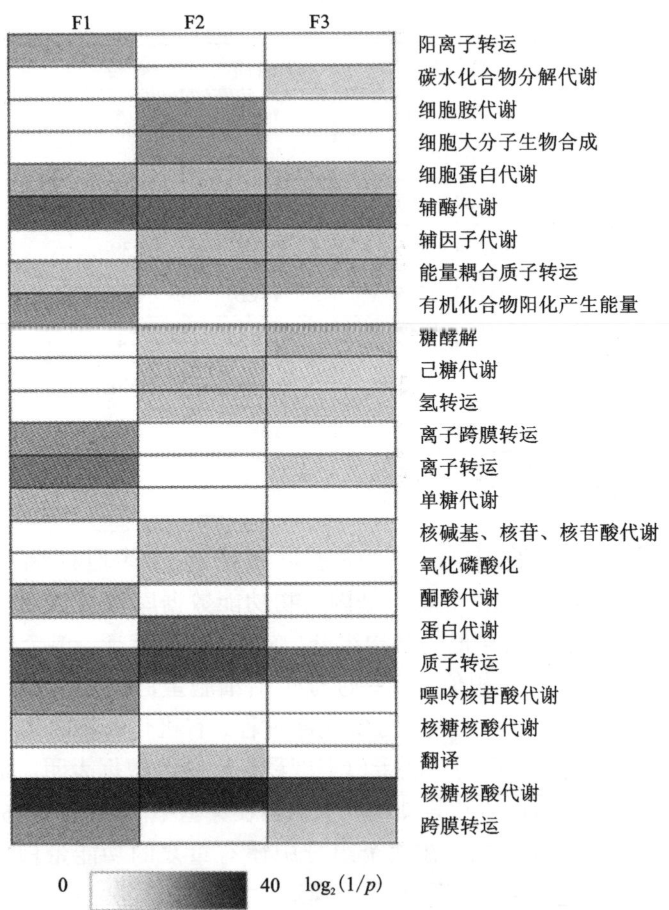

图 2-8 GO 分析嗜热脂肪地芽孢杆菌芽孢的三个组分中参与生物过程的蛋白质丰度

"F1"、"F2"和"F3"分别代表外衣层、芽孢核心和内膜结构组分。

2.2.5 营养缺陷型培养基对芽孢生长的影响

本节研究了营养缺陷型培养基对嗜热脂肪地芽孢杆菌 NCTC10003 生长过程的影响。虽然在不同的培养基发酵的初始参数，包括初始接种物、搅拌速度和通气速率的设置相同，但培养液发酵过程的动态变化有差异(图 2-9)。从生长特征来看，S(-)培养基中的细胞经历了与 N(-)细胞类似的指数生长期，但比 C(-)细胞指数生长期更长，因为 C(-)培养基细胞指数生长期仅有短短的 3 h，且浑浊度较低。C(-)发酵液浑浊度的下降提前了 4 h，表明它的细胞密度更低且养分消耗得更快（图 2-9B）。

总的来说，不同培养基发酵液的 pH 和溶氧水平不同，而且主要在第一个

24 h内变化较大，随后只有轻微的差异。不同培养液的 pH 变化趋势基本相似，刚开始生长时 pH 降低，然后增长直到 pH 稳定。pH 在 C(–) 和 S(–) 培养液中分别为 7.20 ~7.46 和 7.18 ~7.26。在 S(–) 培养液中溶氧水平在进入发酵过程时明显下降。C(–) 培养液在第 5 h 出现一个峰值(图 2 –9 B)，这表明开始形成芽孢，这一现象被相差显微镜观察所确认。类似的情形在 S(–) 培养液发酵 8 个小时后同样被发现(图 2 –9C)。然而，10 个小时后 C(–) 培养液的 DO 水平从 85% 急剧增加到接近 100% 。这一结果表明，营养缺陷培养基不同程度影响细胞的生长和发酵情况。

根据发酵液发酵图谱，由于所有参数包括 OD_{600}、pH 和溶氧等发生动态变化，因此追踪检测了在第一个 24 h 内二价阳离子的浓度。设置所测离子的初始浓度为 100%，减少的百分比用来表示被细胞培养物吸附的二价阳离子的量。二价阳离子在不同营养缺陷型培养基中的吸收量如图 2 –10 所示。随着细胞进入指数生长期，细胞对每个二价阳离子的吸收速度逐渐上升。然而，细胞对不同的二价阳离子的吸附率即使在相同培养基中也表现出明显差异。例如，在 N(–) 发酵液中的钙离子的量远远超过锰离子和镁离子（图 2 –10)，同样的情况也出现在 C(–) 和 S(–) 培养液中(图 2 –10B 和 C)。除此之外，无论是何种类型的二价阳离子，S(–) 培养液均表现出最高的吸收率。近 70% 的钙离子被 S(–) 培养细胞吸收，超过 C(–) 培养细胞吸收率(55%) 和 N(–) 培养细胞吸收率(40%)。上述结果表明，在发酵的第一个 10 h，S(–) 培养细胞比 C(–) 或 N(–) 培养细胞吸收更多的二价阳离子。

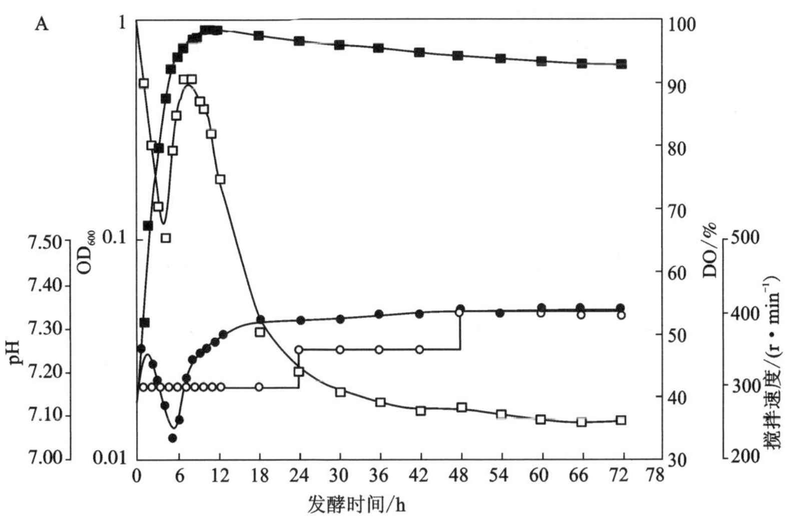

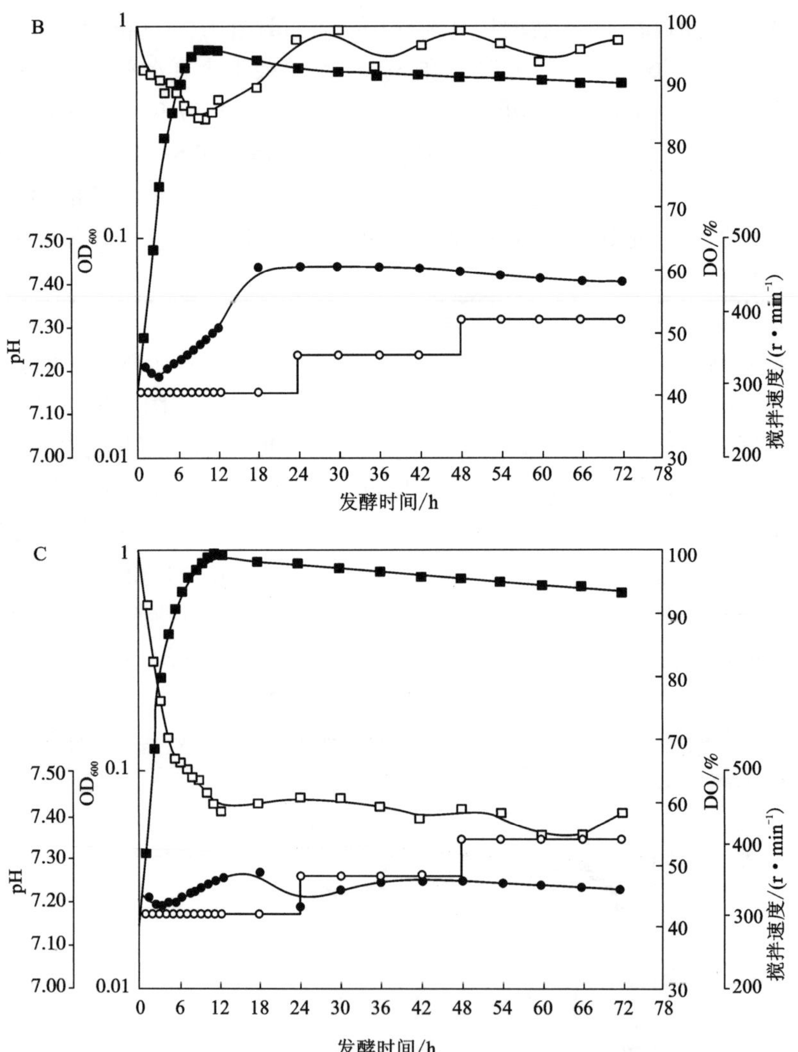

图 2－9　芽孢形成培养基对嗜热脂肪地芽孢杆菌发酵图谱的影响

A、B 和 C 分别表明了铵、葡萄糖和硫缺陷型芽孢形成培养基的发酵过程，包括细胞浊度(■)、溶解氧(□)、pH(●)和搅拌速度(○)随发酵时间的变化。运行参数：有效容积为 5 L；搅拌速度 0～24 h 为300 r/min，24～48 h 为350 r/min，48～72 h 为400 r/min；通气速率为 1.5 L/min；温度为 60℃；初始 pH 为 7.20。数据取两个独立实验三次平行测定值的平均值。

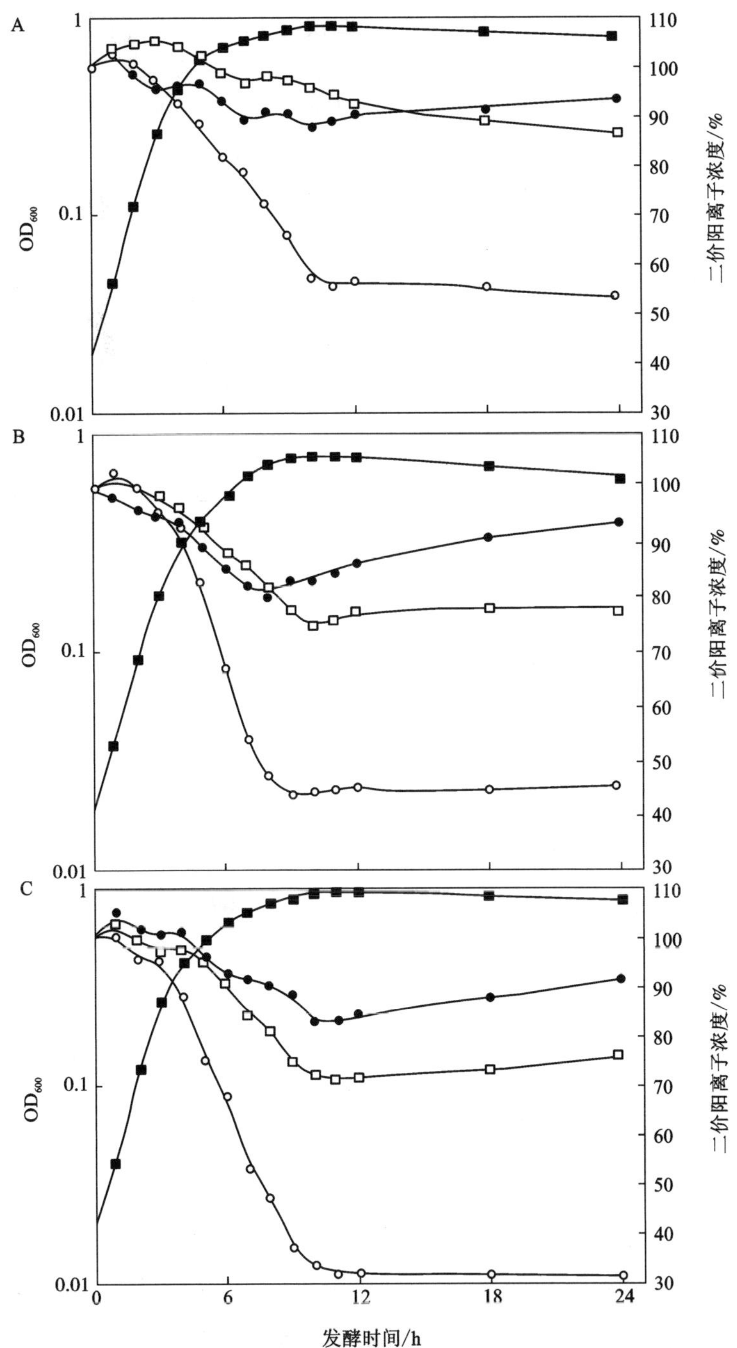

图 2－10　芽孢形成培养基对嗜热脂肪地芽孢杆菌二价阳离子浓度的变化

A、B 和 C 检测了嗜热脂肪地芽孢杆菌分别在 N(－)、C(－)和 S(－)培养基中二价阳离子在第一个 24 h 内的变化，同时测定细胞浊度(■)、锰离子(□)、镁离子(●)和钙离子(○)百分浓度。

营养缺乏会影响微生物生长，但这取决于培养基的营养组成与缺陷程度（Farrera et al.，1998）。图2－11表明了营养缺陷型培养基对细胞生长和芽孢形成的影响。在本实验中，营养细胞浓度最大值为每毫升（8.5±0.8）×10^8个，但N（－）培养基中只有（0.3±0.1）×10^8个芽孢形成，所以芽孢形成效率仅达到3.4%左右。C（－）培养基中的葡萄糖很早就被耗尽以至于快速诱发芽孢形成，C（－）培养基这种生理条件的急剧变化可以解释芽孢形成的同步性，但细胞密度最大值为每毫升（7.5±0.5）×10^8个细胞，显著低于N（－）和S（－）培养基的最大细胞密度。培养基中硫酸盐的限制使芽孢形成效率提高到32.0%，芽孢产量达到每毫升2.9×10^8个芽孢，比N（－）培养基所产芽孢量高了7倍。

这些结果表明，培养基中硫酸盐缺陷导致营养细胞密度最大值高于葡萄糖缺陷培养基，这是获得芽孢产量更多的因素之一。此外，当其他营养物质在培养基中含量丰富时，葡萄糖或硫酸盐缺陷比铵缺陷引起芽孢形成同步性更加迅速，这两点表明芽孢的高效生产需要培养高密度的细胞以及培养基中营养的快速消耗。

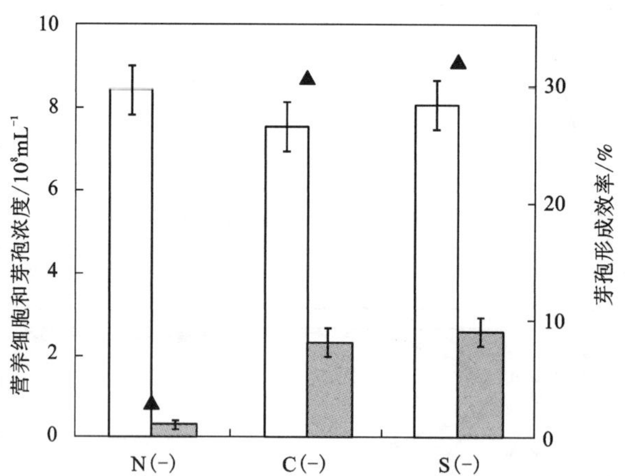

图2－11　芽孢形成培养基对嗜热脂肪地芽孢杆菌芽孢形成的影响

芽孢形成效率（▲）是指在发酵过程中最终的芽孢浓度（■）和营养细胞浓度最大值之间的比率（□）。

2.2.6　N（－）和S（－）芽孢外衣层的蛋白质组学分析

为了揭示不同培养基中芽孢形成率不同的原因，利用基于二维凝胶与质谱结合的蛋白质组学来鉴定N（－）和S（－）培养基制备的芽孢/前芽孢间的差异蛋白质，选择这两类芽孢的原因是N（－）和S（－）培养基培养的细胞量类似，但N（－）培养基中芽孢的形成数量是S（－）培养基中的1/7。如图2－12所示，经蛋白组学分析鉴定，锰过氧化氢酶在 N(-) 芽孢中的含量比 S(-) 芽孢高出 2 倍。这种过氧化氢酶是潜在的孢外壁蛋白 CotJC。同样，一个运输蛋白，即硝酸铁(III) ABC 转运蛋白是潜在的外膜蛋白，它在 N(-) 芽孢中比在 S(-) 芽孢中含量更高。然而，S(-) 芽孢中蛋白质 SgsG 的水平明显高于 N(-) 芽孢。SgsG 是一类 S - 层蛋白，高丰度覆盖在嗜热脂肪地芽孢杆菌细胞表面，同样也大量地出现在芽孢表面。锰过氧化物歧化酶作为 SodA 的候选蛋白质，其在 S(-) 芽孢的表达水平高于 N(-) 芽孢。SodA 有利于抗氧化，从而有助于细胞生长和芽孢形成。GroEL 是嗜热脂肪地芽孢杆菌细胞中伴侣蛋白的一种，在 S(-) 芽孢中含量同样丰富，而在 N(-) 芽孢中的含量不高。潜在的萌发相关蛋白质如 SleB 和 CwlJ 也在这两种类型的芽孢中被鉴定，但彼此之间的表达水平差异不显著。尽管上面提到的芽孢衣蛋白质在本实验中已被鉴定，但用于芽孢衣形成最重要的蛋白质，包括 SpoIVA、CotE、SafA 等尚未被鉴定。

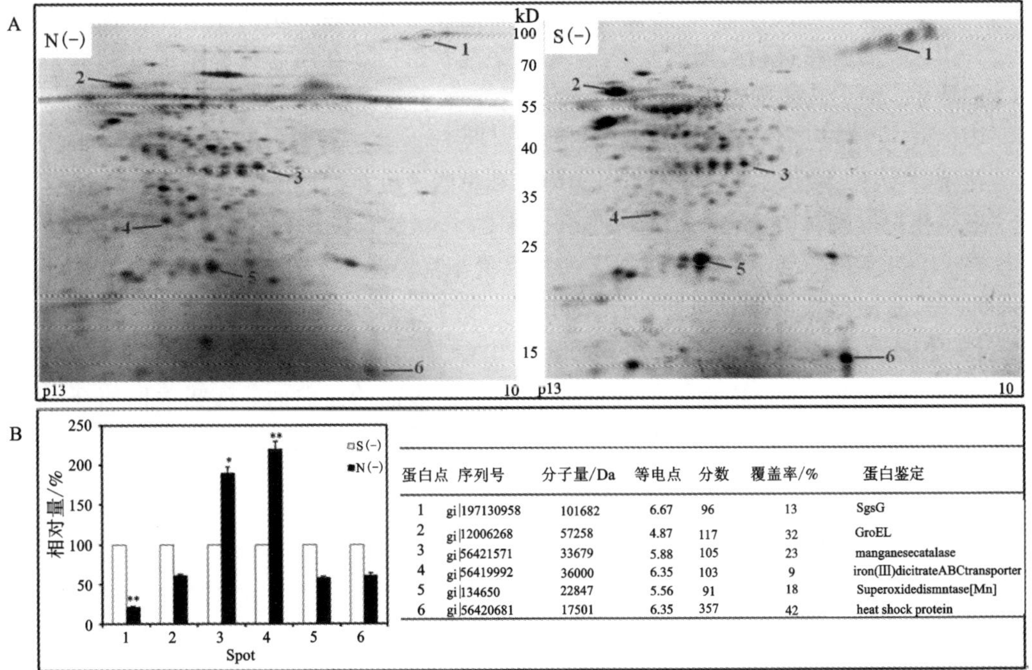

蛋白点	序列号	分子量/Da	等电点	分数	覆盖率/%	蛋白鉴定
1	gi|197130958	101682	6.67	96	13	SgsG
2	gi|12006268	57258	4.87	117	32	GroEL
3	gi|56421571	33679	5.88	105	23	manganesecatalase
4	gi|56419992	36000	6.35	103	9	iron(III)dicitrateABCtransporter
5	gi|134650	22847	5.56	91	18	Superoxidedismntase[Mn]
6	gi|56420681	17501	6.35	357	42	heat shock protein

图 2-12　嗜热脂肪地芽孢杆菌 N(-) 和 S(-) 芽孢外层结构蛋白组的比较

A. 从嗜热脂肪地芽孢杆菌 N(-) 芽孢和 S(-) 芽孢中提取外层蛋白(100 μg)，并进行二维电泳。B. 有数字标记的蛋白斑点经质谱分析并鉴定；数据是两个独立的实验的平均值 ± 标准偏差。* 和 * * 分别表示差异不显著($p<0.05$)和差异显著($p<0.01$)。

2.2.7 鸟枪蛋白质组学分析

由于利用二维凝胶电泳所鉴定出的蛋白质数量与参与芽孢形成的蛋白质数量相比是远远不够的，所以本实验将利用鸟枪法蛋白组学分析 N(-)和 S(-)芽孢外层结构所含有的蛋白质。一维凝胶电泳图谱显示两类芽孢所提取的蛋白图谱类似(图 2 - 13A)，这点也能通过两者所共有的蛋白所确认（图 2 - 13B)。利用鸟枪法蛋白组学来鉴定蛋白质的方法与图 2 - 7 中的相同。每条凝胶泳道的 10 个切片被切离并用胰蛋白酶降解，然后用 LC - MS/ MS 进行分离鉴定。通过 MASCOT 搜索与 NCBI 细菌蛋白质组学比对分析后，分别有 356 个和 715 个蛋白质从 N(-)和 S(-)芽孢外层蛋白样品中鉴定出来，其中有 241 个共有蛋白质（图 2 - 13B)。然而，因为芽孢衣蛋白才是有助于芽孢正确形成和产量增长的贡献者，因此，要在两种类型的芽孢中选出潜在的芽孢衣蛋白，并对这些蛋白在两种芽孢间的丰度进行比较(图 2 - 14A)。

如表 2 - 3 所示，通过与嗜热脂肪地芽孢杆菌有近亲关系的土芽孢杆菌属菌种蛋白质数据库进行对照，鉴定出 16 个芽孢衣蛋白。在所有被鉴定的芽孢衣蛋白质中，除了几种蛋白质外，大多数广泛存在于营养缺陷培养基所形成的芽孢中，N(-)和 S(-)芽孢中它们的区别并不明显。表达有差异的蛋白包括多铜氧化酶类型 3、芽孢衣蛋白(gi | 56420766)和第四阶段芽孢形成蛋白(SpoIVA)。这三个蛋白分别对应嗜热脂肪地芽孢杆菌中的 CotA、SleB 和 SpoIVA，其中 SpoIVA 在 S(-)芽孢样品中的含量较 N(-)样品更丰富。此外，还鉴定出芽孢外衣层的 5 个萌发相关蛋白质，包括两个 SleB、一个 YaaH、一个 GerQ 和一个 CwlJ（图 2 - 14B)。第 2.2.4 节提到，SleB、YaaH 和 CwlJ 是在芽孢萌发期间的水解皮层的蛋白，而 GerQ 是 CwlJ 正确组装和实施功能所必需的。然而，这些蛋白质在 N(-)和 S(-)芽孢之间的丰度没有明显差异(图 2 - 13B)。

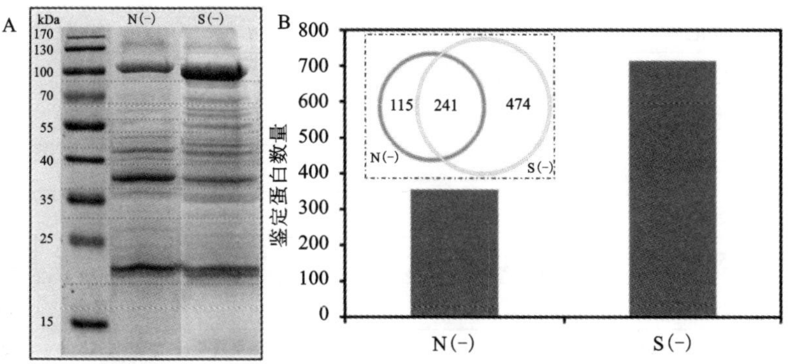

图2-13　嗜热脂肪地芽孢杆菌的N(-)和S(-)芽孢外层的鸟枪法蛋白组学的比较

A. 从N(-)和S(-)芽孢中提取的外衣层蛋白质(20 μg)进行鸟枪法蛋白组学研究。B. 在N(-)和S(-)的样本中，鉴定的蛋白分别为356个和715个，其中有241个共有蛋白质。

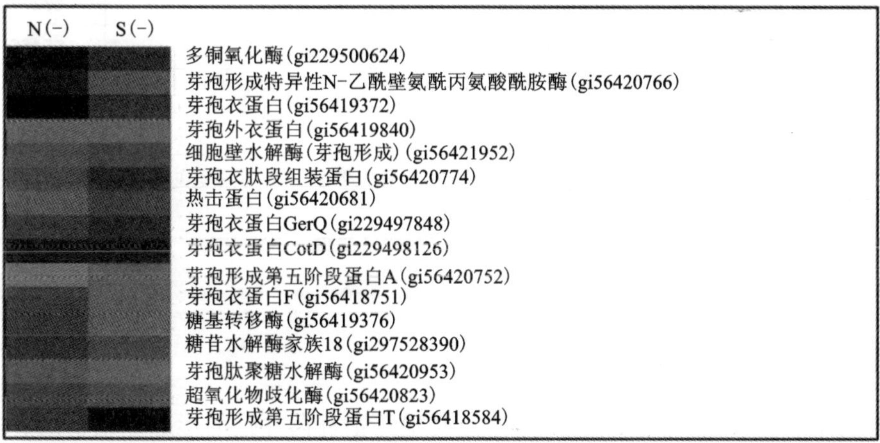

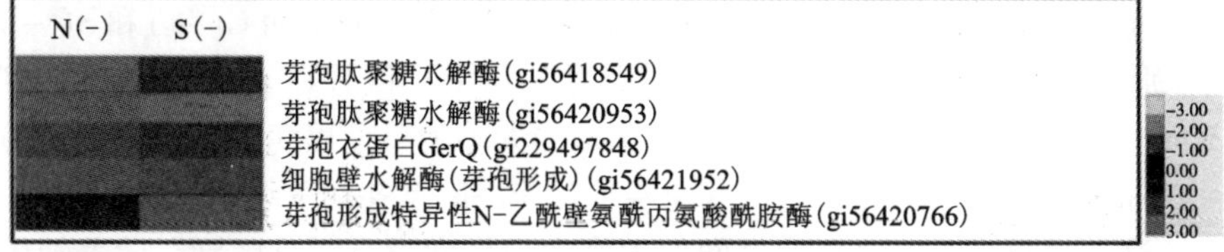

图2-14　嗜热脂肪地芽孢杆菌N(-)和S(-)芽孢外层的芽孢衣和萌发蛋白的丰度

A. S(-)芽孢中16种芽孢衣蛋白，其中第四阶段芽孢形成蛋白A的丰度显著高于N(-)芽孢。B. 鉴定出了5种芽孢萌发相关蛋白，比较了它们在N(-)和S(-)芽孢中的相对丰度。

表 2-3 嗜热脂肪地芽孢杆菌营养缺陷型芽孢衣蛋白的鉴定

蛋白质①	登记号	简述	分子量/Da
CotA	gi|229500624	多铜氧化酶；产生色素	35995
CotD	gi|229498126	芽孢衣蛋白	9582
CotE	gi|56419840	芽孢衣蛋白	20676
CotF	gi|56418751	芽孢衣蛋白	19090
CotJC	gi|56420774	组成芽孢衣的多肽	21189
CotM	gi|56420681	热休克蛋白	16544
CotS	gi|56419372	芽孢衣蛋白，需要 CotSA 定位	42325
CotSA	gi|56419376	糖基转移酶	41625
CwlJ	gi|56421952	芽孢壁水解酶，芽孢萌发时参与皮层肽聚糖的降解	17008
GerQ	gi|229497848	吡啶二羧酸钙依赖型皮层裂解酶，依赖 Tgl	20676
SleB	gi|56420953	芽孢皮层降解酶；萌发时完整的芽孢皮层降解酶	53189
SodA	gi|56420823	超氧化物歧化酶	47257
SpoIVA	gi|56420752	为特定芽孢皮层形成和芽孢衣组装所需	55450
SpoVT	gi|56418584	为特定芽孢皮层形成和芽孢衣组装所需	19090
YaaH	gi|297528390	芽孢肽聚糖水解酶	48599
SleB	gi|56420766	形成芽孢时特有 N-乙酰胞壁酸-L 型丙氨酸酰胺酶（芽孢皮层裂解酶）	29300

①芽孢杆菌属的芽孢衣蛋白常用缩写名。

2.2.8 营养耗尽芽孢的特征

为了研究芽孢形成培养基对嗜热脂肪地芽孢杆菌芽孢的形态和结构的影响，用原子力显微镜和透射电子显微镜观察营养缺陷型芽孢之间的细微差异。N(-)芽孢平均长度为 1.82 μm，宽 1.06 μm，粗糙度为 13.2 nm，而 C(-)和 S(-)芽孢长分别为 2.22 μm 和 2.13 μm，宽分别为 1.16 μm 和 1.13 μm，粗糙度分别为 19.3 nm 和 26.9 nm(表 2-4)。N(-)芽孢的大小和粗糙程度明显小于 C(-)或 S(-)芽孢。此外，N(-)芽孢比其他两种营养缺陷型芽孢更均匀(图 2-15A、B 和 C)，这也表明了 N(-)芽孢之间的大小和粗糙度没有明显区别。营养缺陷型芽孢间不仅表面形态差异较大，而且芽孢内部结构也截然不同。透射电子显微镜图像分析显示，N(-)芽孢具有称为孢外壁的类囊状结构，以及电子致密的外衣层和多层内衣层结构(图 2-15D 和 G)，而 C(-)和 S(-)芽孢衣电子密度较低(图 2-15E 和 F)，而且表层有缺陷(图 2-15H 和 I)，这一结果与原子力显微镜观察到的芽孢表面无序的形态相一致(图 2－15B 和 C)。事实上，S(－)芽孢大小明显不同，表面结构有缺陷，甚至有些芽孢看不见多层内衣结构(图 2－15I)，表明 S(－)芽孢的均匀度和完整度比 C(－)芽孢更差(图 2－15C)。上述所有的数据说明，芽孢形成培养基显然对营养缺陷型芽孢的大小和结构有影响，从而表明芽孢形态和结构与特定的培养基相关。

扫一扫，看彩图

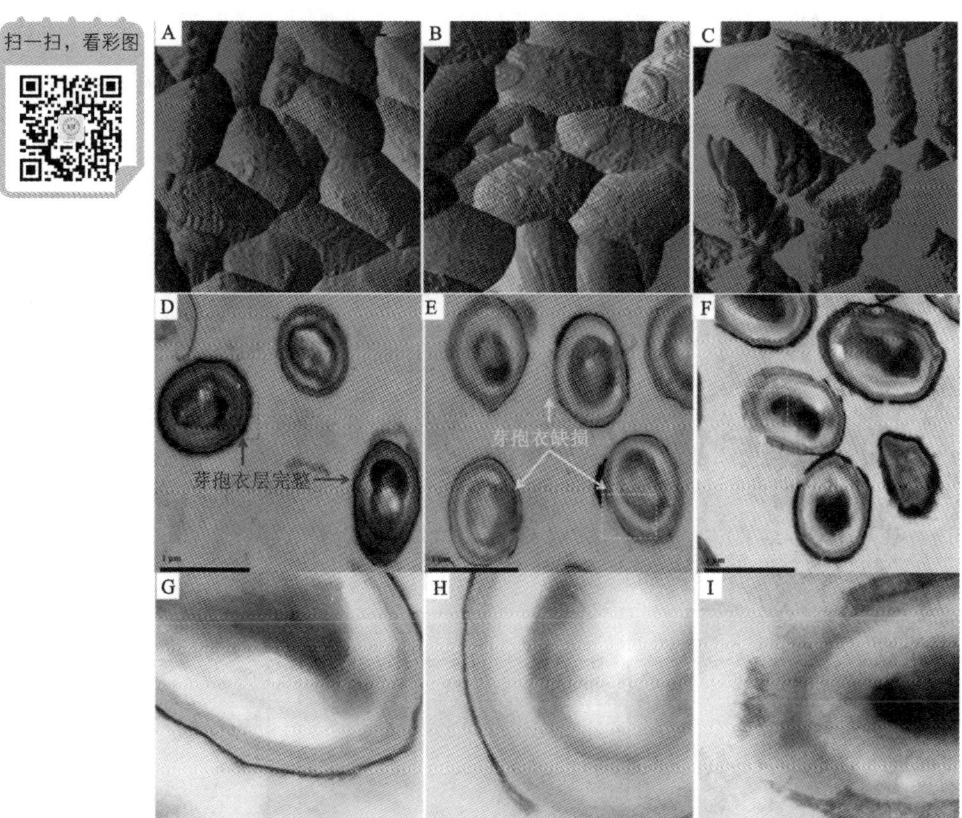

图 2－15　嗜热脂肪地芽孢杆菌不同类型芽孢的原子力显微图和透射电镜图

A、B 和 C 分别是嗜热脂肪地芽孢杆菌 N(－)、C(－)和 S(－)芽孢原子力显微镜图像，扫描区域为 5 μm^2。D、G 为在 N(－)芽孢中观察到完整芽孢外层。E、H 为 C(－)芽孢外层部分有缺陷(白色箭头)。F、I 为外衣层、内衣层和外膜有缺陷。比例尺：1 μm (D、E 和 F)；100 nm (G，H 和 I)。放大倍数分别为 20500 倍(D、E 和 F)和 135000 倍(G、H 和 I)。

表 2－4　图 2－15 中嗜热脂肪地芽孢杆菌不同营养缺陷型芽孢的形貌特性

样品	芽孢	长度/μm①	宽度/μm①	Rq/nm②
A	N(－)③	1.82 ±0.08	1.06 ±0.05	13.2 ±0.4
B	C(－)	2.22 ±0.30	1.16 ±0.12	19.3 ±4.7
C	S(－)	2.13 ±0.20	1.13 ±0.15	26.9 ±6.0

①样品 A 与 B(或 C)的长度及宽度差异性极显著($p<0.01$)，而 B 和 C 之间没有差异($p>0.1$)。表中数值为芽孢的五个扫描图像的平均值 ± 标准偏差；②均方根粗糙度，用于样品表面粗糙度。样品 A 和 B(或 C)之间的 Rq 值差异性显著($p<0.05$)，而 B 和 C 之间没有差异($p>0.1$)；③芽孢之间的长度、宽度和 Rq 没有明显的不同。

芽孢的耐热性(至少部分)会受到各种芽孢形成条件的影响。芽孢形成培养基对芽孢耐热性的影响如图 2－16 所示，图中显示了在不同受热处理时间后所有营养缺陷型芽孢的存活曲线。在相对较低的处理温度(115℃)下，与 N(－)和 S(－)芽孢较为均一的耐热性相比(图 2－16B 和 C)，C(－)芽孢的热失活(图 2－16A)作用出现两个阶段，这可能是两种独立类型的耐热性芽孢群导致的。当加热温度为 115～121℃时，N(－)芽孢的 D 值在 12.85 至 2.61 之间变化，而 C(－)和 S(－)芽孢的 D 值分别为 12.56 ～1.63 和 13.9～2.33（表 2－5)。三种芽孢的D 值均随着加热温度的增加而减少，这表明 D 值和温度呈负相关性。D_{121} 值介于 1.63 和 2.61 之间，其中 N(－)芽孢的 D_{121} 值更大，这表明 N(－)芽孢比 C(－)芽孢的第一个芽孢群和 S(－)芽孢更耐热(表 2－5)。

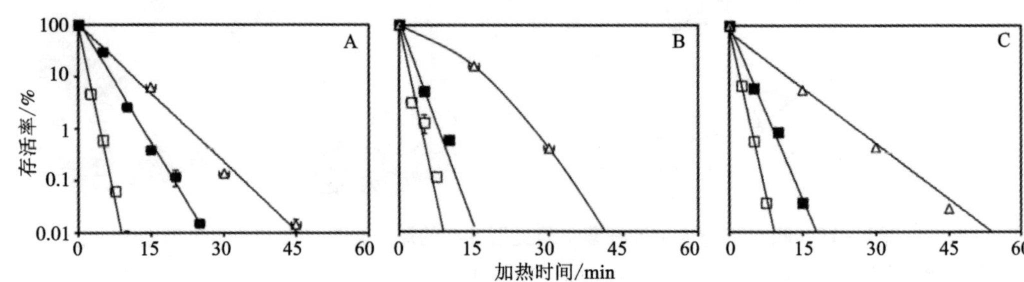

图 2－16　芽孢形成培养基对嗜热脂肪地芽孢杆菌芽孢耐热性的影响

A、B 和 C 分别表示在 N(－)、C(－)和 S(－)培养基中制备芽孢加热后的存活曲线。D 值通过 115℃(△)、118℃(■)和 121℃(□)时曲线斜率的负倒数计算。

z 值是通过在相应的加热温度的 lg$D$ 值的曲线图获得的回归线进行计算的(图2－17)，这些值在6.87 至10.11 之间(表2－5)。z 值在 N(－)芽孢和 C(－)的第一个芽孢群或者 S(－)芽孢之间有显著差异，N(－)芽孢的 z 值更高，这也与 N(-) 芽孢 D_{121} 的值更高这一事实相符，表明 N(-) 芽孢比 C(-) 的第一个芽孢群和 S(-) 芽孢更耐热。

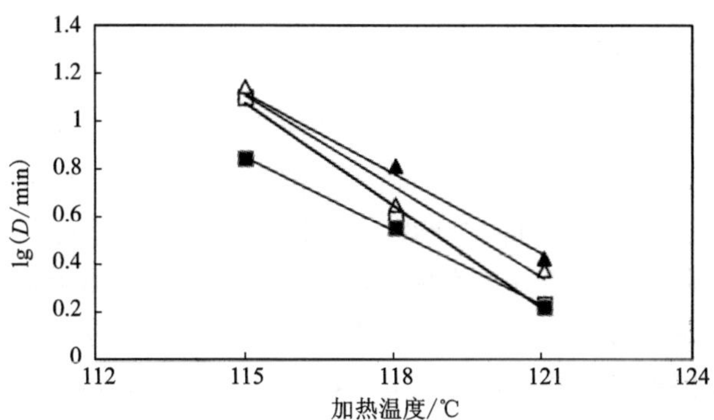

图 2 - 17　芽孢形成培养基对嗜热脂肪地芽孢杆菌芽孢耐热性的影响

嗜热脂肪地芽孢杆菌芽孢分别在 N(-)、C(-) 和 S(-) 培养基中制备。z 值通过 S(-)(△)、N(-)(▲) 和 C(-)(□和■) 芽孢存活曲线斜率的负倒数计算。

表 2 - 5　芽孢形成培养基对嗜热脂肪地芽孢杆菌芽孢的耐热性(D 值和 z 值) 影响

营养缺陷型芽孢	加热温度/℃	D①/min	$R^2$②	z/℃	R^2
N(-)	115	12.58	0.983	8.79	0.992
	118	6.46	0.987		
	121	2.61	0.986		
C(-)	115	12.56/6.39	0.964/0.998	6.87/10.11	0.992/0.994
	118	3.93/3.53	1.0/0.965		
	121	1.68/1.63	1.0/0.969		
S(-)	115	13.9	0.992	7.73	0.975
	118	4.45	0.996		
	121	2.33	0.996		

①嗜热脂肪地芽孢杆菌 C(-) 芽孢表明存活曲线有两个不同的 D 值和 z 值，表明有两个种群。

②表示相关曲线的决定系数的计算值。

2.3 本章讨论

2.3.1 培养基对芽孢产量的影响

许多因素，诸如初始接种物、pH、搅拌速度和二价离子浓度等，都会影响芽孢的形成及产量。在本部分研究中，营养缺陷型培养基的组成成分已按前期研究最优化(Cheung，1980；Cheung，2008)，而上述因素是通过对发酵罐环境的精确控制实现的，如此便可以更好地实现对培养基成分影响嗜热脂肪地芽孢杆菌芽孢产量的分析。虽然硫缺陷型培养基(图 2－9A 和 C)制备的细胞密度与铵盐限制型的大致相同，但前者的芽孢产量更高(图 2－11)。考虑到培养基中的营养物质完全耗尽能刺激芽孢快速形成(Liu et al.，1994；Sonenshein，2000)，培养基中葡萄糖缺陷比氮或硫缺陷更迅速地刺激芽孢形成，可能是因为葡萄糖的消耗速率高于其他两个代谢来源，导致营养消耗更快。但是，营养的快速消耗又在芽孢形成之前间接地限制了营养细胞的密度(图 2－9B)。这或许可以解释为什么检测到在C(－)培养基中的芽孢产量相对低于在 S(－)培养基中的原因。出乎意料的是，N(－)培养基的芽孢形成效率是最低的(图 2－11)。这个结果与发现 S(－)培养基比 N(－)培养基芽孢的产量更高是一致的，但在本研究中 N(－)芽孢产量远低于已有研究中的 N(－)芽孢产量，这可能是由于不同生物反应器的不同操作所造成的(Cheung et al.，1982b)。这个结果也与之前的发现一致，即当细胞密度高、营养物质快速耗竭时会获得更高的芽孢产量(Monteiro et al.，2005)。因此，初始细胞密度高和营养耗尽时间短是高效产孢的基本要求。因为在培养基中添加高浓度二价阳离子对细胞生长是有毒害的，甚至能抑制芽孢的形成(Cheung et al.，1982a)，所以不同的二价阳离子在营养限制型培养基中的浓度得到了优化。在发酵过程中，二价阳离子大量减少，尤其是在 S(－)培养液中钙离子比 C(－)和N(－)培养基中减少得更多(图 2－11)，这表明在 S(－)培养基中消耗的钙离子更多。这些数据显示，高效的芽孢形成伴随着较高的二价阳离子的生物吸附。这个结果与为了芽孢核心的完整性二价阳离子需要结合吡啶二羧酸相符合，吡啶二羧酸占芽孢干重的 20%，因此芽孢核区矿化代替了含水量，从而有助于芽孢抵抗湿热和辐射(Stewart et al.，1980；Hetzer et al.，2006；Setlow，2006)。由此可见，与更多的二价阳离子被吸收的结果作用一致(图 2－10C)，发酵液中芽孢比营养细胞相对更高的浓度最终导致了 S(－)培养基中的芽孢产率更高（图 2－11)。

为了搞清芽孢产量是否与芽孢衣蛋白质表达相关联，本书从 N(－)和 S(－)芽孢分离提取芽孢外层蛋白并进行蛋白质组学分析。结果证明“F1”提取物中含有大部分芽孢外层蛋白质，包括孢外壁、芽孢衣和外膜(图 2－4E 和 F)，此发现也得到了提取芽孢孢外壁和芽孢衣后进行观察的结果的佐证(Liu et al., 2004)。然而，在嗜热脂肪地芽孢杆菌 N(-)或 S(-)芽孢中鉴定的孢外壁和芽孢衣蛋白的数量比炭疽芽孢杆菌的数量多(356/715 对 135)。原因之一可能是，本研究中蛋白质的鉴定是对整个细菌蛋白质组进行 MASCOT 搜索，然而在先前研究中只用炭疽芽孢杆菌蛋白质组进行蛋白质鉴定(Liu et al., 2004)。另一个原因可能是，其他的芽孢结构组分，如外膜等也在“F1”提取物中，这与只用碱性 SDS - DTT 缓冲液处理时芽孢外膜或多或少会存在于提取物中的情况一致(Setlow, 2006)。此外，发现大量的芽孢质液蛋白，例如，参与翻译功能的蛋白质丰度较高，这一结果在一些蜡状芽孢杆菌和难辨梭状芽孢杆菌芽孢中同样被发现(Abhyankar et al., 2013)，表明这些蛋白质可能有助于芽孢形成时芽孢衣和孢外壁的形成，或者它们在芽孢形成过程中只是被困在芽孢衣和孢外壁之间。

前期研究已经发现，芽孢衣由 60 多种蛋白质组成，但本研究中只鉴定了 16 种芽孢衣蛋白，可能不仅因为鉴定到的蛋白质和芽孢杆菌菌种已知的芽孢衣蛋白名称不匹配，而且他们中的绝大多数蛋白质交互连接，因此无法鉴定所有的生化组成(Henriques & Moran Jr, 2007)。这一猜测可以由透射电子显微镜观察到的结果证实，即芽孢经 SDS - DTT 甚至溶菌酶超声处理后的类似片状的结构物质仍然存在(图 2 - 6A 和 B)。在已经鉴定的蛋白质中，许多仅仅是组成芽孢芽孢衣的成分，而其他的蛋白质一旦被激活则可以执行酶功能。例如，CotA 不仅是一种多铜氧化酶，也参与色素形成(Lai et al., 2003)。本研究中鉴定出包括 SleB 和 CwlJ 在内的皮层裂解酶，它们在营养物质激活的萌发过程降解芽孢皮层(Giebel et al., 2009)，同样地，GerQ 也在芽孢萌发过程发挥水解皮层的功能，它的水解作用具有 Ca - 吡啶二羧酸依赖性，而且它可以帮助 CwlJ 组建到芽孢衣上(Ragkousi & Setlow, 2004)。此外，表层蛋白同样在芽孢衣中被发现，尤其在 S(-)芽孢中的含量更加丰富，这很可能是因为细胞壁表层蛋白质容易污染芽孢样品造成的，这与其他研究人员的发现相吻合(Williams & Turnbough, 2004)。

虽然芽孢衣是芽孢形成期间最后成熟的结构，但它与芽孢形成时小的前芽孢和大的母细胞分离是同时开始的。参与皮层形成和芽孢衣装配的芽孢衣候选蛋白普遍存在于各种芽孢，例如 SpoVT。然而，另一个芽孢衣候选蛋白 SpoIVA，并未在 N(-)芽孢中发现，但在 S(-)芽孢中含量丰富(图 2 - 14A)。芽孢衣形成期间，例如 SpoIVA 等形态发生蛋白质在芽孢衣蛋白沉积和/或皮层形成中起重要作用(Roels et al., 1992；Ozin et al., 2000；Catalano et al., 2001)。这一结果得到前人研究的支持，在枯草芽孢杆菌芽孢中 SpoIVA 位于芽孢表面，将它的基因进行无效突变或随机突变会造成芽孢形成缺陷(Roels et al., 1992；Catalano et al., 2001)。这一点能够直接为 S(-)培养基制造更高的芽孢产量提供证据。总之，大量的关键芽孢衣蛋白如 SpoIVA 等指导皮层形成和芽孢衣装配，从而正确指导芽孢的形成。

总而言之，相比铵盐缺陷或葡萄糖缺陷培养基，硫酸盐缺陷培养基会生产更多的嗜热脂肪地芽孢杆菌芽孢，在很大程度上是由于其具有更高的细胞密度、更多的二价阳离子吸收率，以及在芽孢形成期间更高丰度的芽孢衣和皮层需要的芽孢衣蛋白表达。因此，S(-)芽孢形成培养基使芽孢产量提高到 $2.9\times10^{8}\ mL^{-1}$，这比N(-)培养基中高了 7 倍，比先前报告中的高 2.9 倍(Penna et al., 2003)。据笔者所知，在所报道的嗜热脂肪地芽孢杆菌芽孢生产中，本研究的芽孢产量是最高的。为了提高芽孢产量需要优化发酵条件，不仅满足工业要求，例如灭菌指示剂，也为追求经济友好型的生物过程(Sella et al., 2012)，本研究中的芽孢形成最佳方案可能有利于嗜热脂肪地芽孢杆菌芽孢的高效率生产。

2.3.2 培养基对芽孢特征的影响

本研究利用原子力显微镜和透射电子显微镜对嗜热脂肪地芽孢杆菌芽孢形态和结构特征进行了描述，这两种电镜技术的结合可以提供更多芽孢表面和内部组织的超微结构信息。之前有关嗜热脂肪杆菌芽孢形态和结构的报道很少，而且这些发现对芽孢的描述也高度不一致。本研究发现嗜热脂肪地芽孢杆菌(NCTC10003)芽孢外层具有孢外壁结构，这种结构层虽被提及但没有详细的报告(Aljie & Watt, 1984)。此结论与之前另一个被发现没有芽孢孢外壁的菌株 ATCC10149 是不同的（Blake & Weimer, 1997)，也许是因为孢外壁具有物种和/或菌株特异性。然而，本研究菌株的芽孢有孢外壁结构，因为所观察到嗜热脂肪地芽孢杆菌芽孢的表面结构与报道过的其他芽孢杆菌菌种的孢外壁高度类似，例如嗜热芽孢杆菌 ATCC 7953(Panessa - Warren et al., 2007)、炭疽芽孢杆菌(Liu et al., 2004)和梭状芽孢杆菌(Permpoonpattana et al., 2013)。一些研究中孢外壁的缺失可能是由于在芽孢纯化过程中孢外壁被去除导致的(Liu et al., 2004; Permpoonpattana et al., 2013)。这一推断被透射电子显微镜图像所证实，C(-)和 S(-)芽孢中孢外壁的结构并没有 N(-)芽孢的明显，很多甚至没有孢外壁(图 2 - 15D、E 和 F)。原子力显微镜的结果也表明，N(-)芽孢比 C(-)和 S(-)芽孢更均匀，因为许多突起均匀地分散在 N(-)芽孢表面(图 2 - 15A、B 和 C)。这些研究结果与已有的研究相似，即在 N(-)和 C(-)中的芽孢表面比在 S(-)中的芽孢表面有更明显的突起状结构，而 S(-)芽孢表面更不完整(Cheung & Brown, 1985)，这表明芽孢形成培养基的确在一定程度上影响了芽孢的形态和结构。由于芽孢核心固有的耐热性和较低的含水量，嗜热菌的芽孢比中度嗜热芽孢杆菌的芽孢更耐湿热(Setlow, 2006)。除了芽孢衣外，芽孢内容物像吡啶二羧酸、肽聚糖和 SASP 也有助于芽孢的耐热性(Tennen et al., 2000)。因此，毫无疑问芽孢的形成条件影响其耐热性，虽然不是上述所有提及的条件都有影响。嗜热脂肪地芽孢杆菌芽孢作为灭菌的生物指示剂，不仅要研究热对它的影响，而且要研究高压与其他处理对它的作用(Watanabe et al.，2003；Patazca et al.，2006)。在本研究中，对芽孢通过传统的湿式热处理显示了芽孢培养基对耐热性的影响。在 PBS 中 D_{121}值介于 2.21 min 和 2.61 min 之间，和在蒸馏水中的 2.8 min 差异不明显(Cunningham et al.，2007)。此外，当将大豆酒糟作为培养基时芽孢的 D_{121}值为(2.9 ±0.5)min(Dlugokenski et al.，2011)。然而，结果显示 N(－)芽孢的 D_{121}值大于 C(－)和 S(－)芽孢的，这表明成熟的 N(－)芽孢更抗湿热。本研究中 N(－)芽孢比 C(－)和 S(－)芽孢具有相对更完整的表面结构支持这一发现(图 2－15D、E 和 F)，因为从母细胞释放后，成熟的细菌芽孢就能够承受极端的热、辐射和化学处理的能力，至少一定程度上是由于其具有坚韧的蛋白外衣(Driks，2002a；Sanchez－Salas et al.，2011)。

总体上来说，芽孢形成营养缺陷培养基影响了芽孢的生化组分，从而影响了芽孢的产量、结构及生物学特性。虽然 N(－)培养基的芽孢产量低于 C(－)或 S(－)培养基的，但 N(－)芽孢结构更加完整，大小均匀，更耐高温。

2.4　本章小结

结果表明，利用铵缺陷型培养基可以培养嗜热脂肪地芽孢杆菌(NCTC10003)的芽孢，其芽孢衣周围有类囊状的孢外壁结构。虽然有 82 个鉴定的蛋白质在所有芽孢组分中出现，但是像 GerQ 和 CwlJ 等一些蛋白质只在外衣层中，且含量丰富，而 SpoVAF 只出现在内膜上。这表明这种对其他枯草芽孢杆菌芽孢结构组分的分离方法可以用于嗜热脂肪地芽孢杆菌分离外衣层，以及芽孢核心和内膜，并应用于各组分的蛋白质组学分析。基于此，本章对于 N(－)芽孢形成及结构特性的实验方法被证实可行，可继续用于后续研究。

研究发现，芽孢形成培养基的确影响嗜热脂肪地芽孢杆菌芽孢的产量、结构和生化特征。硫缺陷型培养基的芽孢产量高于铵缺陷型培养基的 7 倍。除了二价阳离子吸收得较少，低丰度的 SpoIVA 也是导致 N(－)培养基比 S(－)培养基芽孢产量低的原因之一，因为有研究表明其他产芽孢细菌芽孢衣和皮层的形成需要 SpoIVA。此外，N(－)芽孢比 C(－)芽孢和 S(－)芽孢具有更加完整的超微结构和耐热性。

第 3 章　芽孢杆菌的芽孢萌发特性及影响因素

3.1　引言

总体说来，一种特定的营养萌发剂会通过结合特定的芽孢萌发受体来激活芽孢萌发。较为典型的例子就是 L 型缬氨酸作用于 GerA，从而激发枯草芽孢杆菌芽孢的萌发，而 AGFK 的组合物需要共同作用于受体蛋白 GerB 和 GerK 才能触发芽孢萌发(Ross & Abel - Santos, 2010a)。艰难梭菌芽孢的萌发则需要牛黄胆酸盐与甘氨酸作为共同萌发剂(Howerton et al. , 2011)。因此，营养萌发剂与共同萌发剂可以用于萌发动力学的测定，以此确定芽孢是否存在假定的萌发受体蛋白 (Ramirez & Abel - Santos, 2010)。例如，牛磺胆酸盐是小肠中普遍存在的胆汁盐，它与甘氨酸一起被用作触发艰难梭菌芽孢萌发的萌发剂，研究中发现牛黄胆酸盐和甘氨酸存在确定受体——鹅去氧胆酸盐，它能抑制牛磺胆酸盐，从而触发梭状芽孢杆菌芽孢的萌发(Ramirez et al. , 2010)。有研究表明，可以通过 OD 值减少的百分比来分析某些化合物对嗜热芽孢杆芽孢萌发的影响(Fields & Frank, 1969; Foerster, 1983)，但还没有研究进一步指出特定营养物萌发剂所对应的相关萌发受体蛋白。

磷酸甘油酯(phosphoglyceride)又称磷脂，与蛋白质一样，是构成生物膜结构的重要物质。在细菌和真核细胞中，磷脂由直链脂肪酸通过酯链和/或醚链与丙三醇相连组成，心磷脂是甘油磷脂的一部分，它的分子种类是由在酰基链中碳的总数和饱和度定义的(Barák & Muchová, 2013)。而在芽孢形成过程中，心磷脂更多的是由其他的磷脂合成而富集到芽孢膜上。菌株的生长条件影响心磷脂的产量，它的分子种类可以通过使用正常液相色谱法或电喷雾电离质谱法进行量化分析(Garrett et al. , 2012)。尽管这种方法被频繁使用，但 MALDI - MS 在心磷脂分析上更具优势，主要表现在它具有优良的敏感度、对盐分和样本杂质的高耐受性，以及仪器的稳定性。因此，MALDI - TOF - MS 可以作为正常液相色谱法或电喷雾电离质谱法的替代技术使用，特别适用于复杂的生物样本，如对微生物进行高通量脂质分析(Giddena et al. , 2006)。

本研究首先测定芽孢中假定存在的萌发受体蛋白，L 型氨基酸等单一化合物或几种化合物组合作为萌发剂诱发芽孢萌发，并对其萌发动力学进行检测分析。在特定的萌发剂激发下，研究比较了营养缺陷型芽孢的萌发特性，分析了芽孢不同组分的蛋白质组成，以期解释为什么芽孢萌发率会受到化学处理的影响。与此同时，为了更好地理解是什么影响了营养缺陷型芽孢的萌发率，本研究对不同营养缺陷型芽孢中的蛋白质水平做了分析。基于 DAN 可作为 MALDI 的一种高效基质，用 MALDI 联合质谱法分析磷脂(Dong et al.，2013)，本研究建立了从嗜热脂肪地芽孢杆菌芽孢中有效地提取磷脂的方法，并对从细胞和芽孢中提取的磷脂进行了检测和比对，对从不同营养缺陷型芽孢中提取的心磷脂水平也进行了检测和比对。

3.2　结果

3.2.1　芽孢萌发

目前，已经发现能够诱发芽孢萌发的化合物有很多种，大多为摩尔质量低的分子，包括氨基酸、糖类和嘌呤衍生物等（Paredes - Sabja et al.，2011）。在本研究中，用 20 种 L 型氨基酸来测定它们激发芽孢萌发的作用，结果发现，几种疏水性氨基酸包括缬氨酸、苯丙氨酸、异亮氨酸、亮氨酸、半胱氨酸、脯氨酸及内氨酸等，比其他氨基酸或分子(图 3 - 1)更迅速地诱发芽孢萌发，其中缬氨酸能更有效地激活嗜热脂肪地芽孢杆菌芽孢萌发。其他氨基酸如 L 型丙氨酸也能够在高浓度下迅速地激活芽孢的萌发，但对于另一些氨基酸如精氨酸，即使在更高的浓度下也不能促进芽孢萌发。因此，在后续芽孢萌发的研究中选择了 L 型缬氨酸作为芽孢萌发的触发剂。

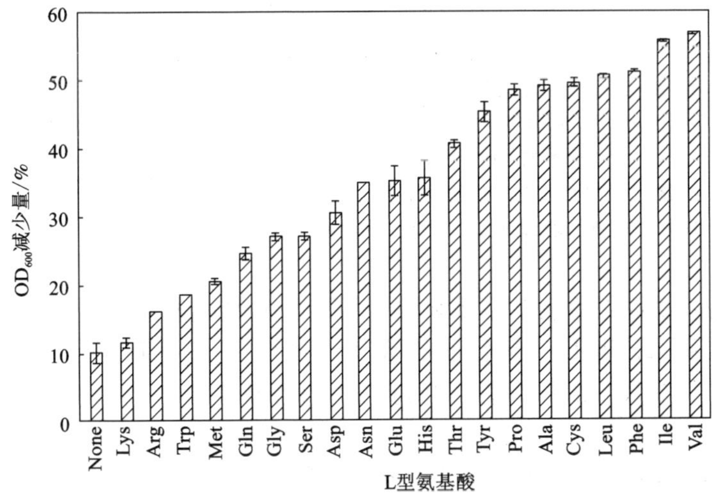

图 3 - 1　L 型氨基酸对嗜热脂肪地芽孢杆菌芽孢萌发的影响

嗜热脂肪芽孢杆菌 N(-)芽孢与 L 型氨基酸(1 mmol/L)在 Tris - HCl 缓冲液(pH 为8.0)中单独培养 30 min，初始 OD_{600} 减少 60% 时萌发完成。

此外，本研究还测试了预先热击作用对芽孢萌发激活的影响。结果显示，在不超过60℃下预先热击30 min的N(–)芽孢与未经热击作用的芽孢的萌发并无差异，都可以正常萌发。但是，即使在有L型缬氨酸存在的条件下，经70 ~ 100℃预热30 min的N(–)芽孢也不能再萌发(图3 –2A)。同时，本章还研究了L型缬氨酸在不同缓冲系统中对芽孢萌发的影响，结果显示，磷酸钾缓冲液(pH为7.4)对诱发芽孢萌发更有效(图3 –2B)。因此，除另有说明外，在所有有关嗜热脂肪地芽孢杆菌芽孢萌发研究中，萌发体系都使用未经热击的芽孢和磷酸钾缓冲液。

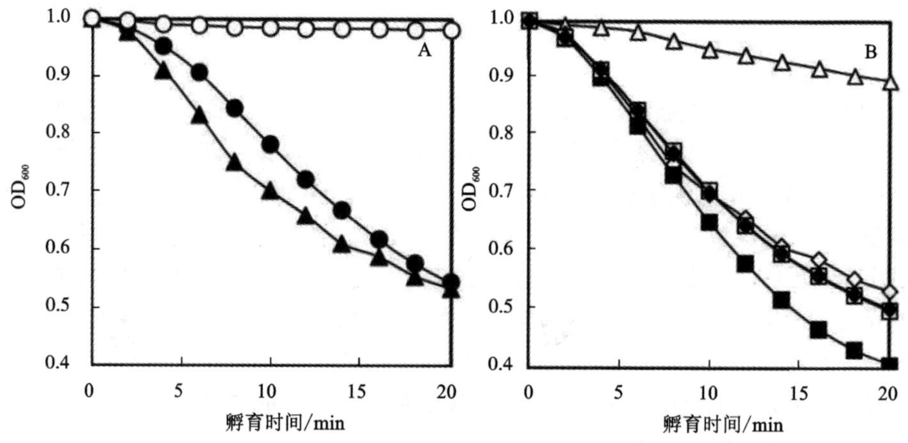

图3 –2　培养条件对嗜热脂肪芽孢杆菌芽孢萌发的影响

A. 嗜热脂肪地芽孢杆菌N(–)芽孢未经预先热击(▲)的萌发与在60℃下孵育30 min的芽孢(●)萌发没有明显区别($p > 0.1$)，而70℃下加热30 min的芽孢(○)加入L型缬氨酸后（100 μmol/L)仍不能萌发。B. 与未加L型缬氨酸的芽孢相比，加L型缬氨酸(△)的芽孢能够萌发，并且在磷酸钾缓冲液(pH为7.4，■)中萌发更迅速，与其他缓冲液，包括超纯水(◇)、Tris – HCl（pH为7.4，□)及Tris – HCl（pH为8.0，◆)相比，萌发率差别显著($p < 0.01$)。

本部分实验首先检测了一系列浓度梯度的L型缬氨酸对芽孢萌发的影响。如图3 –3显示，当L型缬氨酸的浓度达到0.1 mmol/L时，再高的浓度如1.0 mmol/L甚至10 mmol/L对芽孢的萌发并没有显著影响，说明此时已经达到了芽孢萌发的饱和浓度。然后，将浓度进一步减少到0.01 ~0.1 mmol/L，当浓度为6 μmol/L、7 μmol/L、8 μmol/L、10 μmol/L和13 μmol/L时，绘制了芽孢的萌发动力学曲线图(图3 –4A)，并根据萌发曲线的斜率计算了不同浓度下的芽孢萌发率。最后得到，芽孢萌发率与L型缬氨酸的浓度之间完全匹配双倒数曲线，所以从图中得出如下公式：$1/v = 303.29 \times 1/[\mathrm{Val}] + 41.337$，其中$v$指芽孢萌发率，[Val]代表L型缬氨酸的浓度(图3 –4B)。从公式可以求得，v_{max}与相应的K_m(米氏常数）的值分别为 0.0242/min 和 7.3370 μmol/L。上述结果显示，L 型缬氨酸与芽孢之间的关系遵从“底物 - 受体”结合物动态平衡的原则，这说明芽孢中很可能有 L 型缬氨酸的受体蛋白存在，二者相互作用后再诱发芽孢萌发。

同样地，萌发剂用 D 型缬氨酸代替 L 型缬氨酸做了一个相似的芽孢萌发实验。结果显示，D 型缬氨酸也能触发 N（ - ）芽孢的萌发，但需要的浓度远远高于 1 mmol/L。如果同样要在 30 min 内完成萌发，就至少需要 10 mmol/L 的 D 型缬氨酸，它所需浓度是 L 型缬氨酸浓度的 1000 倍（图 3 - 5A）。然而，即使当 L 型缬氨酸的浓度为 5 μmol/L 时，D 型缬氨酸也没有表现出对 L 型缬氨酸萌发的抑制作用，而且 L 型缬氨酸这个浓度还远低于芽孢萌发的饱和浓度（图 3 - 5B）。

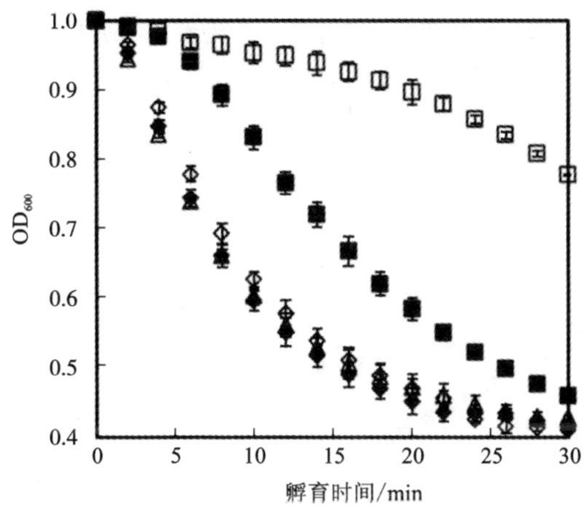

图 3 - 3　L 型缬氨酸存在下嗜热脂肪地芽孢杆菌的芽孢萌发

嗜热脂肪地芽孢杆菌 N（ - ）芽孢与各种浓度的 L 型缬氨酸孵育，浓度有 0.001 mmol/L（□）、0.01 mmol/L（■）、0.1 mmol/L（◇）、1 mmol/L（◆）、10 mmol/L（△），隔一定时间测定 OD_{600}。

根据前期发现，营养萌发剂单独或与摩尔质量低的化学物质，如葡萄糖、肌苷或钾一起作用时能有效激活芽孢萌发。在本研究中，结果显示磷酸钾缓冲液的确能更有效地激发芽孢萌发（图 3 - 2），这表明 L 型缬氨酸与 K^+ 结合能共同作用激发芽孢萌发。此外，L 型缬氨酸与其他萌发剂结合的影响如图 3 - 6 所示，结果证明，由于比 L 型缬氨酸单独作用触发嗜热脂肪地芽孢杆菌芽孢萌发更快速，L 型缬氨酸与肌苷一起对芽孢的萌发同样有协同效应。

除了利用 OD 值减少量和相差显微镜来检验萌发是否完成之外，在 L 型缬氨酸（100 μmol/L）浓度饱和的情况下，本研究还检测了蛋白质水平在芽孢萌发（30 min）之后是否有增长。芽孢外层结构经 SDS - DTT 去除后，提取休眠的与萌发的芽孢蛋白质进行二维凝胶电泳及质谱检测（图 3 - 8）。通过 MASCOT 查询比对的

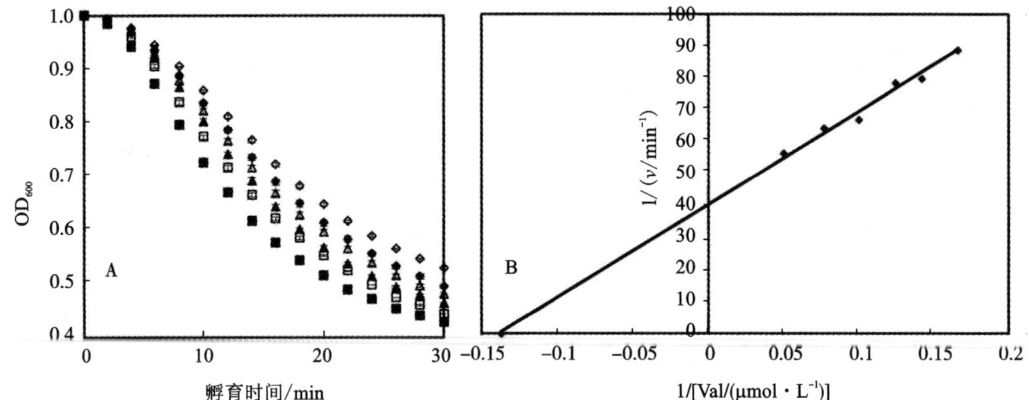

图 3-4 嗜热脂肪芽孢杆菌芽孢的 L 型缬氨酸萌发动力学分析

A. 嗜热脂肪芽孢杆菌 N(-)芽孢在 L 型缬氨酸浓度为 6 μmol/L(◇)、7 μmol/L(◆)、8 μmol/L(△)、10 μmol/L(▲)、13 μmol/L(□)、20 μmol/L(■)时萌发，萌发活性根据 OD_{600} 值的变化进行线性分段估算。B. 对萌发率与 L 型缬氨酸浓度的双倒数作图。从曲线中可计算 v_{max} 和 K_m 分别为 0.0242/min 及 7.3370 μmol/L。

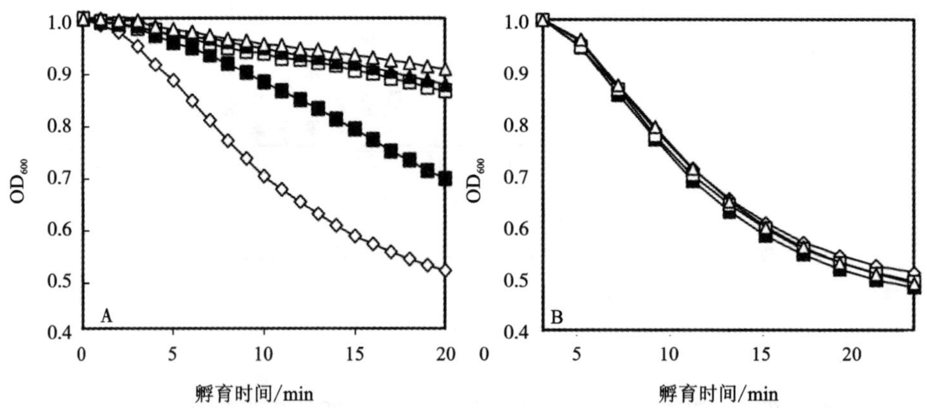

图 3-5 嗜热脂肪芽孢杆菌芽孢的 D 型缬氨酸和（或）L 型缬氨酸萌发

A. 嗜热脂肪芽孢杆菌 N(-)芽孢分别与浓度为 0(△)、0.01 mmol/L(▲)、0.1 mmol/L(□)、1 mmol/L(■)和 10 mmol/L(◇)的 D 型缬氨酸孵育。B. N(-)芽孢与 L 型缬氨酸(5 μmol/L)分别加上浓度为 0(△)、2.5 μmol/L(◇)、5 μmol/L(□)和 10 μmol/L(■)的 D 型缬氨酸孵育，每隔一定时间测定 OD_{600} 值。

结果表明，一些增长的蛋白质在新陈代谢途径如三羧酸循环中扮演了重要角色，而其他的则参与蛋白质表达系统中，这表明休眠中的芽孢已经被激活萌发甚至是生长。如表 3-1 所示，虽然鉴定出的蛋白数量并不多，但在萌发芽孢中的蛋白质水平比休眠芽孢的蛋白质水平高得多。

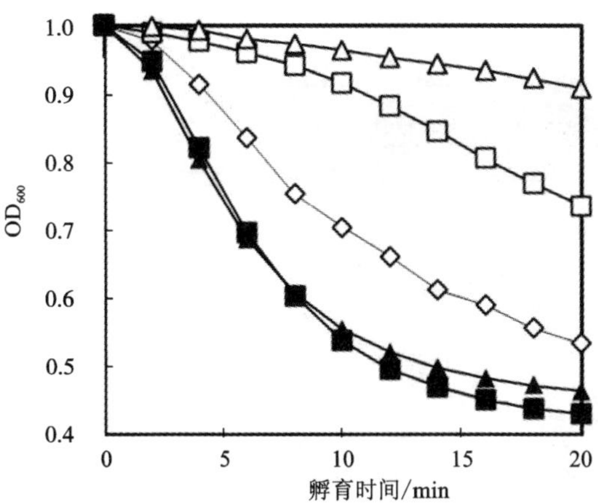

图 3－6　组合萌发剂对嗜热脂肪地芽孢杆菌芽孢萌发的影响

嗜热脂肪地芽孢杆菌 N(－)芽孢与葡萄糖和/或果糖(5mg/mL，△)，苷肌(1 μmol/L，□)，L 型缬氨酸(100 μmol/L，◇)单独孵育，或分别与 L 型缬氨酸(100 μmol/L，◇)和葡萄糖（5 mg/mL，▲）或肌苷（1 μmol/L，■)结合下孵育，测定 OD_{600} 值。

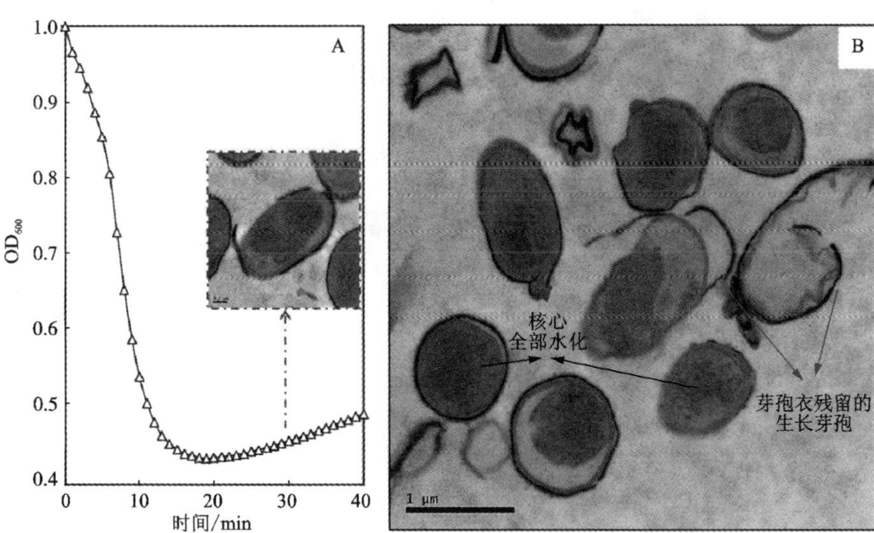

图 3－7　嗜热脂肪地芽孢杆菌芽孢萌发曲线与透射电镜图

A. 嗜热脂肪地芽孢杆菌 N(－)芽孢在 60℃，含有 L 型缬氨酸(100 μmol/L)的磷酸钾缓冲液(10 mmol/L)中萌发，每隔一定时间测定其 OD_{600} 值。虚线标注代表芽孢萌发 30 min 时进行透射电镜观察。B. 大部分萌发的芽孢完成了萌发过程并开始生长。黑色箭头所示为整个芽孢核心已水化。灰色箭头所示为有芽孢衣残留的生长芽孢。

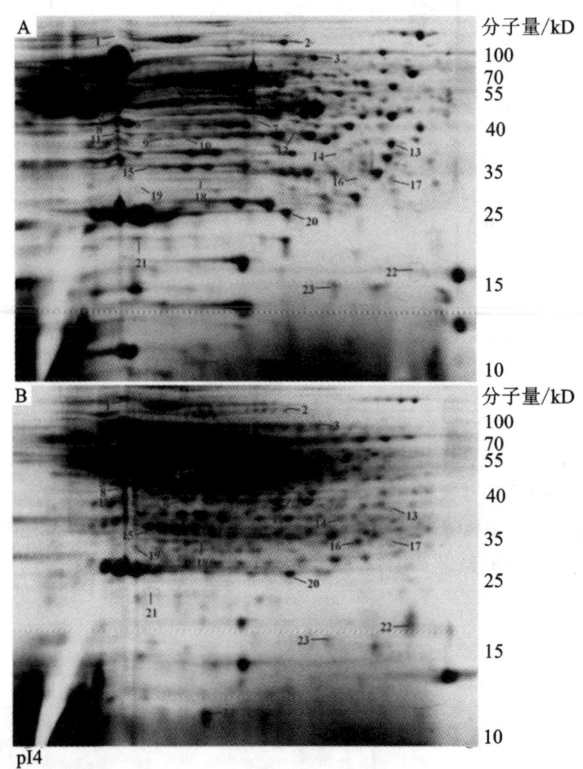

图3-8　嗜热脂肪地芽孢杆菌休眠芽孢与萌发芽孢的蛋白质图谱

去除外层后，从嗜热脂肪地芽孢杆菌休眠 N(－)芽孢（A)和被 L 型缬氨酸活化的萌发芽孢(30 min)(B) 提取芽孢质蛋白质并进行二维电泳后，然用考马斯蓝染色，找出芽孢萌发和/或早期生长时蛋白水平增加的蛋白斑点并用质谱分析。

表 3-1　嗜热脂肪地芽孢杆菌萌发芽孢相比休眠芽孢表达量增加的蛋白

编号	登记号	倍数	蛋白质描述	理论分子量/Da	pI	Mowse 分数	序列覆盖率/%
1	gi|56418639	2.2	延长因子 Tu	43393	4.87	541	32
2	gi|297528479	2.2	翻译延长因子 G	77154	5.10	162	15
3	gi|56421924	1.7	CTP 合成酶	57274	4.93	461	23
4	gi|56421270	1.5	异柠檬酸脱氢酶	46654	5.47	283	34
5	gi|56419594	1.5	组成脱氢酶 E1	35475	4.96	138	30
6	gi|56419743	1.7	琥珀酰 CoA 合成酶 β 亚基	42037	5.13	575	32
7	gi|56421248	1.5	假设蛋白质 GK2713	39399	5.55	375	31
8	gi|56419594	1.5	组成脱氢酶 E1	35475	4.96	738	47
9	gi|239828277	2.0	甘油醛-3-磷酸脱氢酶，type I	36152	5.89	208	13
10	gi|56419785	3.2	延长因子 Ts	32669	5.39	209	32
11	gi|56420912	1.9	脱氢酶 E1 组分 β 链	36205	4.97	200	19
12	gi|56418546	1.8	吡哆醛生物合成酶 PdxS	31745	5.62	252	23
13	gi|56420917	3.5	磷酸丁酰转移酶	32100	6.02	112	14
14	gi|56419097	3.6	植物代谢酶	31625	6.27	123	15
15	gi|56419750	2.0	转录阻遏因子 CodY	29136	5.09	233	35
16	gi|56421131	2.7	NH(3)依赖 NAD^+ 合成酶	27464	6.09	181	25

续表 3-1

编号	登记号	倍数	蛋白质描述	理论分子量/Da	pI	Mowse 分数	序列覆盖率/%
17	gi|56421408	12.5	萘酸合成酶	30256	6.02	268	29
18	gi|52695600	3.0	V 链，假设的亚氯酸盐转移酶的晶体结构	28882	5.06	264	31
19	gi|56420115	4.6	嘌呤核苷磷酸化酶	26003	5.11	129	15
20	gi|56419973	1.6	细胞内蛋白酶	20644	5.56	267	31
21	gi|56422016	2.2	单链 DNA 结合蛋白	18452	4.82	398	46
22	gi|56420681	2.9	热休克蛋白	17509	6.35	234	27
23	gi|297529085	3.4	UspA 结构域蛋白	16082	6.32	300	43
24	gi|56422017	3.3	30S 核糖体蛋白 S6	11417	5.52	66	20

3.2.2 营养缺陷型芽孢的萌发

然而，与N(－)芽孢相比，S(－)芽孢萌发仅次于C(－)芽孢，但其萌发速率更慢，并且与L型缬氨酸或与组合的萌发剂结合时的芽孢萌发率并无明显区别(图3－9)。同样地，L型缬氨酸与葡萄糖、果糖、钾(GFK)有相同的萌发效果。总而言之，S(－)培养基中制备获得的芽孢似乎处于超休眠状态，而在N(－)培养基获得的芽孢则在有营养萌发物存在时会迅速萌发。

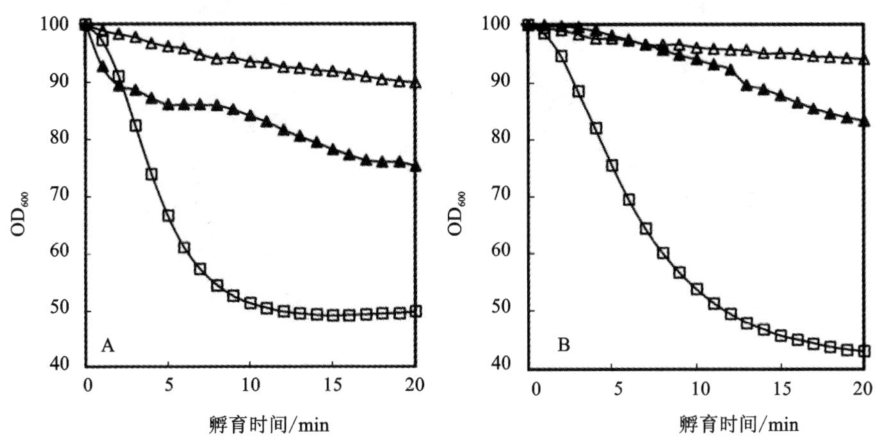

图3－9　嗜热脂肪地芽孢杆菌营养缺陷型芽孢的萌发

嗜热脂肪地芽孢杆菌S(－)(△)、C(－)(▲)和N(－)(□)芽孢分别与L型缬氨酸(A)，L型缬氨酸与肌苷混合物(B)孵育，测定不同时间的OD_{600}值。

3.2.3 不同处理后的萌发

芽孢经化学处理后，原子力显微镜成像显示芽孢衣要么被去污剂部分去除(图3－10B)，要么被碱性戊二醛覆盖(图3－10C)。与未经处理的芽孢相比，SDS－DTT预处理的N(－)芽孢在L型缬氨酸中萌发速率显然更慢(图3－11A)，但这种情况并未发生在SDS－DTT预处理的C(－)芽孢和S(－)芽孢中(图3－11B与3－11C)，而是与未处理的两种类型芽孢相同。芽孢衣完整的芽孢对溶菌酶有抗性，然而，芽孢衣缺损后N(－)芽孢很容易被溶菌酶渗透，然后触发芽孢萌发(图3－10D)，这也通过所有SDS－DTT预处理的营养缺陷型芽孢的OD_{600}值减少被证实(图3－12)。由于与芽孢衣蛋白和皮层交联，碱性戊二醛覆盖了芽孢衣外层，图3－10C显示了它以一种类似水泥封存的结构覆盖了整个芽孢后的效果，它阻碍了芽孢的萌发，而且即使是溶菌酶也不能穿过(图3－12)。

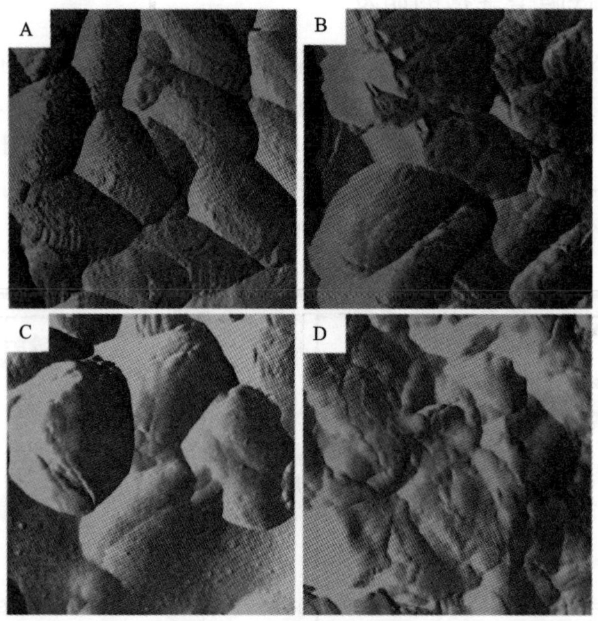

图 3-10 不同处理后嗜热脂肪地芽孢杆菌芽孢形态的原子力显微图

嗜热脂肪地芽孢杆菌完整的 N(-)芽孢(A)，SDS-DTT 处理的 N(-)芽孢(B)，图像扫描面积为 5 μm²。SDS-DTT 预处理的 N(-)芽孢再分别用碱性戊二醛(C)和溶菌酶(D)处理的图像，扫描面积为 3μm²。

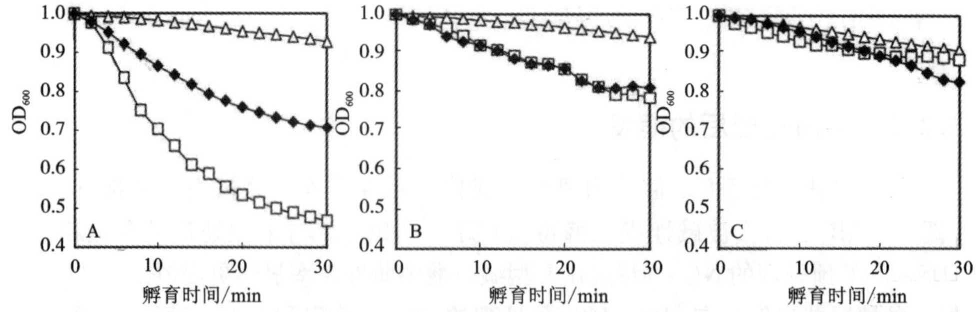

图 3-11 不同处理对嗜热脂肪地芽孢杆菌芽孢 L 型缬氨酸萌发的影响

嗜热脂肪地芽孢杆菌 N(-)(A)、C(-)(B)和 S(-)(C)芽孢分别与有 L 型缬氨酸(□)和无 L 型缬氨酸(△)存在的缓冲液下孵育，SDS-DTT 处理的芽孢与 L 型缬氨酸(◆)孵育，测定不同时间的 OD_{600} 值。

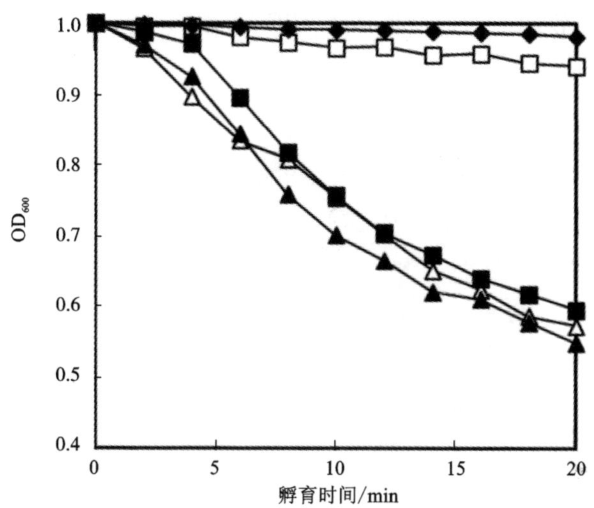

图 3－12　溶菌酶对不同处理的嗜热脂肪地芽孢杆菌芽孢萌发的影响

与完整的芽孢(□)相比，嗜热脂肪地芽孢杆菌 N(－)(■)、C(－)(△)和 S(－)(▲)芽孢通过 SDS－DTT 处理，然后与溶菌酶（0.2 mg/mL）在 37℃孵育，或首先在 0.8% 碱性戊二醛下，然后与溶菌酶(◆)孵育，测定不同时间的 OD$_{600}$值。

3.2.4　N(－)和 S(－)芽孢内膜蛋白的分析

对芽孢三个结构组分进行蛋白质组学分析发现，参与萌发的蛋白质主要存在于芽孢外层和内膜上。然而，芽孢外层中的这些蛋白质含量大多无显著区别(图 2－14B)，因此，本研究利用二维凝胶电泳技术比较了 N(－)与 S(－)芽孢内膜上的蛋白质图谱，如图 3－13 所示，还定量分析了不同蛋白质在两种不同类型芽孢中的表达水平，24 种蛋白详见表 3－2。N(－)芽孢中有 11 种比 S(－)芽孢中丰度更高的蛋白质，包括二氢硫辛酰胺脱氢酶、伴侣蛋白 GroEL、热休克蛋白、萌发蛋白、铁(Ⅲ)柠檬酸 ABC 运载体、细胞壁水解酶、转录阻遏 CodY、第五阶段芽孢形成蛋白质 SpoVT、F0F1 ATP 亚基、50S 核糖体蛋白 L10、假定蛋白 GK2467。然而，在其中只发现了一种属于 Ger(x)C 家族的萌发蛋白和一种细胞壁水解酶，它们很可能参与了芽孢萌发过程，而且它们在 N(－)芽孢中的水平均为S(－)芽孢中的 1.5 倍。但这两种蛋白质的 Mowse 分数都低于 80，说明通过比对 NCBI 细菌数据库获得这类蛋白在统计学上并没有意义。除此之外，同样发现 SpoVT 和 CodY 等转录调节蛋白在 N(－)芽孢中的含量更高。除了以上的差异蛋白外，还鉴定出了许多 N(－)芽孢和 S(－)芽孢都含有的蛋白质，但它们的表达水平在两者之间并无显著差异。这些蛋白经鉴定为 ABC 转运载体，包括支链氨基酸、谷氨酰胺、铁离子复合物和寡肽 ABC 运载体，这些蛋白同样也在芽孢外膜中被发现(表 3 -2)。

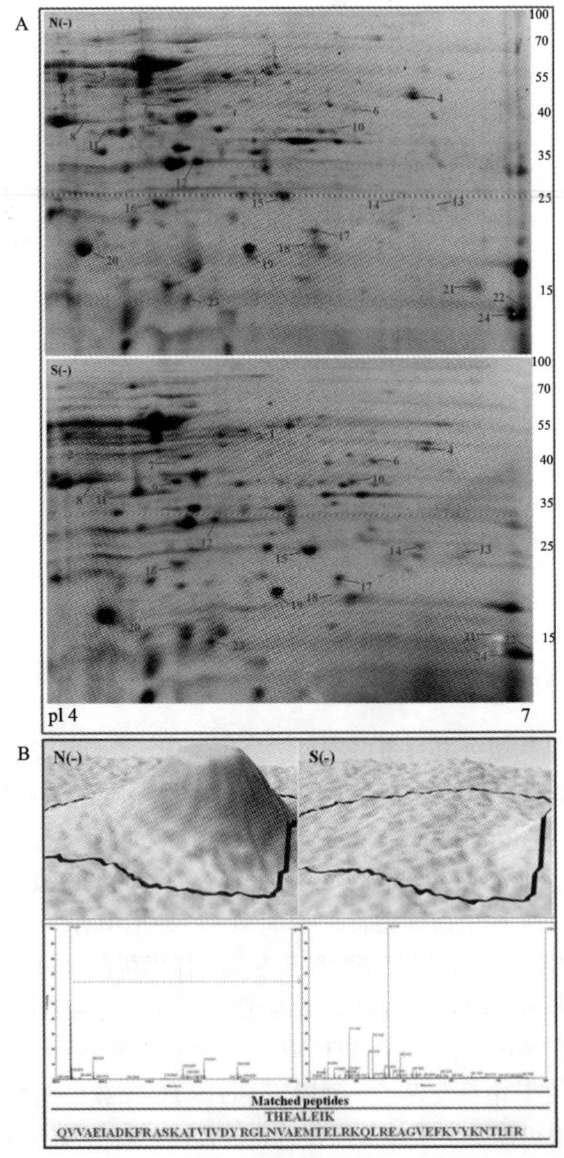

图 3 -13　嗜热脂肪地芽孢杆菌 N(-)芽孢和 S(-)芽孢内膜蛋白的二维电泳图谱

A. 嗜热脂肪地芽孢杆菌 N(-)芽孢和 S(-)芽孢内膜蛋白进行二维凝胶电泳，数字标记不同水平的蛋白质。

B. 用 Progenesis 软件 4.1 量化了第 19 号蛋白的差异，经质谱分析并通过 MASCOT 搜索 NCBI BACTERIA 数据库，鉴定此蛋白为 50S 核糖体蛋白 L10。

表 3-2　图 3-13 中 24 种蛋白质的定量鉴定

编号	Folds[a]	登记号	理论分子量/Da	pI	Mowse 分数[b]	序列覆盖率/%	蛋白质鉴定
1	1.8(↑)	gi|56419596	49540	5.2	136	12	二氢硫辛酰胺脱氢酶
2	1.4(↑)	gi|56418784	57274	4.93	346	23	伴侣蛋白 GroEL
3	1.8(↓)	gi|163938612	42207	8.13	75	8	假设蛋白质 BcerKBAB4_0603
4	1.5(↑)	gi|261409760	42103	6.22	60	10	萌发蛋白，Ger(x)C 家族
5	1.4(↓)	gi|56421589	46575	4.8	266	22	磷酸丙酮酸水合酶
6	1.5(↓)	gi|261408015	13179	11.12	52	49	核糖体蛋白 L19
7	1.9(↓)	gi|56421287	39459	5.61	424	37	丙氨酸脱氢酶
8	1.7(↑)	gi|56419992	36000	6.35	112	14	铁(III) dicitrate ABC 转运蛋白
9	1.4(↓)	gi|56419818	39170	6.38	304	32	ABC 转运蛋白(脂蛋白)
10	1.6(↓)	gi|56418546	31745	5.62	304	34	吡哆醛生物合成酶 PdxS
11	1.5(↑)	gi|125972709	104698	7.5	53	5	细胞壁水解酶/自溶酶
12	1.6(↑)	gi|56419750	29136	5.09	468	56	转录阻遏因子 CodY
13	2.0(↓)	gi|169796517	56370	9.1	61	14	假设外膜流出蛋白

续表 3－2

编号	Folds[a]	登记号	理论分子量/Da	pI	Mowse 分数[b]	序列覆盖率/%	蛋白质鉴定
14	2.0(↓)	gi|56421920	23049	5.91	86	12	假设转醛酶
15	1.3(↓)	gi|56419452	25597	5.43	105	13	假设蛋白 GK0917
16	1.5(↑)	gi|56418584	19821	4.95	233	32	V 阶段芽孢形成蛋白 T
17	1.3(↑)	gi|56421896	19813	5.59	235	41	F_0F_1 ATP 合成酶亚基 δ
18	1.5(↓)	gi|56421897	20362	5.91	329	22	F_0F_1 ATP 合成酶亚基 β
19	4.1(↑)	gi|56418630	17985	5.39	409	36	50S 核糖体蛋白 L10
20	1.5(↑)	gi|56421002	12660	4.74	88	28	假设蛋白 GK2467
21	2.9(↑)	gi|56420681	17509	6.35	284	35	热休克蛋白
22	1.9(↓)	gi|56421290	16082	6.32	68	31	通用应激蛋白家族
23	1.8(↓)	gi|269121336	34742	9.25	57	12	输出蛋白膜蛋白 SecF
24	3.3(↓)	gi|89099721	32826	7.83	52	15	脂肪酰 CoA 脱氢酶

[a]表明与 S(－)芽孢相比，N(－)芽孢的蛋白质水平增加(↑)降低(↓)；

[b]蛋白质评分高于 80 分的差异性显著($p<0.05$)。

由于使用基于凝胶电泳与质谱结合的蛋白质组学分析后，并没有发现大部分萌发相关蛋白，因此本章进一步进行蛋白免疫印迹分析，期望能够锁定几个候选萌发蛋白，这类蛋白可能在芽孢早期萌发过程中起重要作用。结果表明，虽然在嗜热脂肪地芽孢杆菌中并没有检测到抗枯草芽孢杆菌的 GerAA，但发现了 GerD、SpoVAD、SleB 和 YpeB 等蛋白印迹，表明抗枯草芽孢杆菌蛋白 YpeB、SpoVAD、SleB 和 GerD 与嗜热脂肪芽孢杆菌目的蛋白相互作用。基于上述枯草芽孢杆菌蛋白的氨基酸序列和嗜热脂肪芽孢杆菌芽孢的蛋白质组学分析（表 3－2），获得了这些嗜热脂肪地芽孢杆菌的芽孢萌发相关蛋白的信息（http：//www. genome. ou. edu/），并估计了它们的分子质量。如图 3－14 所示，GerD、SpoVAD、SleB 和 YpeB 的分子量分别约为 17 kDa、37 kDa、29 kDa、50 kDa。

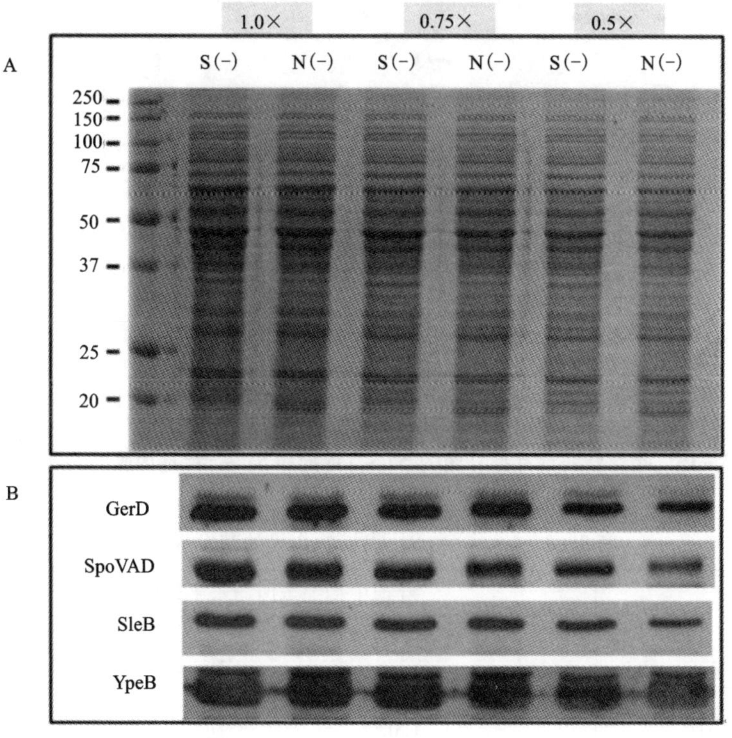

图 3－14　嗜热脂肪地芽孢杆菌芽孢内膜蛋白变性凝胶电泳和蛋白质印迹分析

本实验还利用蛋白质印迹分析对这些蛋白质水平进行了量化。结果显示，在 S（－）芽孢中 SpoVAD 和 SleB 的水平比 N（－）芽孢中的蛋白水平略高，GerD 和 YpeB 的水平在两种类型的芽孢中相近，但是 SpoVAD 的水平差异在两者间是显著的（表 3－3）。此外，还通过蛋白质印迹尝试了基于肽段的 GerAC 的抗体检测分析。两样本之间的关系如图 3－15 所示，尽管 GerAC 潜在萌发受体蛋白在 S(－)芽孢的水平只是N(－)芽孢中的0.34，但表达差异却很显著($p<0.05$)(见表3－3)。

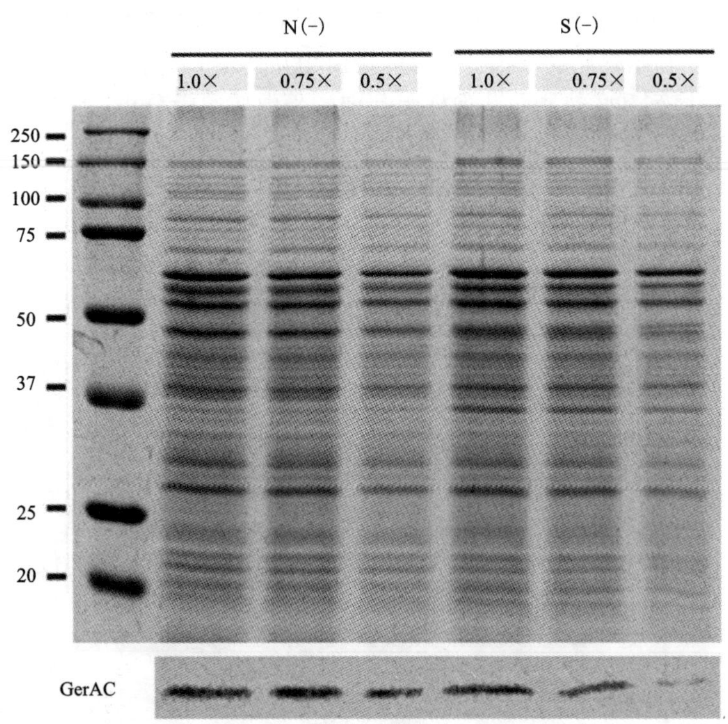

图3－15　嗜热脂肪地芽孢杆菌的N(－)芽孢和S(－)芽孢内膜的GerAC水平

表3－3　N(－)和S(－)芽孢内膜的萌发蛋白水平

萌发蛋白	芽孢中相关蛋白质水平(相对丰度)	
	N(－)①	S(－)
GerAC②	1.0	0.66
GerD	1.0	1.0
SpoVAD	1.0	1.2
SleB	1.0	1.1
YpeB	1.0	1.0

①N(－)芽孢蛋白质水平的值设置为1.0；②N(－)和S(－)芽孢之间的GerAA及SpoVAD水平差异显著($p<0.05$)，但其他萌发蛋白之间的差异水平不明显($p>0.1$)。

3.2.5　芽孢内膜磷脂分析

首先，本部分比较了三种不同类型化合物作为 MALDI 基质对代表性磷脂化合物的电离效率，三种基质包括 DHB、9AA 和 DAN。磷脂化合物是由相同物质的量的二肉豆蔻酰基磷酸胆碱（DMPC）、二棕榈酰基磷脂酰乙醇胺（DPPE）、二棕榈酰基磷脂酰肌醇（DPPI）、二肉豆蔻酰磷脂酰丝氨酸钠盐（DMPS）、二肉豆蔻酰基磷脂酸钠盐（DMPA）和二十五酰基甘油钠盐（DPPG）组成，这些磷脂分子被选出用作评估信噪比。据了解，磷脂的电离主要依靠能发挥不同作用的极性头部基团，如图 3－16A 所示，结果展示了在上述不同基质上每种磷脂分子的信噪比。指出 DMPC 的测定是在正离子模式下获取信噪比信号非常重要的一点，如上所述，因为 PC 在质子化模式下是一种更容易观测的磷脂分子。尽管目标峰的信噪比较高，但是利用 DHB 作为基质测定时有许多干涉峰，而相同实验条件下 9AA 和 DAN 作为基质时具有非常好的效果。但是，DAN 作为基质所需要的激光能量（约 4000）明显少于 9AA（ >6000）。剩下的 5 种磷脂分子的信噪比是在负离子模式下测定的，而且 DAN 作为 MALDI 基质与 9AA 或 DHB 相比，所获得的平均信号比后者任何一种基质都增强了 5～10 倍。

每种基质物质的电离效率是完全不同的，例如，9AA 作为基质检测 DMPS 时得到相对较弱的峰，而 DHB 作为基质检测 DPPE 和 DMPA 时信号则较弱。但无论使用哪种基质，DPPG 的信噪比均为最高。图 3－16B 给出了 DAN 作为基质时，在阴离子模式下磷脂混合物的典型光谱，且当 DPPE 在 m/z 为 662 和 DPPG 在 m/z 为 693 时离子丰度最高。以上结果证明，即使在给予很低的激光能量时，DAN 作为 MALDI 基质在正负离子模式下都能很好地改善被分析样品的信号强度，这一优点能使 DNA 成为一种通用的、敏感的基质用于磷脂分子的分析。

接着，本实验将从细胞和芽孢中提取未经预分离的脂质粗样品并直接点样到平板上，样品斑经平均 20 束的激光束扫描后获得质谱。在正离子模式下，样品经 MALDI 质谱仪检测 PC 的种类。然而，质谱中并未获得与 PC 相关的离子，这在理论上意味着一个显著碎片离子的丢失，相当于 183 Da（$C_5H_{14}NPO_4$）的中性丢失和 m/z 为 184 时互补的质子化碎片离子。然而，质谱中却充满了 PE 和 PG 的碱性加合离子，这说明在 MS^2 质谱上的典型离子出现在 m/z 为 164 和 195 处，分别对应钠离子化的极性头基团 $[Na^+(C_2H_5N)H_3PO_4]^+$ 和 $[Na^+(HOCH_2CHOHCH_2)H_3PO_4]^+$。

如图 3－17A 所示，在负离子模式下，质谱结果得到了改善。主要离子分布在 m/z 为 645 到 920 的范围内。在辅助 LIPID MAPS 数据库（http：//www.lipidmaps.org/）及 MS 预测工具下，MS^2 质谱数据可以鉴定大多数 PL 的种类。在质谱中观察到了质量明显均匀的离子，这些离子均解析为 PE 种类。例如，在 m/z

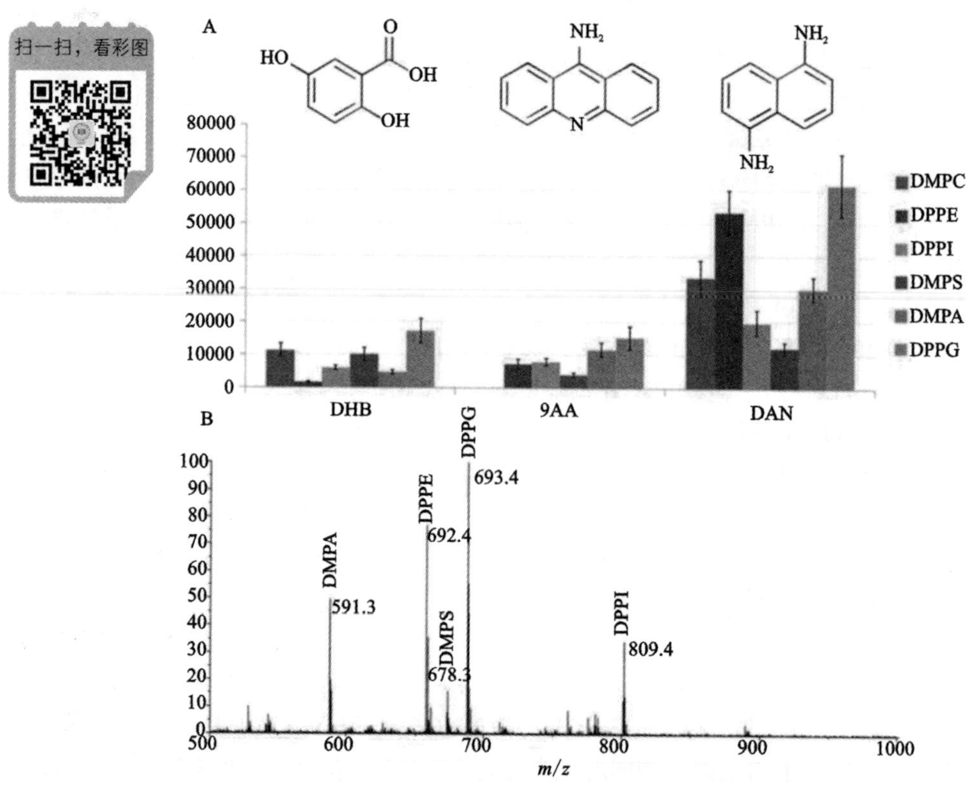

图 3－16　标准磷脂的质谱分析

(A) 不同 MALDI 基质用于磷脂检测的比对。(B) 标准磷脂分子混合物(DMPA，DMPC，DPPE，DPPG，DPPI 和 DMPS) 的代表谱。$[M-H]^+$ 用于 DMPC 的质谱分析，$[M-H]^-$ 用于其他磷脂分子的质谱分析。

为 676 时 PL 的显著碎片(图 3－17B)包含了一个 *m/z* 为 196 的诊断峰，这相当于甘油 PE 中去掉了一个水分子。经推测，质谱碎片离子 *m/z* 为 227、241、255 和 269 时分别对应去质子化的酰基链 $C_{14:0}$、$C_{15:0}$、$C_{16:0}$和 $C_{17:0}$，这表明在前体离子峰中至少有两个酰基侧链组成的 PE 种类重叠。质谱中的其他碎片离子也表明了 PE 的存在，*m/z* 为 466、452 和 438 分别对应酰基链 $C_{14:0}$、$C_{15:0}$和 $C_{16:0}$的丢失而成为烯酮，*m/z* 为 140 和 122 分别对应乙醇胺磷酸盐离子和缺失一个水分子的乙醇胺磷酸盐离子。因此，在 *m/z* 为 676 时 PL 种类经推测为 PE (14∶0/17∶0) 和 PE (15∶0/16∶0)。与预期一致，嗜热脂肪地芽孢杆菌脂质提取物包含了许多 PE 种类，如表 3－4 和表 3－5 所述，包括基于 MS^2 光谱鉴定的 *m/z* 为 648、660、674、686、688、690 和 704。

PG 的典型的 MS^2 光谱在 *m/z* 为 707 处(图 3－17C)。含有断裂的磷酸－甘油

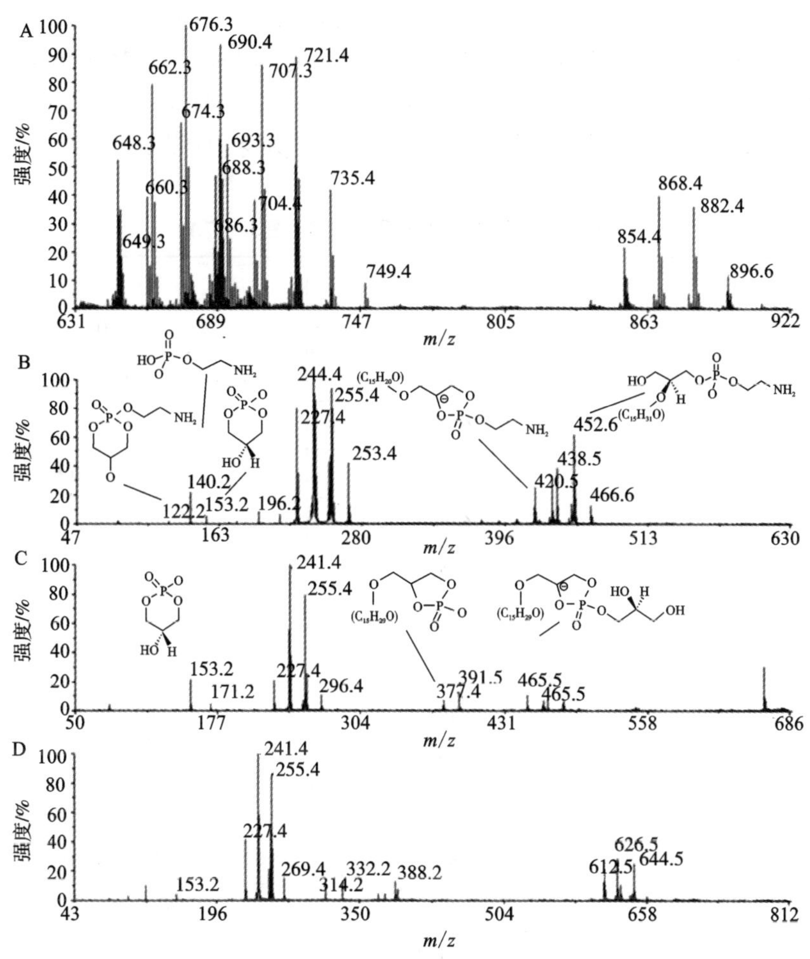

图 3－17　磷脂亲本与产物离子的质谱分析

A 为在负离子模式下以 DAN 作为 MALDI 基质，检测从嗜热脂肪地芽孢杆菌中提取的磷脂质谱。前体为 *m/z* 为 676.3(B)、707.3(C)和 868(D)的二级质谱。

键的磷脂的可判断片段消除了典型磷脂酰头部基团，它已经去质子化并出现在 *m/z* 为 153 处。质谱出现了两个在 *m/z* 为 241 和 255 处的优势碎片离子，它们分别匹配去质子化的酰基链 $C_{15:0}$ 和 $C_{16:0}$。碎片 *m/z* 为 451 和 465 的产生归因于 $C_{15:0}$ 和 $C_{16:0}$ 脂肪酸的丢失。而碎片 *m/z* 为 377 和 391 则分别是碎片 *m/z* 为 451 和 465 进一步失去甘油所产生的。如表 3－4 所列，其他前体被鉴定为 PG 种类，包括在 *m/z* 为 649、707、721、735 和 749 处的离子。

另外，在 *m/z* 为 850 到 900 的范围内有均匀质量信号，其中可以观察到 4 个明显的前体，*m/z* 分别为 854、868、882 和 896。以 *m/z* 为 868 的前体离子为例（图 3 -17D），MS^2 质谱显示了在 *m/z* 为 227、241 和 255 处的酰基链离子的信号，一条来自$[M - H]^-$的烯酮酰基链对应离子的丢失，如 *m/z* 为 626 和 644。因此，这些离子可能是与头部基团连接的 PL 衍生物。根据 MALDI - TOF/TOF 所得数据，表 3 -4 和表 3 -5 概括了质谱确定的嗜热脂肪地芽孢杆菌的 PL 离子。

表 3 -4　质谱中主要离子的属性（图 3 -17A）

种类	*m/z*	CN∶DB①
磷酸乙醇胺	648.3	29∶0
	660.3	28∶1
	674.3	31∶1
	676.3	31∶0，32∶0②
	686.3	32∶2
	688.3	32∶1
	690.4	32∶0，33∶0②
	704.4	33∶0，34∶0②
磷脂酰甘油	649.3	27∶1
	707.3	31∶0，32∶0②
	721.4	32∶0，33∶0②
	735.4	33∶0，34∶0②
	749.4	34∶0，35∶0②
磷酸乙醇胺衍生物	854.4	30∶0
	868.4	31∶0
	882.4	32∶0
	896.6	33∶0

①CN∶DB 代表碳与双键的数量比；②Plasmanyl/acyl PE（1 - O - alkyl - 2 - acyl PE）.

表 3 –5　表 3 –4 中的前体相应的二级质谱结构

前体(*m/z*)	主要碎片离子
648.3	185.2 (12), 213.4 (8), 227.4 (100), 241.4 (26), 255.4 (7)
649.3	185.2 (41), 227.4 (40), 239.3 (22), 494.3 (100), 515.4 (34)
660.3	227.4 (100), 241.4 (78)
674.3	227.3 (6), 241.4 (30), 255.4 (12), 499.3 (95), 521.3 (100)
676.3	196.2 (6), 227.4 (63), 241.4 (100), 255.4 (86), 269.4 (25), 420.5 (17), 438.5 (23), 452.5 (41), 466.5 (8)
686.0	80.1 (100), 81.2 (78), 227.4 (46), 604.7 (17)
688.3	153.2 (10), 227.4 (11), 241.4 (100), 255.4 (73), 267.4 (25)
690.3	140.2 (18), 153.2 (200), 227.4 (59), 241.4 (100), 255.4 (96), 269.4 (80), 434.5 (23), 452.5 (46), 466.5 (50)
704.3	227.3 (69), 241.4 (96), 269.3 (100), 283.3 (74)
707.3	80.1 (5), 153.2 (22), 227.3 (21), 241.4 (100), 255.4 (79), 269.4 (12), 377.4 (7), 391.4 (13), 451.4 (12), 465.5 (11)
721.3	153.1 (30), 227.3 (8), 241.4 (97), 255.4 (100), 269.4 (66), 391.4 (13), 451.4 (8), 479.5 (9), 483.5 (14), 497.5 (15)
735.3	153.1 (47), 171.2 (12), 241.4 (66), 255.4 (100), 269.4 (84), 283.4 (30), 391.4 (9), 405.4 (32), 419.4 (6), 465.4 (14), 479.5 (23), 483.5 (8), 497.5 (27), 511.5 (5)
749.3	153.1 (26), 171.2 (5), 241.4 (53), 255.4 (77), 269.4 (100), 283.4 (30), 297.4 (14), 405.4 (7), 419.4 (5), 479.5 (8), 497.5 (8), 511.5 (5)
854.3	80.1 (5), 153.1 (5), 227.3 (70), 241.3 (100), 255.3 (27), 269.3 (4), 612.5 (14)
868.3	119.2 (11), 227.3 (43), 241.3 (100), 255.3 (88), 269.3 (16), 332.1 (13), 388.2 (13), 391.3 (8), 612.5 (22), 626.5 (29), 630.5 (12), 644.5 (26)
882.3	79.1 (8), 227.3 (15), 241.3 (41), 255.4 (100), 332.1 (9), 388.2 (12), 626.5 (12)
896.6	241.3 (33), 255.3 (100), 269.3 (65), 283.3 (13), 388.2 (7), 640.5 (23), 658.5 (12)

本研究用 NAO 来确定心磷脂(CL)在芽孢中的位置。然而，如芽孢周围的荧光染料所示(图 3－18A)，即使去除芽孢衣后(图 3－18B)，NAO 也不能直接进入芽孢，因为芽孢周围有芽孢衣和皮层包围，能保护芽孢不受化学物质侵害。因此，笔者提出了一种可行的方法，即先移去芽孢衣再水解肽聚糖皮层。经过这些处理后，NAO 与 CLs 结合，颜色的变化表明 CLs 在芽孢中很丰富(图 3－18C)。此外，已知两个 NAO 分子与一个 CL 分子结合，在 474 nm 处有最大吸光度，因此 CLs 可以通过 NAO 荧光强度来量化。

扫一扫，看彩图

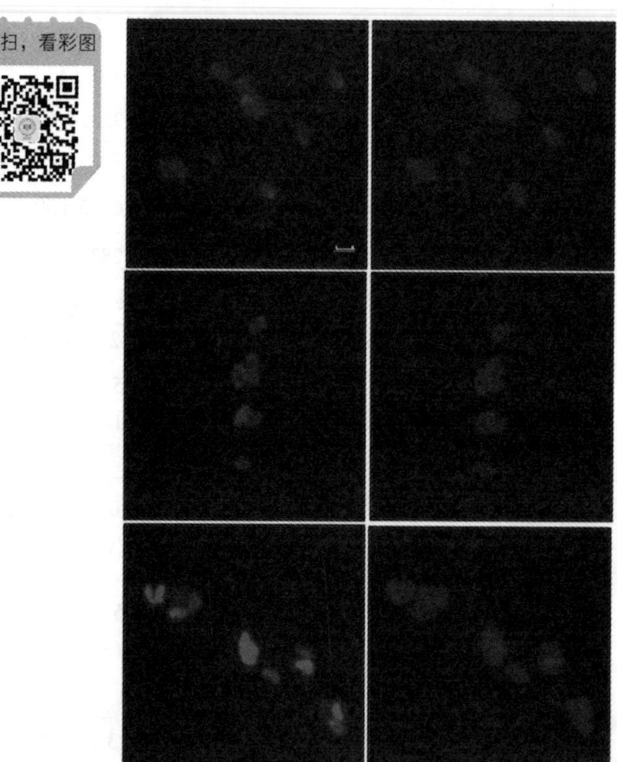

图 3－18　嗜热脂肪地芽孢杆菌芽孢用 NAO 荧光染色

A. 嗜热脂肪地芽孢杆菌完整芽孢与 NAO 孵育；激发波长为 490 nm，发射波长在 528 nm(左图)或 617 nm(右图)；比例尺为 2 μm。B. 去除芽孢衣的芽孢用 NAO 染色。C. 将去除芽孢衣的芽孢在 37℃下用溶菌酶处理 15 min，然后再用 NAO 染色。

同时，本研究利用 MALDI－TOF/TOF MS 鉴定了从芽孢提取的磷脂和心磷脂，质谱图谱如图 3－19 所示。芽孢的磷脂图谱几乎与细胞的一样(图 3－17A)。例如，主要质谱 662.3、676.3、690.3、707.3 和 721.4 也出现在芽孢的磷脂中(图 3－17A)，产物离子分析也显示出相似的图谱，这说明 PEs 和 PGs 也是芽孢中磷脂的主要种类。但是，在芽孢与细胞之间的磷脂种类存在区别。比如，在芽孢中 674.3、683.3、686.3、749.4 等的质谱组分明显减少。

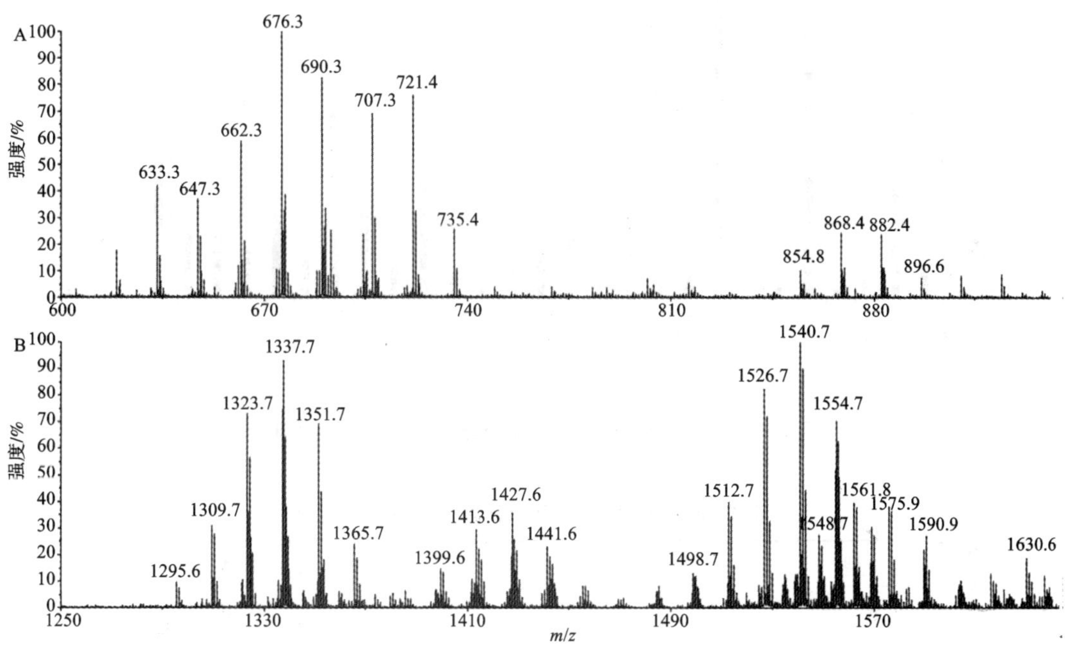

图 3-19　嗜热脂肪地芽孢杆菌芽孢的磷脂和心磷脂质谱图谱

嗜热脂肪地芽孢杆菌芽孢的磷脂（A）和心磷脂（B）在负离子模式下的质谱图。

但是，更多的心磷脂成分被确定（图 3-20B），它们的种类列于表 3-6。总体上看，基于酰基链中的碳原子数目和不饱和度共检测到 30 种 CL。无论是在 N(-)芽孢中还是在 S(-)芽孢中，丰度最高的种类是 63∶0，紧接着是 62∶0。S(-)芽孢中这些种类的水平一般比 N(-)芽孢中高（图 3-20），但差异并不显著。此外，与之前的报道相比，经质谱分析后在 N(-)芽孢中发现了更多葡萄糖心磷脂（GCLs）。例如，*m/z*≥1498.7 的[M-H]⁻，包括 *m/z* 为 1498.7、1512.7、1526.7、和 1540.7 等，被鉴定为 GCLs，其中主要脂肪酸为异-$C_{15:0}$、反异-$C_{15:0}$、异-$C_{17:0}$ 和反异-$C_{17:0}$（Schäffer et al.，2002）。

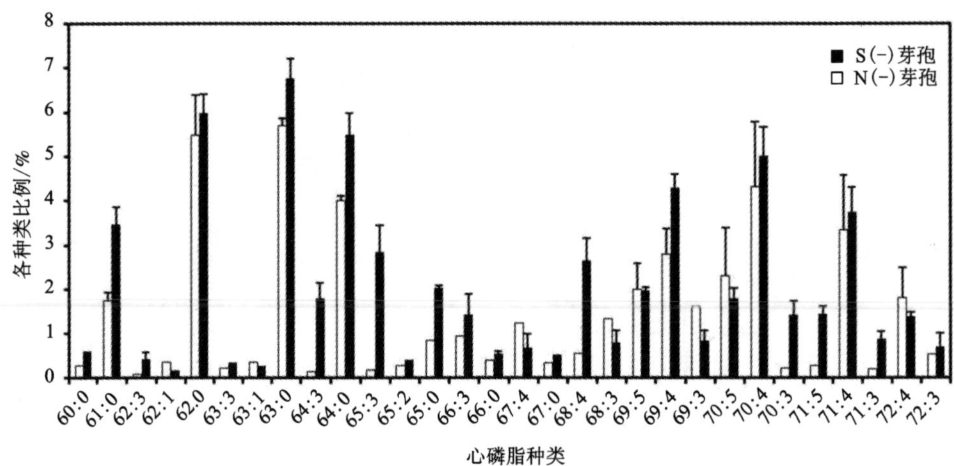

图 3-20　嗜热脂肪地芽孢杆菌芽孢中心磷脂种类的比例

表 3-6　嗜热脂肪地芽孢杆菌芽孢心磷脂类型

心磷脂类型①	*m/z*	分子式[M-H]⁻
60:0	1295.6	$C_{69}H_{133}O_{17}P_2^-$
61:0	1309.7	$C_{70}H_{131}O_{17}P_2^-$
62:3	1317.6	$C_{71}H_{131}O_{17}P_2^-$
62:1	1321.7	$C_{71}H_{135}O_{17}P_2^-$
62:0	1323.7	$C_{71}H_{137}O_{17}P_2^-$
63:3	1331.6	$C_{72}H_{133}O_{17}P_2^-$
63:1	1335.7	$C_{71}H_{131}O_{17}P_2^-$
63:0	1337.7	$C_{72}H_{139}O_{17}P_2^-$
64:3	1345.7	$C_{73}H_{135}O_{17}P_2^-$
64:0	1351.7	$C_{73}H_{141}O_{17}P_2^-$
65:3	1359.7	$C_{74}H_{137}O_{17}P_2^-$
65:2	1361.7	$C_{74}H_{139}O_{17}P_2^-$
65:0	1365.7	$C_{74}H_{143}O_{17}P_2^-$
66:3	1373.7	$C_{75}H_{139}O_{17}P_2^-$
66:0	1379.7	$C_{75}H_{145}O_{17}P_2^-$
67:4	1385.6	$C_{76}H_{139}O_{17}P_2^-$

续表 3-6

心磷脂类型①	m/z	分子式[M-H]⁻
67:0	1395.6	$C_{76}H_{141}O_{17}P_2^-$
68:4	1399.6	$C_{77}H_{141}O_{17}P_2^-$
68:3	1401.5	$C_{77}H_{143}O_{17}P_2^-$
69:5	1411.6	$C_{78}H_{141}O_{17}P_2^-$
69:4	1413.6	$C_{78}H_{143}O_{17}P_2^-$
69:3	1415.6	$C_{78}H_{145}O_{17}P_2^-$
70:5	1425.6	$C_{79}H_{143}O_{17}P_2^-$
70:4	1427.6	$C_{79}H_{145}O_{17}P_2^-$
70:3	1429.6	$C_{79}H_{147}O_{17}P_2^-$
71:5	1439.6	$C_{80}H_{145}O_{17}P_2^-$
71:4	1441.6	$C_{80}H_{147}O_{17}P_2^-$
71:3	1443.6	$C_{80}H_{149}O_{17}P_2^-$
72:4	1455.6	$C_{81}H_{149}O_{17}P_2^-$
72:3	1457.6	$C_{81}H_{151}O_{17}P_2^-$

①代表碳与双键之间的个数比。

3.3　本章讨论

3.3.1　营养缺陷型芽孢的萌发

可以肯定的是，萌发剂进入芽孢内与萌发受体接触，从而触发芽孢萌发。然而，一直以来并未有研究明确地阐述萌发剂如何进入芽孢并与受体蛋白结合。幸运的是，利用生物化学和分子生物学手段能够揭示营养萌发剂与萌发受体的相互作用。营养萌发剂一般是氨基酸、糖类或嘌呤核苷，但有时是不同的营养或非营养萌发剂，如溶菌酶、离子、吡啶二羧酸钙、高压等的组合。然而，这些萌发剂在萌发过程中是否被代谢却不为人所知。据报道，标记的 L 型丙氨酸和/或葡萄糖及其类似物在巨大芽孢杆菌芽孢萌发过程中被发现（Heffron et al.，2009；Wilson et al.，2012）。萌发激活后，一系列的生物物理事件发生在这个过程中，例如，钾离子、钠离子、氢质子和钙离子以及吡啶二羧酸间的交换。随着离子的交换，芽孢也开始再水化，导致芽孢体积增大，最后生长成为有新陈代谢活动的营养细胞（Setlow，2003；Moir，2006）。

在本研究中，发现一些氨基酸，特别是缬氨酸、苯丙氨酸、异亮氨酸、丙氨酸等，可以快速激活芽孢萌发，其中在 20 min 内激发 N(-)芽孢萌发的 L 型缬氨酸是最有效、最快的(图 3 - 1)。在没有任何预先热击时，利用 N(-)培养基新鲜配制的嗜热脂肪地芽孢杆菌芽孢能迅速在有 L 型缬氨酸时萌发，这个发现与以前报道的大多数芽孢杆菌芽孢萌发的机制略有不同，但在无热击的情况下，有些蜡样芽孢杆菌菌株的芽孢也能被营养萌发剂激活萌发(Voort et al. , 2010)。嗜热脂肪杆菌芽孢在 70 ~ 100℃、10 ~ 30 min 条件下加热后再也不能被促发萌发(图 3 - 2A)，而这种条件下的嗜温细菌芽孢则需要热击活促进萌发，但即使长时间储存在 4℃条件下的嗜热脂肪杆菌芽孢也可以可逆萌发。这一结果不同于以前有关嗜温芽孢杆菌芽孢的报道，但不同的原因可能是嗜热芽孢萌发的最佳温度接近嗜温芽孢的热击活温度。在营养剂激活芽孢萌发之前，嗜温芽孢杆菌芽孢的最佳生长温度在 37℃左右，而其芽孢萌发通常需要的热击活温度为亚致死温度，即约 65℃(Setlow, 2003)。热击活理论被假设为通过激活酶活性促进芽孢萌发，或者通过增加芽孢衣渗透性使萌发剂进入芽孢(Keynan et al. , 1964)。后一种假设是首选，而且在研究嗜热细菌芽孢时被证实(Beaman et al. , 1988)。然而，到目前为止这个假设没有任何直接的证据可以证明。芽孢萌发已被证明受芽孢的年龄、培养温度等影响(Segev et al. , 2012)，而且“芽孢年龄”有类似于“热击”的作用。例如，长时间低温贮藏和在一定温度激活的芽孢具有相同的萌发效果(Lee & Ordal, 1963; Keynan et al. , 1964)，转变嗜热细菌芽孢的储存温度也发现有同样的效应(Foerster, 1983)，但新鲜制备的嗜热芽孢仍需要在 100℃下热击 10 min 才能激活萌发。

70 ~ 100℃的高温是否导致芽孢休眠仍然不清楚，本研究中嗜热脂肪地芽孢杆菌芽孢的情形符合导致芽孢休眠的结论(Finiley & Fields, 1962)，但有其他发现不符合这一结论(Beaman et al. , 1988)，这可能是由于菌株种类的特异性造成的。因此，考虑到并不需要热击作用，L 型缬氨酸就可以直接激活嗜热脂肪地芽孢杆菌 N(-)芽孢的快速萌发，甚至 30 min 后开始成长(图 3 - 7)，因为此时参与代谢过程的蛋白质丰度在显著增加(图 3 - 8)。然而，在相同的条件下，即使 L 型缬氨酸与其他萌发剂如肌苷结合的混合萌发剂刺激 S(-)芽孢数小时，这类芽孢的萌发也不能被激活，但它们却能在很短时间内触发 N(-)芽孢协同萌发(图 3 - 9)。N(-)芽孢的协同萌发与 AGFK 共同激活枯草芽孢杆菌萌发的结果一致，这也获得了另一发现的支持，即嘌呤核糖核苷和氨基酸能协同激活炭疽芽孢萌发(Setlow, 2003)。

事实上，N(-)芽孢在其他 L 型氨基酸作用下也可以萌发，甚至在高浓度 D 型缬氨酸作用下也可以萌发，虽然有些萌发剂类似物对芽孢萌发有抑制作用(Atluri et al. , 2006; Akoachere et al. , 2007)。然而，尽管多样化的芽孢在芽孢萌发时是不均一的，但无论是嗜热脂肪地芽孢杆菌 C(-)芽孢还是 S(-)芽孢都不能像N(-)芽孢萌发得一样快(Zhang et al. , 2010)。这个结果也契合之前C(-)芽孢或S(-)芽孢萌发缓慢的研究结论(Cheung et al. , 1982)，不完整的芽孢衣在一定程度上会降低芽孢萌发率。

3.3.2　各种化学处理后的芽孢萌发

嗜热脂肪地芽孢杆菌芽孢具有抵抗热和化学物质的特征，在许多年前也被作为生物指示剂使用(Dlugokenski et al. , 2011；Guizelini et al. , 2012)，但很少在文献中见到化学处理对芽孢萌发影响的研究。本研究分析了化学处理对芽孢萌发的影响和可能的机制，结果表明，化学处理后的芽孢被密封在一个壳体内，而且不管是否有L型缬氨酸或溶菌酶存在，它们的萌发都彻底被抑制（图3 - 10C 和图3 - 12）。这些结论与已有的研究相符，碱性戊二醛能彻底破坏芽孢衣表面，降低芽孢萌发率，如同进行长时间的超声处理(Cheung et al. , 1998；Tennen et al. , 2000；Setlow, 2006, 2008)，表明碱性戊二醛通过交联芽孢衣蛋白从而防止化学物质，甚至低摩尔质量的分子，如L型缬氨酸等进入芽孢。这一发现也得到了其他研究预测的支持，认为碱性物质，如一定浓度的氢氧化钠可以协助戊二醛进入芽孢衣甚至皮层，并与内衣层蛋白交联，尽管并不清楚交联哪些蛋白(Gorman & Scott, 1980；Cheung et al. , 1998)，这些化学方法可以用于杀死细菌芽孢(Tennen et al. , 2000；Setlow et al. , 2002；Young & Setlow, 2003, 2004；Paul et al. , 2006；Setlow, 2006)。有研究认为碳酸氢钠同酸性氨基酸蛋白质残基的羧基反应可以改变芽孢结构，延长处理会令枯草芽孢杆菌芽孢衣各层分开，从而阻碍嗜热脂肪地芽孢杆菌的萌发(Cheung et al. , 1998)，然而，高浓度碱预处理的芽孢可以在适宜环境中重新萌发(Setlow, 2006)。因此，芽孢衣表面积的扩张作用将导致戊二醛吸收量的增加，从而造成对芽孢更大的杀伤性。现在有人提出戊二醛致芽孢失活效果的机制已经被解释，并应用于消毒和去污染(Retta & Sagripanti, 2008)。芽孢致死机制主要包括以下类型：①芽孢核心损失大量水分；②破坏芽孢外壳结构使化学物质进入；③对外源化学物质渗透率低的芽孢内膜的损坏；④DNA损伤，但是具体的机理仍不清楚。碱性戊二醛，已作为消毒剂被广泛用于去污过程，而且已经证明它可以进入芽孢衣和芽孢衣蛋白交联，甚至到达芽孢皮层阻碍外源性化学物质进入芽孢，从而抑制被营养或非营养萌发剂激活的芽孢萌发以杀死芽孢(Gorman & Scott, 1980；Tennen et al. , 2000)。

碱性SDS - DTT溶液已经普遍用于去除芽孢外层结构，从而从芽孢衣和芽孢外膜提取大部分蛋白质(Vary, 1973；paidhungat & Setlow, 2000)。在本研究中，去除芽孢衣后，嗜热脂肪地芽孢杆菌N(-)芽孢的L型缬氨酸萌发被抑制

(图 3 - 11)，表明有缺陷的芽孢表面在某种程度上萌发速率有所减缓。这一发现与其抑制蜡状芽孢杆菌芽孢萌发的结果一致(Kutima & Foegeding, 1987)，但不同于嗜热脂肪地芽孢杆菌 NGB101(Zhou et al. , 2013)、枯草芽孢杆菌和巨大芽孢杆菌芽孢(Vary, 1973; Paidhungat & Setlow, 2000)。一些芽孢杆菌去除芽孢衣的芽孢已经被证明可以加快野生型芽孢，甚至 gerP 突变菌株芽孢的渗透速度，以促进营养物的进入，进而有效地激活芽孢萌发(Behravan et al. , 2000; Carr et al. , 2010)。然而，在本研究中，SDS - DTT 的处理反而引起了芽孢萌发的缺陷。这种不一致的现象可以从两方面来解释：一个可能的原因是芽孢来自不同物种，它们的芽孢被 SDS - DTT 处理时移除的蛋白组分不同。另一种可能性是，去除芽孢衣的过程并不完全相同。第一种解释是最适合本研究的情形，因为去除某些芽孢衣蛋白如皮层裂解酶后，会抑制芽孢萌发(Vary, 1973)。

3.3.3 芽孢结构组分中的萌发相关蛋白

在本研究中，嗜热脂肪地芽孢杆菌芽孢的多层结构被分为几部分，并对其进行了鸟枪法蛋白质组学鉴定，此方法基于高效液相与质谱联用，已经被广泛用于芽孢蛋白质组的表征(Kuwana et al. , 2002; Wu et al. , 2008; Lawley, et al. , 2009; Abhyankar et al. , 2011)。尽管萌发相关蛋白在芽孢杆菌菌种中被大量发现，但在嗜热细菌如嗜热脂肪地芽孢杆菌中却很少被报道，迄今为止很少有相似的芽孢形成基因序列在嗜热脂肪地芽孢杆菌中与枯草芽孢杆菌中被发现(Onyenwoke et al. , 2004)。从 N(-)芽孢的三个片段的蛋白组中确定了潜在的萌发蛋白质，其中两类关键萌发蛋白质已经被鉴定，包括 SpoVA 蛋白质和皮层裂解酶，如 SleB、YaaH 和 CwlJ(表 3 - 2)，这个发现和已有的报道是一致的，即 SleB 存在于芽孢衣、皮层和内膜，同时 CwlJ 也被发现存在于芽孢衣中 (Setlow, 2003)。从而也可以推断出，CwlJ - GerQ 在和 SleB - YpeB 在芽孢萌发时参与皮层水解。事实上，这些蛋白质在芽孢萌发过程中负责一系列生物物理事件，包括一价阳离子和钙离子 - 吡啶二羧酸释放到芽孢中，皮层的水解和芽孢核心完全再水化(Setlow, 2003; Yi & Setlow, 2010)。除上述蛋白质外，其他参与芽孢萌发的蛋白质在分子水平上已经被鉴定，并且根据其序列列出了其在萌发过程的功能，包括：①芽孢萌发受体蛋白，它们可以识别特定的营养萌发剂；②GerD，它从受体蛋白传递萌发剂信号(Paredes - Sabja et al. , 2011)。

虽然蛋白质组学分析提供了萌发相关蛋白的信息，但这不足以发现嗜热脂肪地芽孢杆菌的 L 型缬氨酸萌发受体候选蛋白，毕竟尚未成功鉴定出芽孢中的受体蛋白和 GerD 蛋白。然而，这个结果也较为合理，由于受体蛋白在芽孢内的丰度非常低，所以使用凝胶蛋白质组学技术不足以发现受体蛋白。例如，枯草芽孢杆菌与每个芽孢有少于 40 个 GerBA 分子，相比之下每个芽孢大约有 1000 个 GerD

分子和 10000 个 SpoVA 分子（Paidhungat & Setlow, 2000; Griffiths et al., 2011; Paredes – Sabja et al., 2011）。

本研究的结果达到了预期，发现了两个赘余的皮层裂解酶，即 SleB 和 CwlJ，以及 GerQ 和 YpeB 的候选蛋白。一个 SleB、CwlJ 和 GerQ 在芽孢衣外衣层，而其他的 SleB 和 YpeB 出现在芽孢内膜。然而，基于凝胶电泳的蛋白质组学分析没能鉴定出任何芽孢组分的受体蛋白亚基和 GerD。芽孢杆菌和梭菌芽孢的萌发动力学研究被作为判断假定的受体蛋白的有效手段（Ireland & Hanna, 2002; Hornstra et al., 2006; Ramirez et al., 2010），但之前并没有系统描述嗜热脂肪地芽孢杆菌芽孢的萌发动力学的研究。在本研究中，芽孢萌发动力学数据为假定的萌发受体的存在提供了有力的证据（图 3 – 3），这些萌发受体响应进入到嗜热脂肪地芽孢杆菌芽孢中的 L 型缬氨酸。这个发现也与之前的研究相匹配，即 L 型缬氨酸也是枯草芽孢杆菌芽孢萌发的一种有效的营养萌发剂，并被萌发受体蛋白 GerA 所识别（Stewart et al., 2012; Korza & Setlow, 2013）。因此，假定响应 L 型缬氨酸的 GerA 类似萌发受体也存在于嗜热脂肪地芽孢杆菌芽孢中。

因为像 L 型缬氨酸一个单分子就可以触发嗜热脂肪地芽孢杆菌芽孢快速萌发，基于 L 型缬氨酸能与位于内膜的 GerA 结合并激活枯草芽孢杆菌芽孢萌发这一事实，假定受体蛋白存在于嗜热脂肪地芽孢杆菌芽孢中且负责结合 L 型缬氨酸（Korza & Setlow, 2013），因此，这些萌发相关蛋白的抗血清和/或抗体可用来获取更多萌发蛋白的信息。然而，未完成的嗜热脂肪地芽孢杆菌的基因组是一个限制因素，尽管这些萌发蛋白质的信息可以从嗜热脂肪地芽孢杆菌与嗜热菌 *G. kaustophilus* 的基因组序列比对中获得，其中前者是由 Oklahoma 大学发表的一份草图（w. genomehttp: //ww. ou. edu/）中获取的，而后者可以从 NCBI 数据库检索获得（http: //www. ncbi. nlm. nih. gov/）。这两个菌种在遗传学上密切相关，而且都是嗜热产芽孢细菌（Nazina et al., 2001），因此萌发蛋白预期可以从嗜热菌数据库发现以确定其在嗜热脂肪地芽孢杆菌中，然而，不管在嗜热脂肪地芽孢杆菌还是在嗜热菌中，所有的萌发蛋白均没有有效的抗血清和/或抗体。

幸运的是，芽孢杆菌物种间有相似的保守氨基酸序列（Zhou et al., 2013），从文献中获知 Setlow 团队有枯草芽孢杆菌芽孢萌发蛋白抗血清（Ghosh et al., 2012; Korza & Setlow, 2013），故在本研究中将其用于尝试识别嗜热脂肪地芽孢杆菌的同源蛋白。免疫印迹分析结果表明，枯草芽孢杆菌的抗 GerAA 和从嗜热脂肪地芽孢杆菌内膜提取的蛋白质没有反应，这是因为两个物种中不存在 GerA 亚基的保守序列。值得高兴的是，其他萌发蛋白的抗血清包括 GerD、SpoVAD、SleB 和 YpeB 是有效的（图 3 – 14），表明这些萌发蛋白存在于嗜热脂肪地芽孢杆菌内膜，因此也存在一个假定的萌发受体亚基 GerAC（图 3 – 15）。

3.3.4 芽孢表面的完整性有助于芽孢快速萌发

本研究表明不同营养缺陷型芽孢均表现出抗溶菌酶的特性，表明芽孢最外层是对抗溶菌酶的重要屏障，而内衣层可以有效阻止溶菌酶，SDS – DTT 处理实验也能更好地验证这一结果。如图 2 – 15 所示，透射电子显微镜结果表明，未经处理的嗜热脂肪地芽孢杆菌芽孢核心是由芽孢衣和类囊孢外壁环绕，多层内衣结构和电子致密的外衣层组成的芽孢衣结构(图 2 – 15D 和 G)。但是经 SDS – DTT 处理后，围绕芽孢的大部分孢外壁和致密外衣层结构遭到移除，表明外层蛋白质是很容易被提取的(图 2 – 15E 和 F)。这些经处理过的有缺陷的芽孢，特别是预处理过的 N(–)芽孢，不能像未处理的芽孢那样迅速萌发(图 3 – 11A)，表明在芽孢萌发时芽孢表面结构起重要作用。这一现象也在其他芽孢杆菌菌种中被发现(Moir, 1981; Kutima & Foegeding, 1987; Bourne et al., 1991; Driks 1999; Ozin et al., 2001; Cheung, 2008)，但芽孢衣蛋白的功能难以通过显微镜进行实时观测，即使是用荧光探针构建的 F 芽孢去跟踪萌发时芽孢衣蛋白的动态改变 (Ferencko & Rotman, 2010)。

值得注意的是，通过各种处理手段除去或密封芽孢衣后，原本有 L 型缬氨酸存在的萌发正常的芽孢不能被激活萌发或与之前萌发速度一样快。这个现象进一步证明了完整的芽孢衣在芽孢萌发，特别是在营养萌发剂激活芽孢萌发时发挥重要作用。芽孢衣的去除导致 N(–)芽孢萌发缓慢的原因，可能是由于芽孢衣移除造成了关键蛋白质的不足，例如芽孢水解皮层的 CwlJ 和 SleB 蛋白。由碱性 SDS – DTT 提取的可溶性芽孢衣蛋白已经被鉴定，的确包含了 YaaH、CwlJ 和 SleB 这三种皮层裂解酶。SleB 和 YaaH 在芽孢衣和芽孢内膜中被发现，而 CwlJ 仅在芽孢衣中发现(Chirakkal et al., 2002)，所以在去除芽孢衣后，来自芽孢衣的部分 SleB 和大多数 CwlJ 被去除。由于 SleB 和 CwlJ 在肽聚糖的水解中发挥了重要功能，所以去除芽孢衣会导致芽孢萌发缺陷。枯草芽孢杆菌的 cwlJ、sleB 双重突变型芽孢无法通过萌发过程(Setlow, 2003)，但巨大芽孢杆菌的 sleB、cwlJ 双重突变型菌株有效地补足了 sleB 基因后可以水解肽聚糖皮层，表明 sleB 可以水解芽孢皮层 (Christie et al., 2010b)。

同样的结果出现在所有嗜热脂肪地芽孢杆菌营养缺陷型芽孢上，虽然它们表面具有不均一性，但大体上它们还是完整的并且能够抵抗溶菌酶的入侵。然而，在使用 L 型缬氨酸作为萌发剂时，C(–)和 S(–)芽孢的萌发速度比 N(–)芽孢慢，这很可能是由前两种类型芽孢的结构不完整造成的。原子力显微镜观察结果表明，N(–)芽孢表面排列有规则的颗粒，而 S(–)芽孢表面的颗粒不仅排列不规则而且大小不均一(图 2 – 15A 和 C)。此外，N(–)芽孢具有类毛发状孢外壁结构，然而 S(–)芽孢却没有发现这样的超微结构(图 2 – 15G 和 I)。上述假设也得到了芽孢快速萌发需要芽孢具有完整性这一发现的支持(Cheung & Brown, 1985; Cheung, 2008)。假定表面结构被蛋白质组成成分所影响，但是从凝胶蛋白质组学分析结果来看，从 S(-)芽孢外层鉴定的蛋白质比从 N(-)芽孢外层鉴定的更多，只是候选芽孢衣蛋白丰度差异并不显著。因此，本研究预测，芽孢萌发与芽孢表面超微结构密切相关，而不仅是蛋白质的组成成分，还包括其装配。事实上，有一些不能被碱处理提取的非可溶性交联蛋白，与其他芽孢衣蛋白构建了一个完整的功能结构(Setlow, 2012)。Tgl 需要底物如 CotM 去构建芽孢衣蛋白(Henriques et al., 1997)，它在芽孢衣成熟过程中起重要作用，因为它控制可提取性的蛋白质，其中一个蛋白是 GerQ，可以指导皮层裂解酶 CwlJ 到达芽孢衣。因此，在某种程度上，Tgl 决定了芽孢衣的结构(Zilhão et al., 2005)。不幸的是，在芽孢所有组分中没有鉴定到这种蛋白质。

然而，表面不完整的芽孢不如完整的芽孢萌发得好。例如，无论是 cotE 还是 cotH/cotT 的突变体在芽孢萌发时都是有缺陷的，同时它们的芽孢衣也是有严重缺陷的(Aronson & Fitz - James, 1975; Bourne et al., 1991; Okugawa et al., 2012)。当 cotE 和 gerE 同时突变时，枯草芽孢杆菌突变菌株芽孢萌发比野生型芽孢慢(Ghosh et al., 2008)。一些有关芽孢形态形成的芽孢衣蛋白，如有穴蛋白结构的 ywcE 蛋白在芽孢萌发过程发挥了一定作用，而缺乏外衣层 ywcE 的突变体芽孢不能有效地萌发(Real et al., 2005)。在芽孢萌发时不同的芽孢衣蛋白有不同的功能，包括芽孢衣装配、渗透性和/或芽孢萌发。例如，参与芽孢衣形成和芽孢萌发的蛋白质 GerP，如果 GerP 操纵子被删除，GerP 突变体芽孢萌发将受到阻碍(Behravan et al., 2000)。遗传学研究表明，在炭疽芽孢杆菌中由于硬皮层的退化使 cwlJ 和 sleB 双突变菌株芽孢萌发比野生菌株更慢(Heffron et al., 2010)。

3.3.5　萌发蛋白质的水平

虽然表面结构缺陷是 S(-)芽孢比 N(-)芽孢萌发慢的可能原因之一，但在两种类型的芽孢中外层的萌发相关蛋白水平差异不显著，因此这不足以解释为什么 N(-)和 S(-)芽孢的萌发率显著不同。为了进一步解释这个问题，采用二维凝胶蛋白质组学技术来确定蛋白质水平的差异是否造成了萌发率的不同。二维凝胶电泳技术已经广泛应用于芽孢的蛋白质组学分析(Lai et al., 2003; Huang et al., 2004; Delvecchio et al., 2006; Mao et al., 2011)，然而由于芽孢表面的主要大分子是蛋白质，具有高度交联的分子结构而耐受化学药品的破坏，所以很难提取全部的芽孢蛋白(Henriques & Moran Jr, 2007)。

因此，本研究将内膜蛋白单独进行了基于二维凝胶电泳的蛋白质组学分析。发现 Ger(x)C 在 N(-)芽孢内膜的水平比 S(-)芽孢的高，但差异水平不显著

(表3－2)。许多蛋白质像ABC转运蛋白的氨基酸在N(－)芽孢中也是较高水平的，然而还未被证明是属于至关重要的萌发蛋白，但是有报道认为，ABC转运蛋白是脂蛋白，属于萌发受体蛋白。例如，GerAB已被确定属于单组分氨基酸/聚胺/有机金属阳离子的膜转运蛋白超家族，而GerAC被预测是一个脂蛋白(Hudson et al., 2001)。N(－)芽孢中SpoVT的水平比S(－)芽孢更高，它是另一个潜在的芽孢萌发相关蛋白，虽然机制还不是很清楚，据报道SpoVT负责调节一些萌发蛋白的表达(Ramirez－Peralta et al., 2012a)。除了以上特异的蛋白质，对N(－)和S(－)芽孢中其他的蛋白质也进行了鉴定(表3－2)，但此类蛋白水平无显著差异。它们中的大多数已被确定为ABC转运蛋白，包括支链氨基酸、谷氨酰胺、铁化合物和寡肽ABC转运蛋白，这些也存在于芽孢的外衣层中(表3－2)。这并不奇怪，因为芽孢转运蛋白在细胞和它们的生物圈之间运输小分子和/或阳离子，在芽孢中也一样。

基于以前的研究结果(Ghosh et al., 2012；Stewart et al., 2012)，本研究预测可能是营养缺陷型芽孢中参与芽孢萌发的蛋白质水平不同导致了芽孢萌发率的不同。因此，为了确定芽孢萌发过程中的重要蛋白质，要采用一些更具特异性的方法，如用免疫印迹法来分析N(－)和S(－)芽孢中这类蛋白质的存在和水平差异，为进一步解释萌发率的不同提供证据。

本研究用Setlow团队提供的所有可用的抗枯草芽孢杆菌萌发蛋白抗血清去测试嗜热脂肪地芽孢杆菌N(－)和S(－)芽孢的萌发蛋白是否存在及其表达水平(图3－14)，以试图解释芽孢萌发率不同的原因。目前，除了GerAC，还没有其他关于受体蛋白亚基的任何信息，包括GerAA、GerAB和其他萌发受体蛋白，所以只是制备了GerAC抗体并用于检测(图3－15)。本研究测定了嗜热脂肪地芽孢杆菌N(－)和S(－)芽孢萌发蛋白的水平，包括GerAC、GerD、SpoVAD、SleB和YpeB。N(－)芽孢的GerAC水平比S(－)芽孢高1.5倍，而其他萌发蛋白的水平没有显著差异(表3－3)，表明较高水平的GerAC是萌发率高的决定因素。这一发现与以前报道的低水平的特异受体蛋白会导致芽孢低萌发率几乎是一致的(Ghosh & Setlow, 2009；Ghosh et al., 2012；Ramirez－Peralta et al., 2012b；Stewart et al., 2012)。

尽管发现其他萌发蛋白的水平没有差异，但在本研究中N(－)和S(－)芽孢间GerAC和GerD的水平差异不如那些营养丰富和贫乏培养基制备的芽孢间显著(Ramirez－Peralta et al., 2012b)，却与在休眠芽孢与超休眠状态芽孢间的差距一样显著(Ghosh et al., 2012)。SleB和YpeB水平在N(－)与S(－)芽孢间没有差异，这与在萌发率不同芽孢间SleB和YpeB水平相同的发现一致(Ghosh et al., 2012；Ramirez－Peralta et al., 2012b)。虽然更多像CwlJ的蛋白质参与芽孢萌发过程，但它们的抗血清目前无法获取(Korza & Setlow, 2013)，据预测，它们的水平也并不决定萌发率(Ramirez – Peralta et al. , 2012b)。

回顾芽孢形成培养基对芽孢形成和萌发的影响，值得指出的是在芽孢形成与萌发之间可能存在一定的关系。芽孢受体蛋白水平下降的超休眠芽孢在营养贫乏的培养基中的产量比受体蛋白水平增加的休眠芽孢在营养丰富的培养基中的产量更高(Ghosh et al. , 2012)，原因可能是：前者有较低的芽孢产量但是有较高的 GerAC 水平，而后者恰恰相反，然而 GerAC 在 N(–)和 S(–)芽孢之间水平的差异不像以前研究中的那样明显(Ramirez – Peralta et al. , 2012b).

3.3.6　心磷脂水平

本研究同样分析了嗜热脂肪地芽孢杆菌细胞和芽孢中含有的磷脂分子种类和水平。嗜热脂肪地芽孢杆菌已被广泛用于测定由高温引起的亲脂性化合物的膜扰动效应，因为高温可以降低污染的风险，特别是能将 PLs、PGs 和 PEs 转变成 CLs (Card, 1973)。本研究的结果与以往发现在细菌细胞膜上存在高丰度 PEs 和 PGs 的结果是一致的，细菌中 PEs 是最丰富的磷脂，其次是 PG，而不存在其他磷脂 (Giddena et al. , 2006)。细胞进入稳定期后，细胞膜上的心磷脂尤其丰富(Kawai et al. , 2004)。因此，芽孢成熟后，PEs 和 PGs 合成 CLs 并在芽孢中积累。然而，芽孢覆盖有蛋白质的外衣和肽聚糖皮层，它们抑制化学物质穿过芽孢，所以 B&D 法可以直接从细胞中提取磷脂而不能直接从芽孢中提取。幸运的是，去除芽孢衣和溶菌酶处理后，通过 NAO 荧光指示法可获得芽孢中心磷脂的含量(图3 – 18C)。通过与已公布光谱数据比较，确定了芽孢中的几十种心磷脂，包括葡萄糖心磷脂 (图 3 – 20B，表 3 – 6)，其中有些与已有发现的种类一致(Beckedorf et al. , 2002; Schäffer et al. , 2002; Garrett et al. , 2012)。虽然在细胞和芽孢中能发现几乎相同种类的 PEs 和 PGs(图 3 – 17A，3 – 19A)，但在芽孢中它们的水平相对降低而心磷脂的水平有所增加，这与之前发现芽孢形成期间心磷脂增加的结果一致(Kawai et al. , 2004)。此处却有一个问题：心磷脂的预先增加是为了某件事情发生做准备吗？如果是，那只可能是芽孢萌发。

事实上，有直接证据表明心磷脂参与了芽孢萌发。在心磷脂合成酶缺失的大肠杆菌和枯草芽孢杆菌细胞中无法发现心磷脂的存在(Kawai et al. , 2004; Tan et al. , 2012)。此外，心磷脂合成酶缺失造成枯草芽孢杆菌芽孢中心磷脂的减少，并因此阻碍了依靠 GerA 的芽孢萌发，这表明心磷脂功能与芽孢萌发有关(Kawai et al. , 2006)。为了验证心磷脂水平是否决定萌发率的推断，本研究从 N(–)和 S(–)芽孢中提取心磷脂，利用 MALDI – TOF MS 和 NAO 来量化比较两者之间的水平。然而，心磷脂水平在N(–)和 S(–)芽孢中没有明显差异(图 3 – 20)，因此该数据不能为上述问题提供答案。

3.4 本章小结

本章主要研究了氨基酸等萌发剂对激活芽孢萌发的影响，萌发动力学数据显示：一些L型氨基酸，尤其是L型缬氨酸，能够触发嗜热脂肪芽孢杆菌的N(－)芽孢迅速萌发，萌发速率与L型缬氨酸浓度之间的关系遵从Michaelis－Menten模型。具体来说，芽孢中含有推定的萌发受体蛋白GR(s)，很可能是类似GerA的萌发受体。但是，L型缬氨酸触发C(－)芽孢和S(－)芽孢萌发的速率比N(－)芽孢慢很多。S(－)芽孢看上去似乎处于超休眠状态，因为即使加入L型缬氨酸孵育2 h，它们也根本不能萌发。同样地，碱性戊二醛预处理法可以整体上抑制N(－)芽孢的萌发，而去除芽孢外衣结构的N(－)芽孢比完整的N(－)芽孢萌发得慢。由此可以得出一个结论：不同营养缺陷型芽孢有不同的萌发速率，但去除外层结构的芽孢在加入溶菌酶后可以迅速萌发。

研究结果与研究假设一致，即萌发受体蛋白GerA会对L型缬氨酸做出反应，通过免疫印迹蛋白分析，GerAC被鉴定为嗜热脂肪芽孢杆菌芽孢内膜的候选萌发受体蛋白。研究还发现了其他存在于嗜热脂肪芽孢杆菌芽孢内膜的萌发相关蛋白，包括GerD、SpoVAD、SleB和YpeB等。除了CwlJ和GerQ外，在外层结构组分中还鉴定了SleB的存在。这些结果可以支持L型缬氨酸作为嗜热脂肪地芽孢杆菌芽孢的萌发剂的论断。

与此同时，本章鉴定了嗜热脂肪地芽孢杆菌中磷脂和心磷脂的种类，并确定了在N(－)和S(－)芽孢中心磷脂水平是否有差异。选取DAN为MALDI的有效基质，利用质谱仪联合分析细胞或芽孢中的磷脂，并对它们的磷脂组分进行比较与分析。结果显示，磷脂中PE和PG的种类很多，同时发现了大量PE衍生物。随后，为了有效地从芽孢中提取心磷脂，通过荧光染料NAO追踪了心磷脂的位置。结果表明，去除芽孢衣并用溶菌酶处理芽孢后，心磷脂主要在芽孢内。为验证芽孢中心磷脂水平是否影响了芽孢萌发率，对心磷脂进行了相对量化与比较。研究发现，除GerAC潜在萌发受体蛋白在N(－)芽孢中的水平比S(－)芽孢更高之外，这些萌发相关蛋白的表达水平在两者间没有显著区别。值得肯定的是，虽然N(－)与S(－)芽孢之间心磷脂水平差异不显著，但是对磷脂的分析，尤其是对心磷脂组分的确认，为研究它们在芽孢萌发中的作用提供了初步认识。

第 4 章　离子化合物对芽孢性质的影响

4.1　引言

氟是最小的带负电的卤离子，毫摩尔每升浓度的氟能够抑制细胞内某些酶，并与有重要作用的二价金属离子结合，对细菌细胞造成毒性。在酸性环境下，由于氟离子能够与质子结合形成氟化氢，从而能够跨膜进入胞内降低胞质中的 pH，进而增加氟离子的毒性(Stockbridge et al.，2013)。为了抵抗氟离子的毒性，生物通过进化的防御措施来应对这种普遍存在的离子。虽然这些防御机制并未被完全解释，但在原核细胞和真核细胞中发现了有些编码氟离子输出蛋白的基因 crcB 和 FEX（Baker et al.，2012；Breaker，2012；Li et al. 2013；Stockbridge et al. 2012，2013，2015；Macdonald and Stockbridge，2017）。

包括苏云金芽孢杆菌(B. thuringiensis)在内的许多细菌的芽孢含有一层外部结构，即芽孢外衣，它能够阻止大分子进入芽孢内层（Bozue，et al. 2016）。然而，对于大多数形成芽孢的菌种而言，特别是对于带电荷的分子量来说，芽孢衣是第一道对抗外来分子(分子量 > 10 kDa)入侵的防线，内膜是防止小分子量(分子量 < 100 Da)的主要防线（Setlow，2006，2014；Driks and Eichenberger，2016）。令人吃惊的是，苏云金芽孢杆菌芽孢能够积累大量的氟离子(Ghosal et al. 2010)，目前的文献尚未报道氟离子对芽孢的作用，也未揭示氟离子是如何进入和输出芽孢的。YhdU 蛋白很可能是参与枯草芽孢杆菌生长细胞输出氟离子的重要蛋白，因为已经在很多细菌菌种中发现 YhdU 的同源蛋白的功能是输出氟离子(Nicolas et al. 2012；Stockbridge et al.，2013；Ji et al.，2014)。考虑到在芽孢杆菌菌种中并没有进行这项研究，我们提出了以下合理的研究假设：YhdU 蛋白在芽孢杆菌菌种的生长细胞及芽孢中同样有阻止氟离子积累的作用。本章的主要目标包括以下三方面研究：①缺失 YhdU 蛋白对枯草芽孢杆菌菌种细胞生长、芽孢萌发和生长的影响；②氟离子进出芽孢杆菌野生菌株及 YhdU 突变菌株芽孢的速率；③氟离子对芽孢萌发及耐热等生物学特性的影响。

4.2 结果

4.2.1 氟离子抑制细胞生长及芽孢萌发

前期研究表明，包括芽孢杆菌在内的细菌携带编码氟离子输出蛋白的基因，这类基因编码的蛋白能够阻止氟离子在细胞内的超积累，从而减少它的潜在毒害作用(Baker et al. , 2012；Nicolas et al. , 2012；Stockbridge et al. , 2012)。虽然基于氨基酸序列相似性发现，枯草芽孢杆菌中也含有可能编码氟离子输出蛋白的基因 yhdU (Nicolas et al. , 2012)，但未曾有对这类蛋白在枯草芽孢杆菌中作用的研究。与 yhdU 基因位于同一操纵子的 yhdV 基因也被注释，它具有类似氟离子输出蛋白的功能。因此，本研究检测了对氟离子敏感的 yhdU 和 yhdV 突变菌株细胞的生长，以及与它们在同一操纵子处于首位的 yhdW 突变菌株细胞的生长(图 4-1)。当把这些菌株放在不含氟离子的培养基中培养时，yhdU 和 yhdV 突变菌株的生长比野生菌株的生长稍微慢一点。当细菌生长到对数期时，培养基中加入 1 mmol/L 的氟化钠会完全抑制这两株突变菌株的生长，而野生菌株及 yhdW 突变菌株的生长不受影响。然而，被抑制的突变菌株细胞并没有死亡，因为当这些细胞用培养基洗过，培养 20 min 后依然可以重新生长。这些发现与氟离子对其他菌株的生长影响相吻合(Stockbridge et al. , 2012)，表明 yhdU 和 yhdV 蛋白在阻止氟离子在枯草芽孢杆菌生长细胞中的累积作用中发挥重要作用，可以减少氟离子对细胞生长的影响。通过分析上述结果，又提出一个显而易见的问题：氟离子对芽孢萌发是否有抑制作用，是否与之前的研究结果一样(Powell & Hunter, 1955)。

为了检测氟离子是否影响芽孢萌发以及 yhdU 蛋白是否有减少氟离子影响的功能，对野生菌株及 yhdU 突变菌株芽孢 pH 分别为 6.5 和 5.5，以及在不同氟离子浓度条件下进行了缬氨酸芽孢萌发实验，芽孢萌发的速率是通过测定吡啶二羧酸钙的流出计算得到的。结果表明(图 4-2)，在不同 pH 条件下，氟离子都能显著抑制芽孢萌发，pH 为 5.5 时抑制作用更强。在 pH 为 6.5 时，虽然低浓度氟离子能够刺激芽孢萌发，但萌发速率增加不明显($p>0.05$)。抑制芽孢萌发的最低氟离子浓度为 10 mmol/L，较高浓度时，氟离子对野生菌株与 yhdU 突变菌株的抑制作用近似 (图 4-2C、D)。然而，在 pH 为 5.5 时，yhdU 突变菌株芽孢萌发比野生菌株的更容易受氟离子的影响(图 4-2A、B)。上述结果表明，氟离子能够抑制枯草芽孢杆菌芽孢萌发，特别是在酸性环境下，而且 yhdU 至少是在 pH 为 5.5 时才能够减轻氟离子的抑制作用。

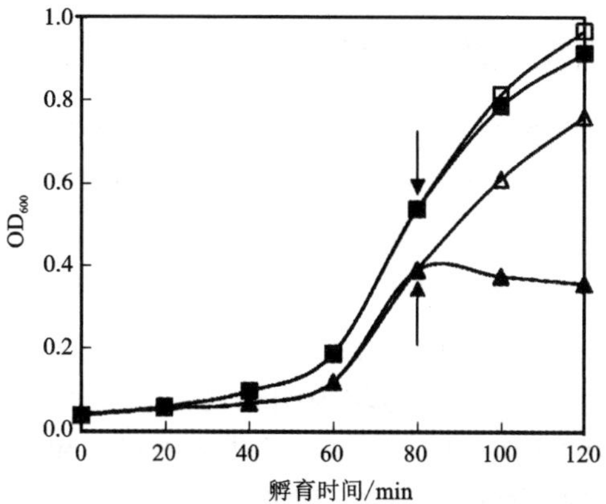

图 4－1　氟化钠对芽孢杆菌野生菌株与 yhdU 突变菌株细胞生长的影响

芽孢杆菌菌株 37℃下在 pH 为 5.5 的 LB 培养液中生长，通过检测 OD_{600} 绘制生长曲线。细胞培养 80 min（箭头所示），野生菌株（■、□）和 yhdU 突变菌株(▲、△）分成两部分，其中一部分什么也不添加(□、△)，另一部分添加 1 mmol/L 的氟化钠（■、▲）。

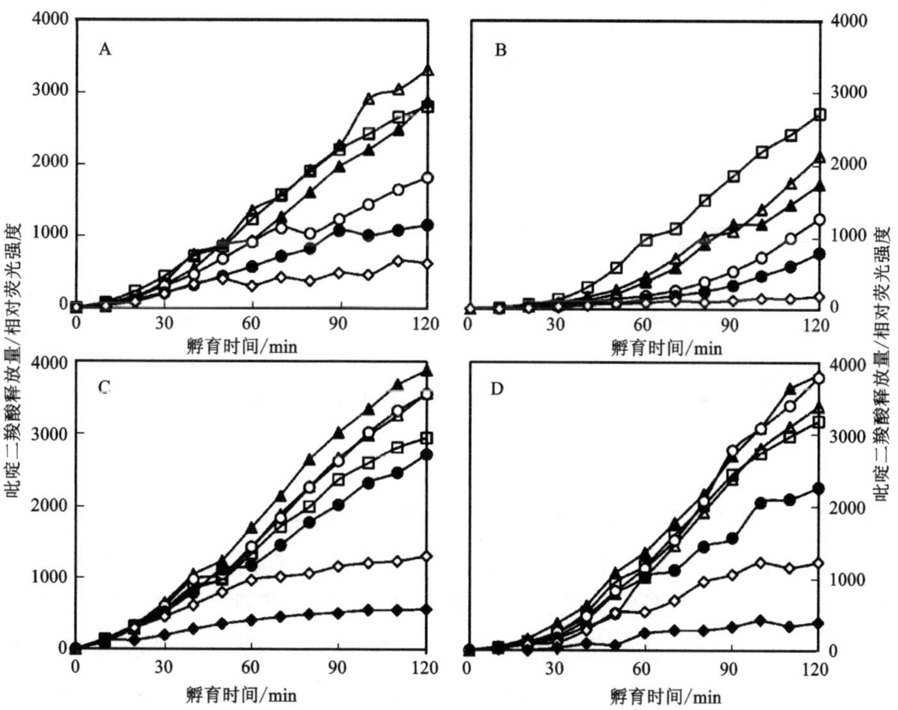

图 4－2　氟化钠对芽孢杆菌芽孢萌发的影响

L 型缬氨酸作为芽孢萌发剂，枯草芽孢杆菌野生菌株(A、C)和 yhdU 突变菌株(B、D)芽孢在分别在 pH 为 5.5（A、B)和 pH 6.5（C，D)缓冲液中，与不同浓度的氟化钠[0(□)、1 mmol/L(△)、2 mmol/L(▲)、5 mmol/L(○)、10 mmol/L(●)、20 mmol/L(◇)、40 mmol/L(◆)]孵育。芽孢萌发通过实时测定吡啶二羧酸钙流出的量进行检测。

4.2.2 氟离子进入芽孢的动力学

研究发现氟离子能够进入芽孢内，而且是进入到芽孢核心区域（Weber et al.，2009；Ghosal et al.，2010），但是还没有有关氟离子进入芽孢的动力学、吸收量以及影响因素等详细的报告。因此，在23℃，pH 为4.5～6.5 条件下，将枯草芽孢杆菌野生菌株、yhdU 突变菌株及缺失大部分芽孢外衣的 PS4150 菌株、缺失所有吡啶二羧酸钙的 FB122 菌株的芽孢与 40 mmol/L 的氟化钠孵育 6～48 h，期间在相差显微镜下观察所有的芽孢均为明亮色，且原有的吡啶二羧酸钙并未流失。与氟离子孵育后的芽孢经离心润洗后除去表面残留和其他小分子物质，通过核磁共振技术检测芽孢内氟离子的量（图4－3）。

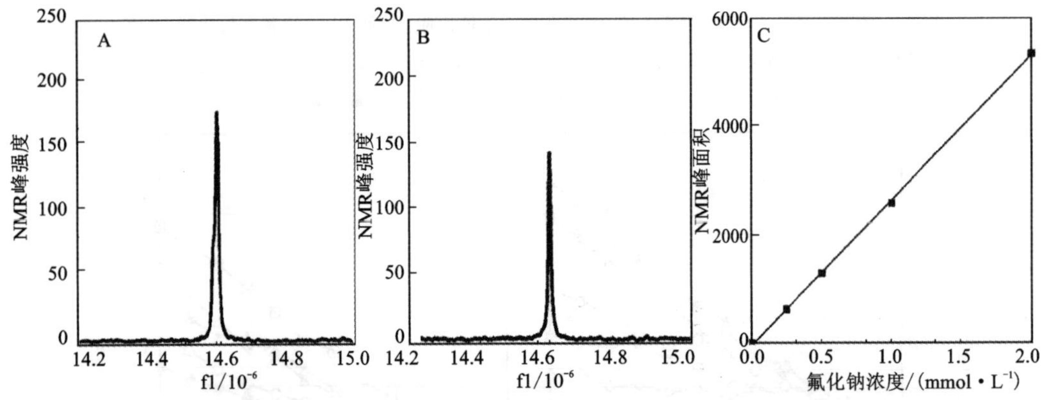

图4－3 氟化钠标准溶液及与氟化钠孵育后枯草芽孢杆菌芽孢提取物的^{19}F NMR 光谱

A. 600 μL 的标准氟化钠(1 mmol/L)溶液进行^{19}F NMR 检测后的光谱；B. 600 μL 的枯草芽孢杆菌野生菌株芽孢的提取物^{19}F NMR 检测后的光谱；C. 600 μL 的不同浓度氟化钠的^{19}F NMR 光谱峰面积与氟化钠浓度间的标准曲线。

很显然，进入芽孢的氟离子的量在 pH 为4.5 时最高，显著高于 pH 为5.5 和 pH 为6.5 时的量，在孵育48 h 后达到最大值，之后一直到72 h 并没有增加（图4－4）。实际上进入到野生菌株，yhdU 和 PS1450 突变菌株的氟离子的量基本相同，吸收的动力学特点也相似（图4－4）。野生菌株与缺失芽孢外衣的 PS1450 突变菌株相同的氟离子吸附量，表明大多数氟离子是被吸入到芽孢核心区域，这一点也与之前的发现一致（Weber et al.，2009；Ghosal et al.，2010）。由此，也能够计算出芽孢吸入可溶解的氟离子的量，并且发现孵育48 h 后缺失吡啶二羧酸钙的 FB122 突变菌株的芽孢内氟离子的量比其他枯草芽孢杆菌菌株芽孢的多30%～60%（表4－1）。

为了更好地探索芽孢吸收氟离子的动力学规律，在 pH 为4.5 时对枯草芽孢

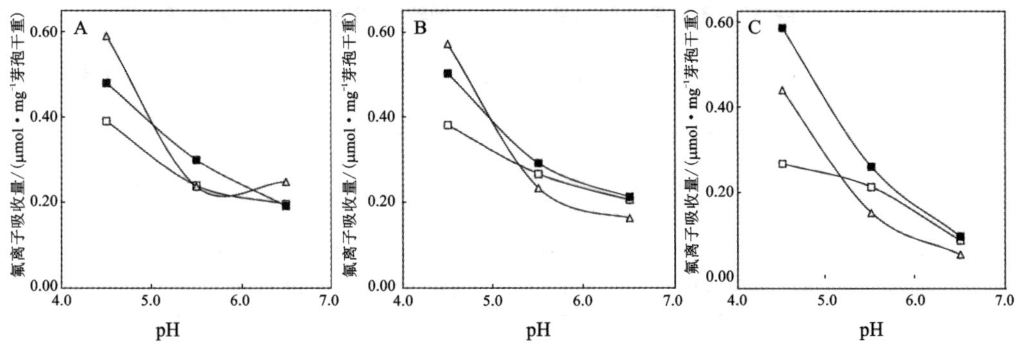

图 4－4　pH 对枯草芽孢杆菌芽孢吸收氟离子量的影响

在 pH 为 4.5、5.5 和 6.5 条件下，枯草芽孢杆菌野生菌株(A)、yhdU 突变菌株(B)和 PS4150（C）芽孢分别与氟化钠(40 mmol/L)在 23℃ 孵育 6 h(□)、24 h(■)和 48 h（△）。芽孢提取物用[19]F NMR 检测，通过图 4－3C 标准曲线计算芽孢吸收氟离子的量。

杆菌野生菌株、yhdU 和 PS4150 突变菌株及蜡样芽孢杆菌菌株芽孢进行测定(图 4－5)。结果表明，虽然经 48 h 后，吸收氟离子的量有所下降，但是所有芽孢吸收氟离子的量呈时间依赖性，而且野生菌株和 yhdU 突变菌株芽孢吸收氟离子的动力学规律基本相同。虽然这三种菌株的芽孢吸收氟离子的最大量差别不大，但是 PS4150 突变菌株芽孢在初始阶段吸收氟离子的量较野生菌株慢(图 4－5A，表 4－1)。蜡样芽孢杆菌芽孢与 PS4150 芽孢吸收氟离子的动力学类似，吸收氟离子的最大量也与其他枯草芽孢杆菌芽孢相似(图 4－5A，表 4－1)。

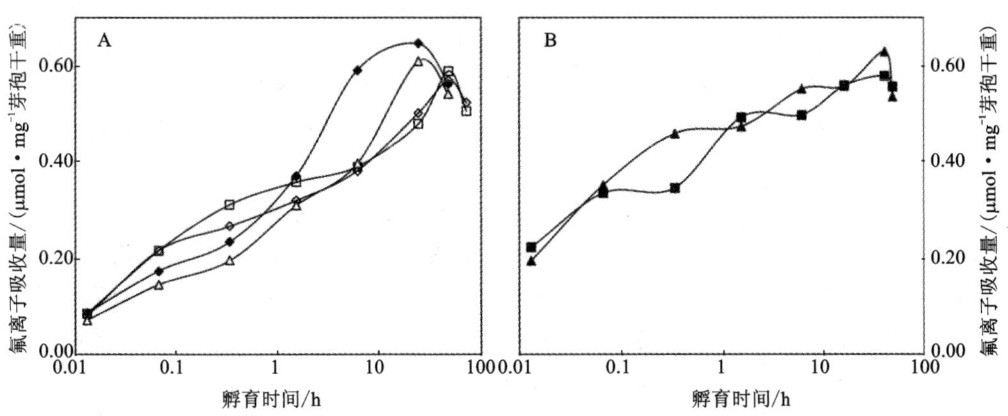

图 4－5　孵育时间对芽孢杆菌芽孢吸收氟离子量的影响

枯草芽孢杆菌(A) 野生菌株（□)、PS4150（△)、yhdU（◇)突变菌株和蜡样芽孢杆菌 T（◆)芽孢，以及(B)化学法去除芽孢衣的枯草芽孢杆菌野生菌株（■)和 PS4150（▲)突变菌株芽孢在 23℃ 与氟化钠(40 mmol/L，pH 为 4.5)孵育，通过[19]F NMR 检测芽孢吸收氟离子的量。

表 4－1　芽孢杆菌不同菌种(株)芽孢与氟化钠孵育 48 h 后芽孢内氟离子的量

芽孢			枯草芽孢杆菌				蜡样芽孢杆菌
菌株	野生型	yhdU	cotE gerE	wild－type (dc)†	cotE gerE (dc)†	FB122 §	野生型
氟离子浓度 /(mol·L^{-1})	2.57 ±0.09	2.48 ±0.11	2.02 ±0.10	2.45 ±0.15	2.36 ± 0.18	3.31 ±0.21	2.34 ± 0.13

前期研究表明，芽孢外层结构对外部小分子的进入具有很强的阻碍作用，即使并不清楚这个外层结构是不是外膜蛋白(Buchanan & Neyman，1986)。枯草芽孢杆菌野生菌株和缺失大部分芽孢外衣结构的 PS4150 突变菌株芽孢被化学法移除外层结构，然后暴露于氟化钠中一段时间，最后检测氟离子进入芽孢的量(图 4－5B)。化学法移除外层结构的芽孢对氟离子的吸收类似于野生菌株，芽孢内具有相同的氟离子的量（表 4－1)，但是移除外部结构的芽孢一开始吸收氟离子的速度明显快于野生菌株的吸收速度($p<0.01$)，表明这些移除的外部结构的确是芽孢的屏障，阻止了小分子进入芽孢内部。

4.2.3　负载氟离子芽孢的性质

在孵育 48 h 至 72 h 后，大量氟离子充满芽孢，问题是这些储存氟离子的芽孢的性质是否会改变。对负载氟离子的芽孢在 LB 培养基上培养，并进行存活率分析。结果表明，野生菌株与氟离子输出蛋白 yhdU 突变菌株的存活率基本相同。然而，氟离子的积累造成所有芽孢的抗热性能明显下降（图 4－6)。虽然长时间在 pH 为 4.5 的缓冲液中孵育的芽孢抗性比在水中的有所降低，但是积累氟离子的芽孢抗湿热的能力更弱。

为进一步检验氟离子积累对芽孢的影响作用，野生菌株及氟离子输出蛋白 yhdU 突变菌株芽孢首先与 40 mmol/L 的氟化钠孵育 24 ~ 72 h，然后经润洗、离心得到负载氟离子的芽孢。得到的芽孢再与 LB 液体培养基，在 37℃，pH 为 7.0 条件下孵育，每隔一定时间检测波长 600 nm 处的吸光度（图 4－7)。通过检测吸光度变化可以得到芽孢萌发速率，因为芽孢萌发时吡啶二羧酸钙流出芽孢导致吸光度不断下降，然后经过出芽生长阶段，此时吸光度变化不大，接下来是吸光度的增加，反映出新的细胞开始生长繁殖。结果表明，野生菌株芽孢在有无添加氟离子时的吸光度变化基本相同(图 4－7A)。然而，跟没有与氟化钠孵育的芽孢相比，与 40 mmol/L 的氟化钠孵育 24 ~ 72 h 后的 yhdU 突变菌株芽孢，在萌发的前 30 min 内吸光度没有下降（图 4－7B)。另外，虽然与氟化钠孵育 24 h 的突变菌

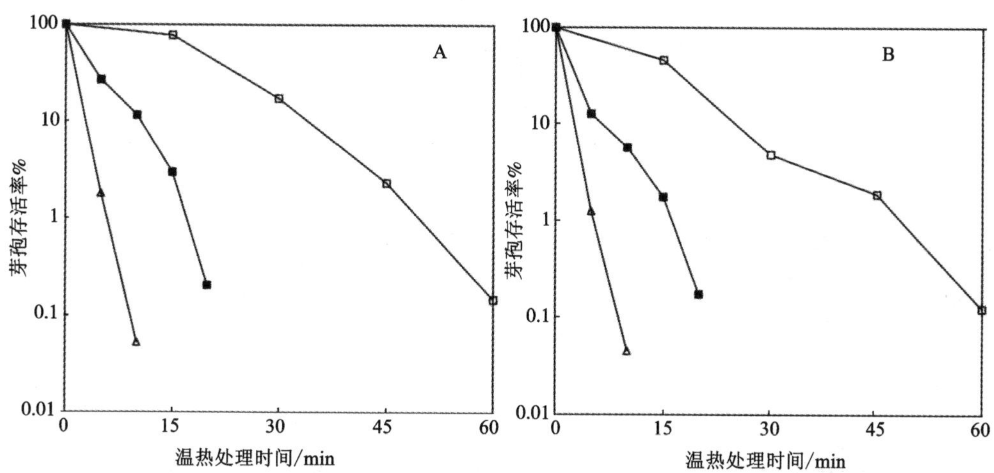

图 4－6　负载氟化钠对枯草芽孢杆菌芽孢存活率的影响

枯草芽孢杆菌野生菌株（A）和 yhdU 突变菌株（B）芽孢与水（□）、K－HEPES 缓冲液（pH 为 4.5）（■）或者氟化钠（40 mmol/L，pH 为 4.5）在 23℃ 孵育 72 h，随后芽孢在 90℃ 加热，不同时间点取出一定量的芽孢液，进行梯度稀释后涂布到固体培养基，37℃ 下过夜培养并对成活芽孢进行细胞计数，计算芽孢存活率。

株芽孢的生长没有受到影响，但是孵育 48 － 72 h 的芽孢生长明显延缓（图 4 －7B）。

起初与氟化钠处理不同时间的芽孢与 LB 液体培养基一起孵育（图 4 －8），然后在图 4 －8 中所示不同时间测定氟离子的含量。如表 4 －2 所示，没有经过氟化钠处理的芽孢氟离子含量达不到检测线。与氟化钠孵育 24 － 72 h 后的野生菌株与突变菌株芽孢氟离子含量很高，几乎相同（表 4 －1）。然而，即使它们的含量类似，但是从与氟化钠孵育 72 h 的芽孢中释放氟离子的速度比孵育时间短的芽孢慢，yhdU 突变菌株亦是如此（表 4 －2）。

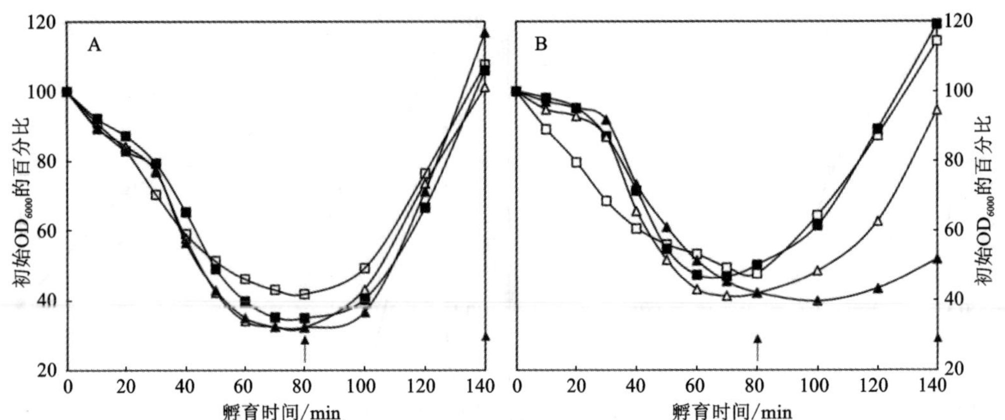

图 4-7 枯草芽孢杆菌休眠芽孢吸收的氟离子对芽孢萌发和生长的影响

枯草芽孢杆菌野生菌株(A)和 yhdU 突变菌株(B)芽孢与氟化钠(40 mmol/L, pH 为 4.5)在 23℃下分别孵育 0(□)、24 h(■)、48 h(△)、72 h(▲)。芽孢孵育过后进行水洗,然后加入 LB 液体培养基(pH 为 7.0)使终浓度达到 0.8(OD_{600}),37℃下培养,每隔 20 min 测定培养液的 OD_{600}。80 min 和 140 min 箭头代表萌发或生长的芽孢被收集的时间,利用^{19}F NMR 检测每个时间点所收集芽孢的氟离子含量。

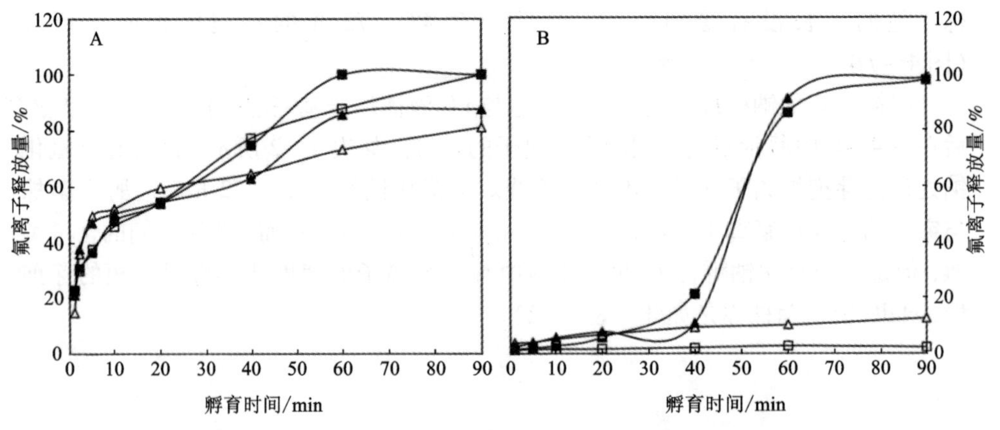

图 4-8 从负载氟离子的芽孢杆菌芽孢流出氟离子的量

枯草芽孢杆菌野生菌株(△)和 yhdU 突变菌株(▲)芽孢(A),枯草芽孢杆菌 yhdU 突变菌株(□)和蜡样芽孢杆菌 T(■)芽孢(B)与氟化钠(40 mmol/L, pH 为 4.5)在 23℃下分别孵育 72 h,然后润洗,再于 37℃(A)和(B)23℃下分别与 K-Hepes 缓冲液(25 mmol/L, pH 为 7.4)孵育。

表 4 -2　负载氟离子的枯草芽孢杆菌芽孢萌发和生长过程中氟离子的残留量

菌株	野生型			yhdU 突变菌株		
芽孢萌发或生长/min	0	80	140	0	80	140
与氟离子孵育时间/h	芽孢吸收氟离子的量/($mol \cdot L^{-1}$)					
0	未检出	未检出	未检出	未检出	未检出	未检出
24	1.7	0.04	未检出	1.6	0.08	未检出
48	2.4	0.08	未检出	2.4	0.13	0.04
72	1.7	0.17	0.04	1.8	0.4	0.11

4.2.4　负载氟离子的芽孢中氟离子的释放

为了检测氟离子从芽孢释放的动力学规律，以枯草芽孢杆菌野生菌株、氟离子输出蛋白 yhdU 突变菌株以及蜡样芽孢杆菌野生菌株芽孢为研究对象，将它们与 40 mmol/L 的氟化钠首先孵育 72 h(图 4 -8)。为了研究温度及氟离子输出蛋白对氟离子输出的影响，负载氟离子的枯草芽孢杆菌野生菌株及 yhdU 突变菌株芽孢在 37℃放置不同时间，然后对释放到孢外的氟离子进行测定(图 4 -8A)。野生菌株芽孢释放氟离子的速度比突变菌株芽孢的稍快，表明氟离子输出蛋白在休眠芽孢中发挥作用。但是，在不同芽孢中氟离子释放的动力学规律基本类似。为了观察其他芽孢杆菌芽孢的氟离子释放动力学，蜡样芽孢杆菌芽孢也用来进行此实验，只不过释放温度设置为 23℃(图 4 -8B)。同样发现氟离子释放动力学规律与枯草芽孢杆菌芽孢的类似，而且在 23℃，有超过 90% 的氟离子经 72 h 几乎释放完毕，但比在 37℃时释放速度慢很多(图 4 -8)。

为进一步测试芽孢萌发能否刺激枯草芽孢杆菌芽孢释放氟离子，芽孢首先与 40 mmol/L 的氟化钠孵育 1 ~72 h，使芽孢内氟离子达到约 1.6 mol/L 的浓度。然后将这些芽孢与 L 型缬氨酸在 pH 为 7.4 及 37℃条件下孵育，同时检测氟离子及吡啶二羧酸钙的量(图 4 -9)。同样发现，在有无 L 型缬氨酸存在时，野生菌株与突变菌株氟离子释放动力学并无明显差异，每个时间点氟离子的量差别在 5% ~8%。而且，虽然有 20% 左右的氟离子在芽孢萌发的 40 min 到 60 min 之间释放，但是大部分氟离子在芽孢萌发前已经释放，这也验证了我们之前的结果(图 4 -7B)，即与 L 型缬氨酸萌发前有一段大约 30 min 的萌发延滞期 (图 4 -9B)。

4.3　本章讨论

本研究得出了几个新的结论，是有关氟离子影响细菌方面的，具体包括：这

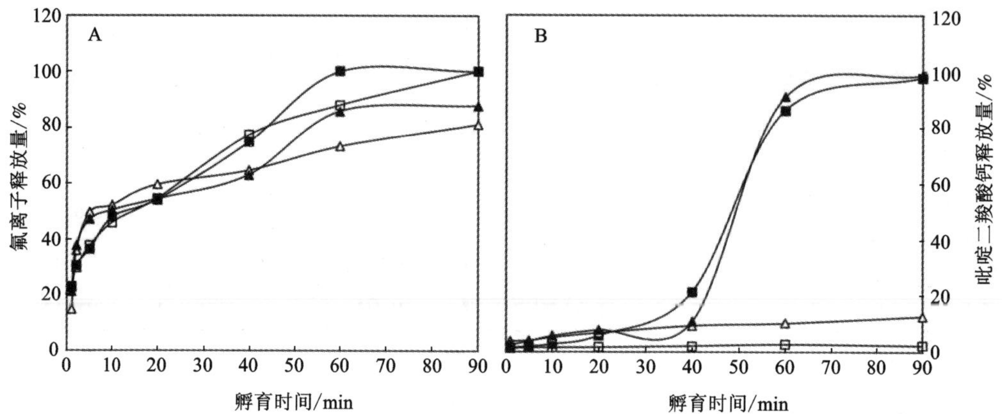

图4-9 芽孢萌发时氟离子和吡啶二羧酸钙从负载氟离子的枯草芽孢杆菌芽孢流出的量

yhdU 突变菌株芽孢与氟化钠(40 mmol/L, pH 为4.5)在23℃下分别孵育 1 h (□、■) 或者 72 h (△、▲), 润洗后37℃下单独与 K-Hepes 缓冲液(25 mmol/L, pH 为7.4) (□、△)孵育, 或者再添加 L 型缬氨酸(10 mmol/L、■、▲)。孵育不同时间后, 芽孢经润洗并离心, 检测上清液和沉淀中氟离子(A)和吡啶二羧酸钙(B)的量。

种阴离子对芽孢杆菌的芽孢的影响, 以及它如何进出生长中的细胞和芽孢。第一, 很显然, YhdU 也许还包括 YhdV, 它们是枯草芽孢杆菌生长细胞中主要的氟离子输出蛋白。这一点并不奇怪, 因为 YhdU 与其他细菌中已知的氟离子输出蛋白具有很高的氨基酸序列同源性(Stockbridge et al., 2012, 2013, 2015; Li et al., 2013; Ji et al., 2014; Macdonald & Stockbridge, 2017), 而且 YhdU 或 YhdV 的缺失导致枯草芽孢杆菌生长细胞对氟离子极为敏感。这些结果表明, 枯草芽孢杆菌 yhdU 应该更名为 FluC, 与其他细菌中的同源氟离子输出蛋白名称保持一致(Ji et al., 2014)。

与生长细胞相比, 在积累和释放氟离子方面, 枯草芽孢杆菌 yhdU 突变菌株芽孢与野生型芽孢相似。对此现象的一种解释是, 未在枯草芽孢杆菌休眠芽孢中鉴定到 YhdU, 尤其在芽孢内膜蛋白质组中没能鉴定到 YhdU 蛋白(Zheng et al., 2016; Swarge et al., 2018)。然而, 由于完整膜蛋白的疏水性和低丰度特点, 包括 YhdU 蛋白在内的蛋白质在蛋白质组中不具有代表性(Zheng et al., 2016)。事实上, 在枯草杆菌生长细胞的质膜蛋白质组中, 没有鉴定出 YhdU 和 YhdV(Zheng et al., 2016)。枯草芽孢杆菌 yhdU 很可能是 yhdWVU 操纵子中的最后一个基因(subtiwiki. uni-goettingen. de/wiki/index. php/Main_Page)。

值得注意的是, YhdW 在枯草芽孢杆菌芽孢中已被鉴定(Swarge et al., 2018), 与芽孢中的 YhdV 和 YhdU 一致, 推测其在芽孢内膜上。这一假设与当前的研究发现一致，即与野生型芽孢萌发相比，枯草芽孢杆菌 yhdU 突变菌株芽孢萌发对外源氟离子的敏感性更高，而且芽孢积累的氟离子对 yhdU 突变菌株芽孢随后的萌发影响更大。

假设 YhdU 在芽孢中存在，很明显氟离子输出通道对于休眠芽孢氟离子的输出不是很重要。由此推断提出的一个问题是，为什么 YhdU 不能将氟离子从休眠芽孢中输出？虽然答案还不完全清楚，但休眠芽孢的内膜环境与生长细胞的质膜环境有很大不同(Cowan et al., 2004; Loisan et al., 2013; Laue et al., 2018)。具体来说，芽孢内膜环境中的脂质基本上是不动的，这似乎也可能影响内膜蛋白质的功能，但具体是如何影响的还不清楚。第二个显而易见的问题是，氟离子是如何进入和离开芽孢的，尤其是如何跨过芽孢的内膜的？似乎最有可能的是通过氟化氢，因为这种中性物质很容易跨膜，事实上，其他中性分子包括氨气、甲胺和水也会跨过芽孢的内膜，尽管没有跨过萌发芽孢的质膜那么快(Setlow& Setlow, 1980; Swerdlow et al., 1981; Sunde et al., 2009; Kaieda et al., 2013; Knudsen et al., 2016)。值得注意的是，芽孢吸收大量的甲胺或 NH_3 可通过与核心质子结合提高芽孢核心的 pH(Swerdlow et al., 1981)。事实上，氟离子以氟化氢形式穿过芽孢内膜与芽孢在低 pH 下吸收氟离子最快的结果相一致。如果氟离子以氟化氢形式穿过内膜，那么推测芽孢核心中的氟化氢会显著降低核心的 pH，这可能是氟离子积累导致芽孢耐湿热性降低的原因。然而，也有可能一些氟离子以氟化钠的形式进入芽孢，因为当芽孢至少与锂化氟一起孵育时，氟离子和锂都进入芽孢核心(Ghosal et al., 2010)。

芽孢大量积累氟离子的一个主要问题涉及氟离子在芽孢核心中的状态，芽孢核心的 pH 约为 6.5，含有大于等于 0.5 mol/L 的吡啶二羧酸钙，尽管似乎只有一小部分核心吡啶二羧酸钙存在于溶液中(Setlow& Setlow, 1980; Magill et al., 1994; Kong et al., 2012)。鉴于休眠芽孢吸收了大量的氟离子，氟离子积累的一种可能情况是，当氟离子以氟化氢的形式进入芽孢核心时，核心 pH 降低，这可能导致吡啶二羧酸羧酸盐质子化增加，从而使钙离子解离与氟离子反应，产生极不溶性的氟化钙。然而，这种情况显然是不正确的，因为缺乏吡啶二羧酸钙的突变菌株芽孢，其钙离子的水平只有野生型芽孢的 10% (Hintze& Nicholson 2010)，但它实际上能比野生型芽孢吸收更多的氟离子。不含吡啶二羧酸钙的芽孢大量积累氟离子的原因尚不清楚。然而，这些缺失吡啶二羧酸钙的芽孢核心含有的水分比野生型芽孢多了约 35% (Paidhungat et al., 2001)，而干重少了约 25%，因此推测在缺失吡啶二羧酸钙的芽孢中可以容纳更多的氟离子，无论氟离子是以氟化钠还是氟化氢的形式存在，或两者兼而有之。

本研究中另一个值得注意的结果是，在 pH 为 6.5 时，外源氟离子在 10 ~ 40 mmol/L 时对芽孢萌发有显著的抑制作用，而在 pH 为 5.5 时抑制作用更强。值得注意的是，在 pH 为 5.5 时，对 yhdU 突变菌株芽孢的抑制作用明显大于野生型芽孢。针对这些结果提出的疑问是：①氟离子抑制什么样的萌发反应；②如果YhdU 确实存在于休眠芽孢中，那么当芽孢萌发时 YhdU 的功能何时开始？因为 YhdU 对负载氟离子的休眠芽孢释放氟离子不是必需的。对这些结果的一种解释是，氟离子通过抑制芽孢萌发所必需的一种或多种关键内膜蛋白的功能来抑制芽孢萌发。事实上，氟化钠和氟化钾最近被证明能抑制芽孢萌发（Nagler& Moeller, 2015），尽管这种抑制作用比本研究中要小得多，也许是因为研究中芽孢萌发所用的 pH 是 8.0，而不是 6.5 或 5.5。也许，正如已经表明的那样，氟离子以 pH 敏感的方式进入芽孢，使得在芽孢萌发期间，低 pH 在内膜附近有一个短暂的酸化作用，降低了内膜萌发蛋白的功能，例如减小了营养萌发受体蛋白和 SpoVA 蛋白通道释放吡啶二羧酸钙的作用。然而，目前尚不清楚 yhdU 是如何防止氟离子累积的，特别是在 pH 为 5.5 时。也许芽孢内膜在萌发的早期会暂时变得更具流动性，使 yhdU 在这层膜中发挥作用，从而排出大部分被吸收的氟离子。事实上，有研究表明，一旦芽孢开始萌发，芽孢内膜环境就会发生很大变化（Swerdlow et al., 1981；Luu& Setlow, 2014；Wang, 2014；Setlow, 2017），这发生在大部分吡啶二羧酸钙释放之前。芽孢内膜的这种变化导致内膜对质子和其他单价阳离子的渗透性增加，吡啶二羧酸钙也开始从芽孢中缓慢流出。这种内膜不管是什么变化都可能使 yhdU 发挥作用并释放氟离子，也许还释放氟化氢和芽孢内大量的单价阳离子，这些也都早于吡啶二羧酸钙的释放（Setlow et al., 2017）。

最后，休眠芽孢吸收的大部分氟离子在芽孢核心，但很明显，休眠芽孢吸收氟离子存在一些尚未确定的障碍。缺乏大部分芽孢衣的 cotE gerE 突变菌株芽孢对氟离子的吸收速度比野生型的快。然而，对这些基本无芽孢衣的芽孢进行化学法去除芽孢衣处理后，它们吸收氟离子的速度更快。与其一致的是，相对于 cotE gerE 突变菌株芽孢，水能更快地渗透到化学法去除芽孢衣的芽孢核心（Knudsen et al., 2016）。多年前就有研究者提出芽孢外层存在这种渗透屏障（Rode et al., 1962），但目前还不清楚这道屏障是不是外膜。值得注意的是，通过化学法去除芽孢外衣，显著增加了 cotE 和 cotE gerE 突变菌株芽孢对任何一种水（Knudsen et al., 2016）或氟离子的渗透性（Buchanan& Neyman, 1986 年）。在将来的研究中，确定芽孢内这种额外的渗透屏障的性质，以及它是否是外膜是至关重要的。

4.4 本章小结

本章主要研究了氟离子对芽孢杆菌细胞生长、芽孢萌发和生长的作用，以及氟离子进出细胞及芽孢的动力学规律，而动力学分析主要利用核磁共振检测胞（孢）内外 ^{19}F 的含量来实现。研究结果表明，氟离子抑制枯草芽孢杆菌芽孢萌发及生长，氟离子输出蛋白 YhdU（现在命名为 FluC）在防止氟离子在胞（孢）内过度积累中发挥了重要作用，它能够减小氟离子对芽孢萌发的抑制作用。在 40 mmol/L氟化钠中常温孵育 48 h 后，蜡样芽孢杆菌芽孢能够累积 2～2.6 mol 的氟离子，而且酸性环境下氟离子进入芽孢的量达到最高，缺失吡啶二羧酸钙的突变菌株累积的氟离子的量比野生菌株高。由此证实研究假设成立，YhdU 蛋白在芽孢杆菌菌种的生长细胞及芽孢萌发生长中发挥了阻止氟离子积累的作用。具体说来，氟离子通过氟化氢或者氟化钠但不是氟化钙的形式进入芽孢核心区域，YhdU 在氟离子进入或输出芽孢过程中发挥作用不大，但是有利于芽孢萌发时氟离子的输出。

第 5 章　十六烷基三甲基溴化铵杀芽孢机理

5.1　引言

十六烷基三甲基溴化铵是一种季铵化合物(QAC)，由于它能破坏细胞膜而被用作杀菌剂(Lambert, 2013)。据报道，大多数季铵化合物，包括十六烷基三甲基溴化铵及相似物，都会抑制厚壁菌芽孢的生长，但不能杀死芽孢(Chiori et al., 1965; Lambert, 2013)。休眠芽孢在萌发后开始生长，需要 RNA 和蛋白质的合成(Setlowet al., 2017)。十六烷基三甲基溴化铵用于杀死芽孢剂的增强剂，诸如增强叔丁基氢过氧化物和过氧化氢等试剂杀死芽孢的活性(Banerjee et al., 2006; Paul et al., 2007)。据报道，十六烷基三甲基溴化铵有助于芽孢大量释放吡啶二羧酸钙(约占 25% 的芽孢核干重)(Pellegrino et al., 2002)。令人惊讶的是，尽管多年前有报告称单独使用十六烷基三甲基溴化铵可以缓慢地引起至少巨大芽孢杆菌芽孢中吡啶二羧酸钙的释放(Rode& Foster, 1960)，这一事件可能与杀死芽孢相关(Setlow et al., 2002; Coleman et al., 2010)，但目前还没有关于这种药物杀死芽孢功效或机制的研究。

细菌芽孢具有与众不同的结构：从外面看，不是所有种类的芽孢都存在孢外壁，以及所有厚壁菌芽孢中都有的多层结构，包括芽孢衣、外膜、肽聚糖皮层和芽孢壁、内膜，最后是含有吡啶二羧酸钙、DNA、RNA 和大多数酶所在的核心(Setlow, 2013, 2018)。芽孢衣是第一道屏障，它防止不少于 10 kDa 的外源分子进入内层，内膜是阻止或减缓带电小分子和中性亲水和疏水小分子进入芽孢核心的主要渗透屏障(Setlow, 2013; Driks & Eichenberger, 2016)。芽孢内膜的脂质组分类似于生长细胞的质膜(Griffiths & Setlow, 2009)，并且成为完全萌发芽孢的质膜。芽孢杆菌芽孢内膜的一个新特点是，一些易于插入生长细胞或完全萌发的芽孢质膜的脂质染料不会插入芽孢内膜中，即使是去除大部分芽孢衣和外膜之后(Cowan et al., 2004)。

芽孢杆菌的休眠芽孢可以响应营养物质或非营养物质萌发剂而萌发，并且这些物质引发吡啶二羧酸钙释放，进而激活皮层裂解酶活性，水解肽聚糖皮层，最后芽孢核心膨胀，完成萌发过程(Setlow et al., 2017)。营养萌发剂通过激活芽孢内膜中的特定萌发受体来触发萌发，然后萌发受体的激活触发由 SpoVA 蛋白组成的吡啶二羧酸钙的内膜通道的打开，并允许芽孢在几分钟内释放所有的吡啶二羧酸钙。被测定过的触发所有拟杆菌门芽孢萌发的非营养萌发剂是十二烷基胺和类似的长链伯烷基胺。值得注意的是，该试剂不会激活受体蛋白，但在约37℃的温度下会打开SpoVA蛋白通道，触发吡啶二羧酸钙的释放，从而导致随后的萌发事件。十二烷胺萌发率随温度升高，温度升高至少到60℃（Vepachedu & Setlow，2007），这一温度不允许受体蛋白依赖性芽孢快速萌发。十二烷胺还杀死了不含吡啶二羧酸钙的萌发芽孢（Rode & Foster，1961），十六烷基三甲基溴化铵和十二烷胺之间存在明显的结构相似性。因此，一个合理的假设是十六烷基三甲基溴化铵也可以触发吡啶二羧酸钙通道的开放，导致吡啶二羧酸钙释放，从而可能导致芽孢被杀灭。由于萌发的芽孢失去了休眠芽孢的极端抗性并且易于杀死，因此根除休眠芽孢的策略是首先使它们萌发然后杀死敏感的萌发芽孢（Omotade et al.，2014）。因此，十六烷基三甲基溴化铵可以在芽孢萌发后杀死芽孢。基于这一假设，本章研究十六烷基三甲基溴化铵及其类似物对多种芽孢杆菌属芽孢的作用机制。特别强调的是用枯草芽孢杆菌芽孢作为试验对象，因为该物种中存在大量等基因菌株，很多菌株有受体蛋白、皮层裂解酶、芽孢形成中吡啶二羧酸合成和内膜吡啶二羧酸钙通道蛋白的缺陷。由十六烷基三甲基溴化铵触发的这些菌株的芽孢释放吡啶二羧酸钙的研究，以及该试剂对芽孢生存力的影响，使我们能够确定十六烷基三甲基溴化铵杀死芽孢，并且深入了解这种杀灭作用是如何发生的。

5.2 结果

5.2.1 CTAB及其类似物刺激芽孢释放吡啶二羧酸钙

前期研究表明十六烷基三甲基溴化铵有助于已知的杀孢剂杀灭芽孢（Banerjee et al.，2006；Paul et al.，2007），并且可以单独从芽孢中引发吡啶二羧酸钙的释放，尽管释放过程缓慢（Rode & Foster，1960），然而，尚未确定十六烷基三甲基溴化铵触发吡啶二羧酸钙从芽孢释放的最佳条件。因此，本章测试了不同条件对十六烷基三甲基溴化铵刺激枯草芽孢杆菌芽孢释放吡啶二羧酸钙的影响（图5-1）。在温度高达60℃，pH为8.4时，枯草芽孢杆菌芽孢释放吡啶二羧酸钙的速率增加，60 min内释放接近100%（图5-1A）。在40℃时，不同pH对吡啶二羧酸钙的释放没有太大影响，但在pH为9.4时最快，并且在pH为6.4或10.4时显著更快（$p<0.05$）（图5-1B）。在pH为9.4和40℃下，十六烷基三甲基溴化铵浓度对吡啶二羧酸钙释放的影响（图5-1C）结果表明，十六烷基三甲基溴化铵最佳浓度为30 μg/mL，此浓度低于十六烷基三甲基溴化铵临界胶束浓度（Shikata et al.，1987）。由于十六烷基三甲基溴化铵胶束比单个十六烷基三甲基

溴化铵分子大得多，因此十六烷基三甲基溴化铵胶束可能不太会对芽孢起作用。

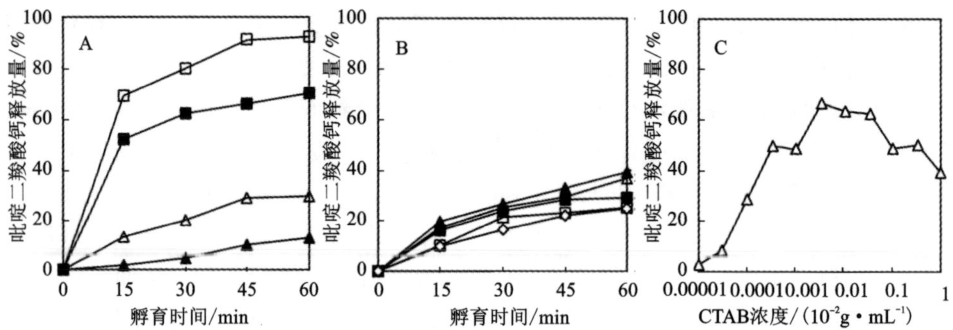

图 5 - 1　不同孵育条件下吡啶二羧酸钙从枯草芽孢杆菌芽孢流出的量

枯草芽孢杆菌 PS533 芽孢与十六烷基三甲基溴化铵(10 g/L)在 pH 为 8.4 不同温度［60℃（□）、50℃（■）、40℃（△）和 30℃（▲）］孵育(A)；或者在 40℃不同 pH［6.4（□）、7.4（■）、8.4（△）、9.4（▲）和 10.4（◇）］孵育(B)；又或者在 pH 为 9.4 和 40℃下与不同浓度的十六烷基三甲基溴化铵孵育 90 min(C)，最后测定芽孢不同条件下流出吡啶二羧酸钙的量。

十六烷基三甲基溴化铵处理的枯草芽孢杆菌芽孢在相差显微镜中的亮度略有下降，因为大量芽孢变得不像休眠芽孢那样明亮，但也不像完全萌发的芽孢那样接近暗黑(图 5 -2)。因此，尽管许多芽孢在与十六烷基三甲基溴化铵孵育时释放出吡啶二羧酸钙，但与不含吡啶二羧酸钙的芽孢相比，野生型休眠芽孢与十六烷基三甲基溴化铵处理的芽孢在释放吡啶二羧酸钙后没有迅速完全萌发(Paidhungatet al.，2000；Maggeet al.，2008)，因为几乎没有一个像完全萌发的芽孢一样变成暗黑(比较图 5 -2B 和 C 中的芽孢)，尽管未经处理的芽孢在 pH 为 9.4时的萌发速度与 pH 为 7.4 时一样快。即使将已经释放超过 80% 吡啶二羧酸钙的十六烷基三甲基溴化铵处理的枯草芽孢杆菌芽孢离心，用 1% 吐温洗涤，并在 pH 为 7.4，37℃下，与 10 mmol/L 的 L 型缬氨酸温育 60 min，仍然只有不超过 5% 的芽孢完全变为暗黑色和膨胀。

除枯草芽孢杆菌芽孢外，十六烷基三甲基溴化铵还触发了蜡状芽孢杆菌和巨大芽孢杆菌芽孢的吡啶二羧酸钙的释放，巨大芽孢杆菌芽孢对十六烷基三甲基溴化铵最敏感(图 5 -3)。两种十六烷基三甲基溴化铵(C -16)类似物，十四烷基三甲基溴化铵(TAB，主要是 C -14)和十二烷基三甲基溴化铵(DTAB，C -12)，诱发芽孢吡啶二羧酸钙释放的效果要差得多，而 DTAB 处理的芽孢几乎不释放任何吡啶二羧酸钙(图 5 -3)。这些发现表明，三甲基溴化铵对芽孢吡啶二羧酸钙释放的影响对烷基链长度非常敏感，随着烷基链长度的减少，吡啶二羧酸钙释放量减少，并且与这些化合物对细菌生长的影响一致(Ahlström et al.，1999)。值得注

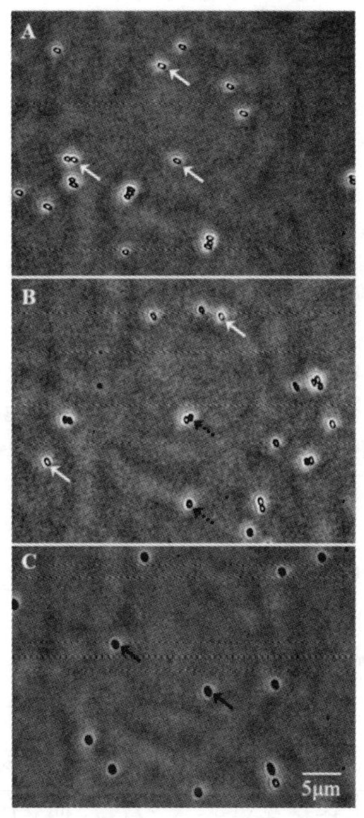

图 5－2　枯草芽孢杆菌芽孢与 CTAB 孵育或未孵育后相差显微镜成像

A. 枯草芽孢杆菌 PS533 休眠芽孢，B. 在 pH 为 9.4 和 40℃下与十六烷基三甲基溴化铵（30 μg/mL）孵育 90 min 的芽孢，或者（C）在 pH 为 7.4 和 37℃下与 L 型缬氨酸（10 mmol/L）孵育 90 min 的芽孢用相差显微镜成像。A 和 B 中白色箭头代表完全明亮的休眠芽孢，B 中虚线黑色箭头代表十六烷基三甲基溴化铵处理过的芽孢不再明亮，C 中黑色箭头代表完全萌发的芽孢已经变暗并膨胀。图中的比例尺为 5 μm，所有图像比例尺相同。

意的是，十六烷基三甲基溴化铵及其类似物对芽孢杆菌芽孢释放吡啶二羧酸钙的强烷基链长度依赖性与烷基伯胺的链长相关，从而引发枯草芽孢杆菌和巨大芽孢杆菌芽孢释放吡啶二羧酸钙（Rode & Foster，1961；Cortezzo & Setlow，2002）。

5.2.2　平板计数法测定十六烷基三甲基溴化铵处理的芽孢活力

虽然十六烷基三甲基溴化铵至少触发三种芽孢杆菌属的芽孢释放吡啶二羧酸钙，但这种释放不会导致芽孢萌发的快速完成。然而，很可能伴随十六烷基三甲基溴化铵触发的吡啶二羧酸钙释放或随后就杀死芽孢，就像十二烷胺在触发吡啶二羧酸钙释放后杀死芽孢一样（Rode & Foster，1961）。为了测试该假设，将三种

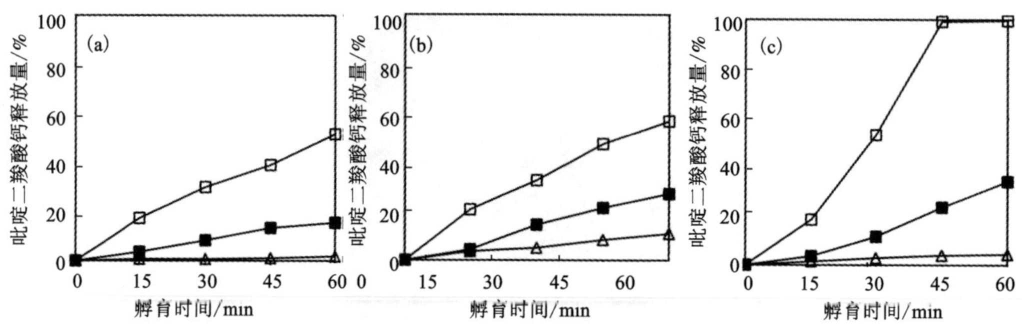

图 5-3 CTAB 及其类似物对芽孢释放吡啶二羧酸钙的影响

枯草芽孢杆菌 PS533(a)、蜡样芽孢杆菌菌株 T(b)和巨大芽孢杆菌芽孢(c)在 pH 为 9.4 和 40℃下分别与浓度为 30 μg/mL 的十六烷基三甲基溴化铵(□)、TAB(■),或者 DTAB(△)孵育 90 min,测定吡啶二羧酸钙从芽孢释放的量。

芽孢杆菌属的野生型芽孢与十六烷基三甲基溴化铵一起孵育,以获得不低于 85% 的吡啶二羧酸钙释放,并且在富含琼脂培养基的平板上测定芽孢的活力(图 5-4、表 5-1)。值得注意的是,未经稀释的十六烷基三甲基溴化铵处理过的芽孢,在平板上没有形成菌落,可能是因为十六烷基三甲基溴化铵浓度较高,足以抑制细菌生长。此外,对于稀释 10 倍的处理过的芽孢,特别是枯草芽孢杆菌芽孢,在平板的中间区域生长较差(图 5-4)。然而,在稀释 100 倍和更高稀释度下,十六烷基三甲基溴化铵浓度不足以抑制芽孢生长(图 5-4)。虽然所有三个物种的芽孢都被十六烷基三甲基溴化铵杀死,但蜡状芽孢杆菌和巨大芽孢杆菌芽孢对这种试剂比枯草芽孢杆菌芽孢更敏感(图 5-4,表 5-1)。有证据表明,十六烷基三甲基溴化铵未经稀释与芽孢孵育后直接转到平板培养,因此随芽孢转移到平板上的十六烷基三甲基溴化铵还是原浓度,所以抑制细胞的生长;如果处理过的芽孢先用吐温 20 洗涤,悬浮在水中,再将未稀释芽孢转到平板培养,就能获得预期的菌落数量。

5.2.3 芽孢经 CTAB 处理后 BacLight 染色

核酸染料中的 BacLight 细菌活细胞染色混合物被用于评估芽孢杆菌芽孢的杀灭性(Ghoshet al., 2017)。本章也使用这种方法来检测十六烷基三甲基溴化铵处理的芽孢是否死亡,特别是测试缺乏吡啶二羧酸钙、受体蛋白或皮层裂解酶的芽孢,通过平板计数法直接确定这些突变菌株芽孢的活力会很困难(Paidhungat & Setlow, 2000; Paidhungat et al., 2000, 2001)。前期工作中,将未处理和十六烷基三甲基溴化铵处理过的野生型枯草芽孢杆菌、蜡状芽孢杆菌和巨大芽孢杆菌的芽

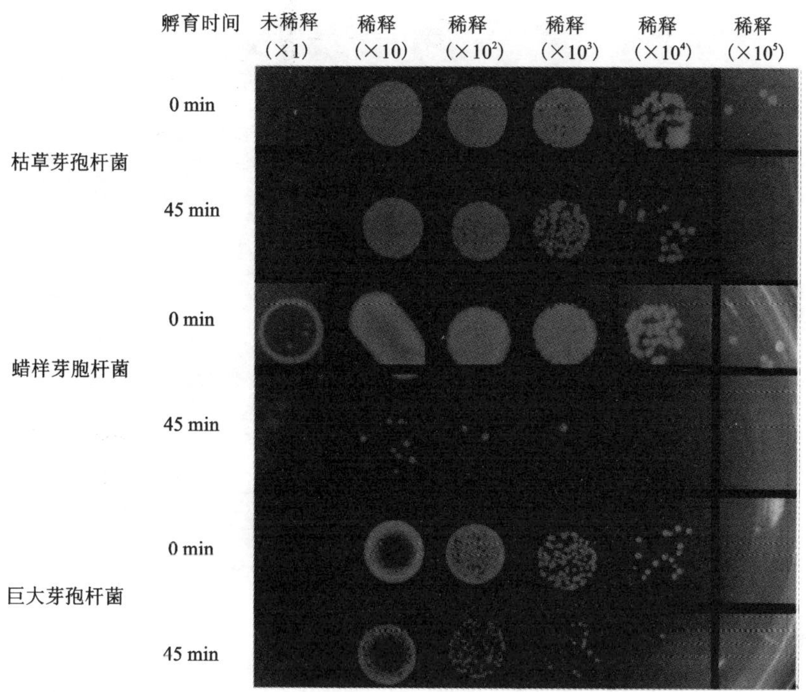

图5-4　芽孢杆菌芽孢与CTAB孵育后的存活力

枯草芽孢杆菌菌株PS533、蜡样芽孢杆菌菌株T和巨大芽孢杆菌芽孢在60℃或者巨大芽孢杆菌40℃下与十六烷基三甲基溴化铵（30 μg/mL，pH为9.4）孵育。在0和45 min，将梯度稀释的芽孢液涂布在LB固体培养基上，过夜培养后对平板进行拍照并计数。

孢用BacLight混合物染色，并通过荧光显微镜成像(图5-5；表5-1)。死亡的休眠芽孢，例如高压灭菌过的枯草芽孢杆菌芽孢(图5-5B)，用BacLight染料混合物染成红色，而活的休眠芽孢不能用混合物中的两种染料很好地染色(图5-5A)(Setlow et al.，2016；Ghosh et al.，2017；Li et al.，2017)。如图5-5C和表5-1所示，十六烷基三甲基溴化铵处理的芽孢大多数为红色。然而，虽然这些结果证实一些芽孢杆菌芽孢被十六烷基三甲基溴化铵杀死，但是红色染色的芽孢的百分比低于吡啶二羧酸钙释放率和通过平板计数测量的芽孢死亡率(表5-1)。

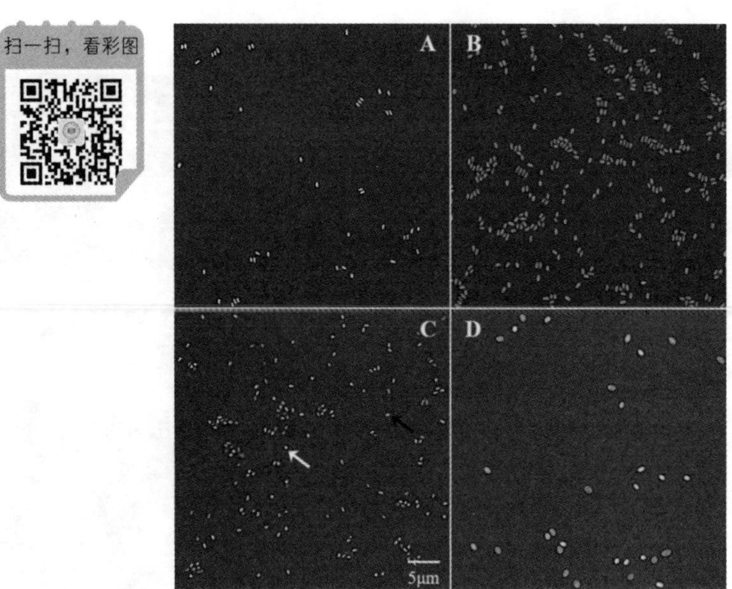

图 5 - 5　枯草芽孢杆菌休眠芽孢与十六烷基三甲基溴化铵处理过的芽孢经 BacLight 试剂染色后荧光成像

枯草芽孢杆菌 PS533 休眠芽孢(A)、高温灭菌的芽孢（B）、PS4150 突变菌芽孢（C）在 60℃与十六烷基三甲基溴化铵孵育 60 min，巨大芽孢杆菌芽孢在 40℃与十六烷基三甲基溴化铵孵育 45 min(D)，然后经 BacLight 试剂着色并在荧光显微镜下成像。C 中白色与黑色箭头分别表示着色或者易着色成暗红色。图中的比例尺为 5 μm，所有图像比例尺相同。

表 5 - 1　经 CTAB 处理后芽孢的吡啶二羧酸钙释放量、存活率和 BacLight 着色率

处理过的芽孢	吡啶二羧酸钙释放/ %	致死率/%	红色着色率/%
枯草芽孢杆菌	85 ± 3	70 ± 5	11 ± 2（238）
蜡样芽孢杆菌	95 ± 4	99 ± 1	42 ± 3(241)
巨大芽孢杆菌	100 ± 2	90 ± 3	66 ± 6(269)

5.2.4　CTAB 对萌发缺陷芽孢的作用

虽然十六烷基三甲基溴化铵明显引发了芽孢释放吡啶二羧酸钙，并且至少杀死了一些芽孢，但是芽孢致死的作用机制尚不清楚。为了获得可能有助于确定十六烷基三甲基溴化铵效应机制的信息，本研究以枯草芽孢杆菌和重要萌发相关蛋白的缺陷芽孢为试验对象，检测了它们对吡啶二羧酸钙的释放(图 5 - 6)。在 40℃下对芽孢进行十六烷基三甲基溴化铵处理[图 5 - 6(a)]，野生型芽孢释放吡啶二羧酸钙的速度最快，且比芽孢衣缺陷芽孢略快，而缺乏芽孢萌发受体或皮层裂解酶的芽孢释放吡啶二羧酸钙较慢。正如预期的一样，如图 5 - 6(b)所示，在 60℃下十六烷基三甲基溴化铵诱导的吡啶二羧酸钙释放速度快于40℃，缺乏萌发受体蛋白或皮层裂解酶的芽孢比野生型芽孢释放速度更慢，具有芽孢衣缺陷的芽孢释放最慢。已知皮层裂解酶可以通过刺激芽孢萌后加速芽孢释放吡啶二羧酸钙(Setlow et al., 2017)，尽管这不是这种效应的具体机制。然而，尚不清楚为什么缺乏受体蛋白也会降低十六烷基三甲基溴化铵引发的吡啶二羧酸钙释放，而十二烷胺萌发的情况却并非如此(Setlow et al., 2003)。

十六烷基三甲基溴化铵触发吡啶二羧酸钙从芽孢中的释放和杀死芽孢的能力，以及十二烷胺与部分十六烷基三甲基溴化铵的结构相似性，表明十六烷基三甲基溴化铵可能模拟十二烷胺对芽孢的作用。前期的研究已经较好地表征了十二烷胺对芽孢的作用，最重要的是搞清了该试剂如何在约 37℃时触发芽孢的萌发(Setlow et al., 2017)。因此，本章还检测了十二烷基胺在 35℃和 50℃下引发枯草芽孢杆菌芽孢吡啶二羧酸钙的释放，测试菌株具有相同的萌发蛋白缺陷。与十六烷基三甲基溴化铵触发的吡啶二羧酸钙释放一样，十二烷胺引发的吡啶二羧酸钙的释放在较高温度下更快［图 5 - 6(c)、(d)］，结果也和之前的发现相同(Setlow et al., 2003)，在两种温度下，十二烷胺引发的吡啶二羧酸钙释放比 PS4150 芽孢衣缺陷芽孢更快。相比之下，缺乏皮层裂解酶或萌发受体蛋白的十二烷基胺处理的芽孢比野生型芽孢的释放速度稍慢，后者与 FB72 和 FB113 菌株的基因等同，但 FB72 和 FB113 菌株缺失皮层裂解酶或受体蛋白基因。需要注意的是，由十二碳胺引发的吡啶二羧酸钙释放速率对于两种野生型菌株的芽孢是不同的，其中的原因尚不清楚。

在两种温度下具有各种萌发蛋白缺陷的枯草芽孢杆菌菌株的芽孢，同样用十六烷基三甲基溴化铵或十二烷基胺处理，然后进行 BacLight 试剂染色，并计算染成红色的芽孢的百分比(表 5 - 2)。与吡啶二羧酸钙释放一样，只有一小部分十六烷基三甲基溴化铵处理的 PS533 或 PS832 野生型芽孢，或缺少芽孢衣、芽孢萌发受体或皮层裂解酶的芽孢染成红色。对于在 40℃下与十六烷基三甲基溴化铵孵育的缺失吡啶二羧酸的 FB122 和 PS3406 芽孢也是如此，尽管在 60℃下经十六烷基三甲基溴化铵处理过的这些芽孢的红色染色率大于 90%。

表 5－2 经 CTAB 或者 DDA 处理后萌发或未萌发的枯草芽孢杆菌芽孢 BacLight 红色着色率

处理过的芽孢	十六烷基三甲基溴化铵孵育		十二烷胺孵育	
	60℃，60 min	40℃，90 min	50℃，30 min	35℃，120 min
PS533	15 ±4(234)	14 ±3(207)	58 ±1(258)	39 ±6(150)
PS832	21 ±1(218)	1.4 ±0.2(501)	78 ±2(334)	68 ±1(422)
PS3406	93 ±2 (200)	7.6 ±0.2 (416)	11 ±3 (253)	6.7 ±0.7 (312)
PS4150	26 ±1 (329)	21 ±6 (206)	100 (302)	94 ±6 (212)
FB72	14 ±3 (248)	1.7 ±0.5 (233)	81 ±1 (415)	76 ±1 (328)
FB113	17 ±3 (269)	0.7 ±0.2 (283)	7.4 ±2.5 (175)	2.7 ±0.9 (183)
FB122	94 ±1 (452)	6.2 ±1.6 (211)	5.7 ±0.3 (329)	4.8 ±1.0 (537)

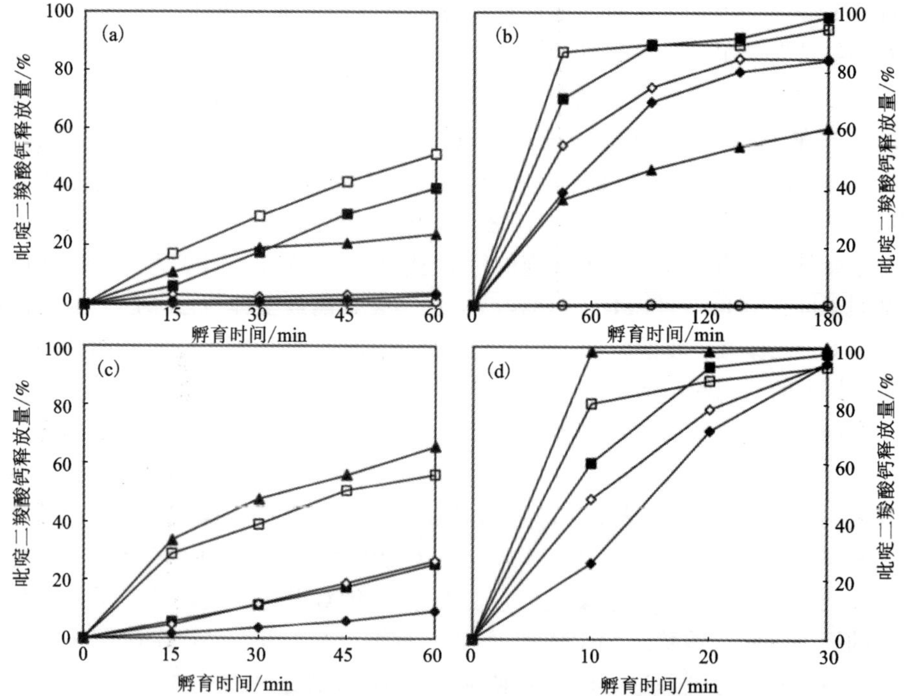

图 5－6 与 CTAB 或者 DDA 孵育的枯草芽孢杆菌芽孢吡啶二羧酸钙的释放

枯草芽孢杆菌菌株包括，PS533（□）；PS832（■）；PS4150（▲）；FB72（◇）；和 FB113（◆）。各种菌株的芽孢在 pH 为 9.4，温度为 40℃(a)或者 60℃（b)下，与十六烷基三甲基溴化铵（30 μg/mL）孵育，或者在 pH 为 7.4，温度为 35℃（c)或者 50℃（d)下与十二烷胺（1 μmol/mL)孵育，然后测定吡啶二羧酸钙从芽孢流出的量。(a)和(b)中的(○)表示 PS533 菌株的芽孢未与十六烷基三甲基溴化铵孵育。

十二烷基胺处理芽孢用 BacLight 染成红色的水平也与吡啶二羧酸钙释放水平相似，但与十六烷基三甲基溴化铵处理的芽孢不同，在两种培养温度下，十二烷胺处理的野生型和缺失萌发受体蛋白的芽孢染成红色的水平更高，而缺失芽孢衣蛋白的芽孢几乎全部染成红色。然而，即使几乎所有吡啶二羧酸钙都在 50℃ 释放，十二烷基胺处理的缺失皮层裂解酶芽孢的红色染色率也很低[图 5 -6(d)]。正如预期的那样，缺乏由十二烷基胺激活的吡啶二羧酸钙通道蛋白的 PS3406 芽孢 BacLight 红色染色率最低，不含吡啶二羧酸的 FB122 芽孢也是如此。

5.2.5　萌发对十六烷基三甲基溴化铵处理芽孢 BacLight 染色的影响

最值得注意的现象之一是，十六烷基三甲基溴化铵处理的芽孢活力水平是 BacLight 染色率的 1/6 至 2/3(表 5 -1)。造成这种差异的一个可能原因是，大部分十六烷基三甲基溴化铵处理的芽孢已经死亡，但却保留了它们的主要渗透屏障——内膜，从而阻止了 BacLight 摄取，但是当这些芽孢萌发时芽孢内膜会破裂。实际上，当用诸如氧化剂和超临界二氧化碳等试剂处理枯草芽孢杆菌芽孢时，也看到了类似现象(Setlow, 2013; Setlow et al. , 2016; Li et al. , 2017)。为了确定十六烷基三甲基溴化铵处理芽孢时是否也出现这种情形，用它处理过的巨大芽孢杆菌和枯草芽孢杆菌芽孢先萌发，然后用 BacLight 染色(表 5 -3，图 5 -7)。与预期相符，萌发的枯草芽孢杆菌芽孢中的一小部分，而不是巨大芽孢杆菌芽孢，被染成绿色，表明这些芽孢依然存活，并且与十六烷基三甲基溴化铵杀灭巨大芽孢杆菌和枯草芽孢杆菌芽孢的水平一致(表 5 -1)。尽管有些物种的芽孢没有萌发，但是所有萌发的十六烷基三甲基溴化铵处理的巨大芽孢杆菌芽孢 BacLight 染色都为红色，而枯草芽孢杆菌芽孢的红色染色率约为 85%。在仔细观察染成红色的萌发的枯草芽孢杆菌芽孢时，发现有一些芽孢可能已经裂解，尽管在荧光显微镜下很难看到这种裂解，但许多染红萌发的芽孢周围有许多轻微的凸起，与绿色染色的芽孢恰好相反(见图 5 -7D)。

表 5 -3　CTAB 处理过的芽孢 BacLight 染色率

芽孢	萌发		休眠
	绿色（活的）	红色（死的）	（未着色的）
枯草芽孢杆菌	7.3 ±2.7	57 ±3	35 ±3（123）
巨大芽孢杆菌	0	97 ±2	3.0 ±0.6（194）

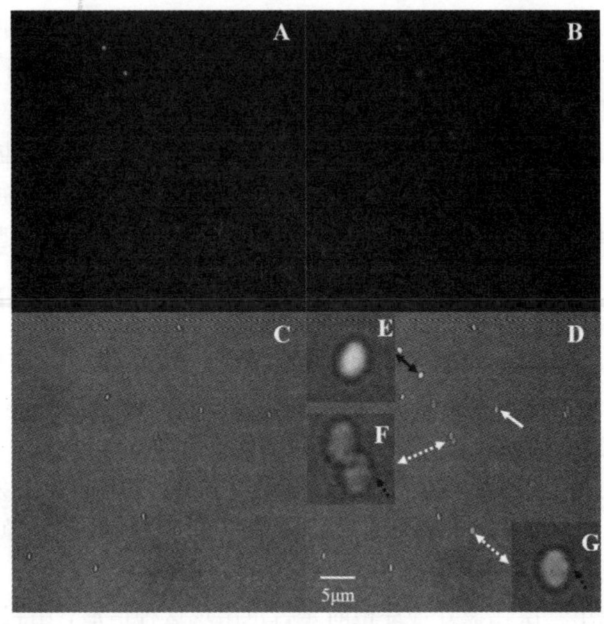

图 5-7　不同处理的芽孢经 BacLight 染色荧光成像

枯草芽孢杆菌 PS533 芽孢经十六烷基三甲基溴化铵处理后用吐温 20 润洗，然后在含有 L 型缬氨酸的 LB 培养基孵育，最后芽孢用 BacLight 试剂染色并成像。芽孢的荧光共聚焦成像包括绿色通道（A）、红色通道（B）、明视野通道（C）和前三者的合并通道（D）。D 中的白色和黑色箭头分别表示未着色的休眠芽孢和着绿色的萌发芽孢，白色虚线箭头代表着红色的萌发芽孢。图中的比例尺为 5 μm，A～D 所有图像比例尺相同。E 和（F、G）分别表示绿色和红色的萌发芽孢，F、G 中黑色虚线箭头代表芽孢外部结构有所损坏，但绿色的芽孢结构完好。

5.3　本章讨论

本章中的第一个也是最重要的结论是，十六烷基三甲基溴化铵确实是一种杀芽孢剂，它可以单独杀死至少三种芽孢杆菌属的芽孢。然而，杀灭芽孢的活性在很大程度上取决于菌株的种类，蜡状芽孢杆菌和巨大芽孢杆菌芽孢比枯草芽孢杆菌芽孢对十六烷基三甲基溴化铵更敏感。值得注意的是，在大约60年前的一项研究中，十六烷基三甲基溴化铵引起巨大芽孢杆菌芽孢释放吡啶二羧酸钙的效率比枯草芽孢杆菌芽孢更高（Rode & Foster，1960）。然而，决定不同菌种芽孢对其敏感性的因素尚不清楚。十六烷基三甲基溴化铵是不是实用的杀芽孢剂也不清楚，因为它的杀芽孢效果需要高温，尽管十六烷基三甲基溴化铵可能是一种有用的，可以增强其他杀孢剂杀灭能力的添加剂，而且已经证明它可以通过这种方式与至少几种过氧化物一起发挥杀孢作用（Banerjee et al.，2006；Paul et al.，2007）。

虽然十六烷基三甲基溴化铵确实是一种芽孢杀灭剂，但它的作用机理尚不清楚。最初的假设是，十六烷基三甲基溴化铵可以杀死芽孢：首先通过激活芽孢的吡啶二羧酸钙通道使芽孢萌发，就像十二烷基胺一样，然后杀死抗性较低的萌发芽孢。然而，目前尚不清楚这是否是十六烷基三甲基溴化铵杀死芽孢的重要机制。尤其是在十二烷基胺处理时，缺失芽孢衣的枯草芽孢杆菌芽孢的吡啶二羧酸钙释放和 BacLight 红色染色比野生型芽孢的水平高得多，这点与已发表的文献结果相符(Setlowet al.，2003)。相比之下，在两种测试温度下，十六烷基三甲基溴化铵引起了芽孢衣缺失和野生型芽孢相似的吡啶二羧酸钙释放以及相似的活体染色水平。的确，十六烷基三甲基溴化铵似乎不会促进芽孢萌发的完成，因为几乎所有十六烷基三甲基溴化铵处理过的枯草芽孢杆菌芽孢，即使释放吡啶二羧酸钙，或者通过用吐温洗涤去除十六烷基三甲基溴化铵，也不会完成萌发。相反，据报道十二烷基胺导致一些巨大芽孢杆菌芽孢的完全萌发(Rode & Foster，1960，1961)。

另一现象也值得注意，即在 60℃时，十六烷基三甲基溴化铵处理缺失吡啶二羧酸钙枯草芽孢杆菌 FB122 或 PS3406 芽孢，导致不少于 90% 的芽孢 BacLight 染色为红色，这比任何充满吡啶二羧酸钙的芽孢高得多，而十二烷胺 50℃下处理这些芽孢却未出现相同的结果。对十六烷基三甲基溴化铵和十二烷胺的影响差异的一个可能的解释是，为了使后者杀死芽孢并在 50℃或 60℃下进行染色，芽孢的肽聚糖皮层必须至少有一定程度的降解。FB113 芽孢缺少两个芽孢皮层裂解酶，即 CwlJ 和 SleB，而 PS3406 和 FB122 芽孢缺乏 SleB，但是 CwlJ 无法起作用，因为它的活化剂吡啶二羧酸钙在此类芽孢中不存在(Setlow et al.，2017)。这可能是十六烷基三甲基溴化铵在 60℃下处理 FB113 芽孢活体染色水平低的原因，但为什么在此温度下处理后吡啶二羧酸钙缺失的芽孢超过 90% 的染色会是红色？一种可能的解释是，吡啶二羧酸钙较少的芽孢中核心水含量的升高使得这些芽孢比吡啶二羧酸钙充足的芽孢对十六烷基三甲基溴化铵更加敏感(Paidhungat et al.，2000)。然而，却不能简单地认为，较高的温度会导致十六烷基三甲基溴化铵的敏感性，因为不含吡啶二羧酸钙的芽孢在 70℃时相对更稳定(Paidhungat et al.，2000)。也许在 60℃且核心水含量升高时，芽孢内膜变得更容易被十六烷基三甲基溴化铵破坏，而不是核心水含量较低的充满吡啶二羧酸钙的芽孢。值得注意的是，巨大芽孢杆菌芽孢具有显著高于枯草芽孢杆菌芽孢的核心水含量(Koshikawa et al.，1984)，这可能是它比枯草芽孢杆菌芽孢具有更高敏感性的原因。很显然，需要更多的工作来进一步探讨十六烷基三甲基溴化铵如何杀死芽孢的。

本章中还有一些其他意想不到的发现也不容易解释。首先，即使在去除十六烷基三甲基溴化铵后，已经释放吡啶二羧酸钙的芽孢也没有快速完成萌发。当在 LB 培养基中加入萌发受体蛋白依赖性萌发剂时，许多芽孢可以完全萌发，因此整个萌发体系，包括至少一个皮层裂解酶，必须在这些十六烷基三甲基溴化铵杀死的芽孢中保持功能。由于某些原因，触发萌发完成的某些信号在缺失吡啶二羧酸钙芽孢中发挥作用，但在杀死的芽孢中不起作用。其次，虽然十六烷基三甲基溴化铵处理导致平板上培养的芽孢死亡，但是很大一部分死芽孢保留了对红色活体染色的内膜屏障。十六烷基三甲基溴化铵导致芽孢死亡但不破坏内膜渗透性屏障的后果尚不清楚，然而，十六烷基三甲基溴化铵处理的芽孢的内膜肯定会在某种程度上受到损害，没有表现出红色的活体染色，因为当这些芽孢萌发时它们的内膜屏障被认为是受损的，可能是芽孢的某些部分溶解。十六烷基三甲基溴化铵芽孢死亡的方式基本上与大量化学试剂杀死芽孢的方式相同，这些化学试剂包括许多氧化剂和超临界二氧化碳，它们似乎通过以某种方式破坏芽孢内膜而杀死芽孢（Setlow, 2013；Setlow et al. , 2016；Li et al. , 2017）。然而，十六烷基三甲基溴化铵对芽孢内膜分子的损伤细节尚不清楚。

5.4 本章小结

本章探究了一种消毒杀菌剂，十六烷基三甲基溴化铵（阳离子表面活性剂）触发芽孢杆菌芽孢大量释放吡啶二羧酸钙并杀死芽孢的能力。十六烷基三甲基溴化铵能触发吡啶二羧酸钙从枯草芽孢杆菌、蜡状芽孢杆菌和巨大芽孢杆菌的芽孢中释放，但芽孢却未完成萌发过程。由十六烷基三甲基溴化铵触发的吡啶二羧酸钙释放在较高温度下有所增加，并且对于枯草芽孢杆菌芽孢来说，pH 为 9.4 和十六烷基三甲基溴化铵浓度为 30 μg/mL 是致使吡啶二羧酸钙释放的最佳条件。平板计数和休眠芽孢的活体染色结果表明，在芽孢萌发后，十六烷基三甲基溴化铵还能杀死芽孢杆菌芽孢。然而，蜡状芽孢杆菌和巨大芽孢杆菌芽孢比枯草芽孢杆菌芽孢对十六烷基三甲基溴化铵更加敏感。除此之外，十六烷基三甲基溴化铵同样会引起缺乏萌发蛋白基因的枯草芽孢杆菌突变菌的芽孢释放吡啶二羧酸钙，并且杀死这些突变菌株芽孢。总而言之，十六烷基三甲基溴化铵杀死三种芽孢杆菌菌种的芽孢，它的致死作用可能是通过破坏芽孢内膜，也可能是这种杀菌剂杀灭芽孢是在其触发芽孢萌发之后。因此，十六烷基三甲基溴化铵既是一种消毒杀菌剂，在较高温度下也是一种杀孢剂，可以作为芽孢杀灭剂的有用辅助剂。

第 6 章　芽孢吸附稀土离子及对其性质的影响

6.1　引言

现阶段的研究集中于利用细菌物种对稀土离子进行吸附，主要菌种有玫瑰杆菌 sp AzwK - 3b(Bonificio & Clarke, 2016)，大肠杆菌和新月柄杆菌(Park et al., 2016；Park et al., 2017)，以及芽孢杆菌。芽孢杆菌的细胞能够吸附各种稀土离子的关键在于芽孢杆菌细胞壁，特别是具有多个磷酸基团的壁磷壁酸发挥作用(Moriwaki & Yamamoto, 2013)。研究发现，虽然苏云金芽孢杆菌和枯草芽孢杆菌细胞均吸收铕离子(Eu^{3+})，但枯草芽孢杆菌细胞在稀土离子吸附中表现出一定的选择性(Inaoka & Ochi, 2012；Moriwaki et al., 2013；Martinez et al., 2014；Pan et al., 2017)。

与芽孢杆菌属细胞吸附稀土离子的相关信息相比，很少有与这些菌种相应的芽孢吸附稀土离子的信息。芽孢具有与细胞非常不同的结构，最主要的是缺少磷壁酸(Chin et al., 1968)，芽孢杆菌属芽孢的最外表面层是孢外壳或孢外壁，而不是肽聚糖细胞壁。在外层的芽孢衣之下依次是外膜、肽聚糖皮层和生殖细胞壁、内膜，最后是芽孢核心。芽孢核心具有非常低的含水量，并且其干重的约 25% 是钙与吡啶二羧酸的 1∶1 螯合物——吡啶二羧酸钙。值得注意的是，吡啶二羧酸对稀土离子的亲和力高于对钙离子或镁离子的亲和力(Tichane & Bennett, 1957)。

由于它独特的结构和相对脱水的核心，芽孢的代谢处于休眠状态，因此其极耐受许多环境压力，诸如干燥、湿热和干热、紫外线和伽马辐射以及大多数有毒化学物质都无法损害芽孢。有趣的是，尽管芽孢具有极端的休眠性，一旦给予适当的信号，环境变得有利于细胞生长时，芽孢就可以在萌发时恢复生命状态。

稀土离子如铽离子，甚至镝离子已用于检测芽孢萌发，因为它们与在芽孢萌发早期阶段从核心释放的吡啶二羧酸结合，产生了具有荧光强度的复合物(Hindle & Hall, 1999)。铽离子和镝离子还会强烈抑制外层有缺陷的芽孢萌发，这些缺陷包括经化学去除芽孢外层或者通过基因技术删除外衣蛋白的基因。虽然这种抑制芽孢萌发的机制尚不清楚，但是有一种可能的解释是，稀土离子直接阻断了芽孢萌发时吡啶二羧酸钙释放的内膜通道(Yi, et al., 2011)。

鉴于芽孢的外层可能同时具有羧基和磷酸基团(Hinc et al., 2010；McKenney

et al.，2013；Nguyen et al.，2016），本章提出如下研究假设：芽孢杆菌属的芽孢表面具有稀土离子的结合位点。为了测试该假设，首先，检测野生型枯草芽孢杆菌和缺乏各种外层蛋白组分或不能合成吡啶二羧酸的突变菌株，以及野生型蜡状芽孢杆菌的芽孢对稀土离子铽和镝的吸附特点。然后，通过荧光法测定芽孢摄取和释放这些稀土离子的动力学，与此同时，研究芽孢累积的稀土离子对芽孢性质，括芽孢的萌发、存活力和耐热性的影响。最后，利用透射电子显微镜观察芽孢吸附稀土离子的作用位点。

6.2 结果

6.2.1 芽孢对铽离子和镝离子的吸附

之前的研究发现，某些细菌的细胞可以吸附稀土离子，但是并没有报道证实这些细菌的芽孢吸附稀土离子。为了确定芽孢杆菌芽孢是否可以积累铽离子和镝离子，以及吸附的最佳时间和pH，实验使用了大量的枯草芽孢杆菌和蜡样芽孢杆菌T菌株的芽孢。使用的枯草芽孢杆菌是野生型PS832和其同基因的菌株：①PS3738和PS4150菌株形成芽孢衣蛋白缺陷的芽孢，而且PS4150芽孢缺乏芽孢内衣层和外衣层，很可能只保留薄薄的不溶性的外壳蛋白层（Klobutcher et al.，2006；Ghosh et al.，2008）；②FB122菌株形成不含吡啶二羧酸钙的芽孢（Paidhungat et al.，2001；Magge et al.，2008）；③PS2066、PS2307、PS2421和PS2422菌株都会形成芽孢皮层肽聚糖结构各种缺陷的芽孢（Popham et al.，1999；Popham et al.，1996；Popham et al.，1999）。为了测定野生型枯草芽孢杆菌芽孢的铽离子或镝离子的吸附量，在23℃，pH为4.5至8.0条件下，芽孢与一定浓度的氯化铽或氯化镝孵育1～30 min（图6－1）。孵育后，将芽孢离心、润洗以去除外部溶质和悬浮在水中的颗粒，煮沸30 min以提取所有内源的芽孢吡啶二羧酸，并离心。然后测量上清液中的吡啶二羧酸铽或吡啶二羧酸镝的荧光强度，结果表明，①在pH为7.4孵育时芽孢积累铽离子或镝离子的量最大；②在孵育时长5 min内，铽离子或镝离子累积量即可达到最大。因此，后续所有芽孢与氯化铽或氯化镝孵育的条件都是：在pH为7.4的缓冲液中孵育5 min。值得注意的是，野生型芽孢中的吡啶二羧酸水平足以结合所有芽孢吸附的铽离子或镝离子，因为向煮沸的野生型芽孢的上清液中添加1 mmol/L吡啶二羧酸后，铽或镝离子荧光水平没有进一步增加。

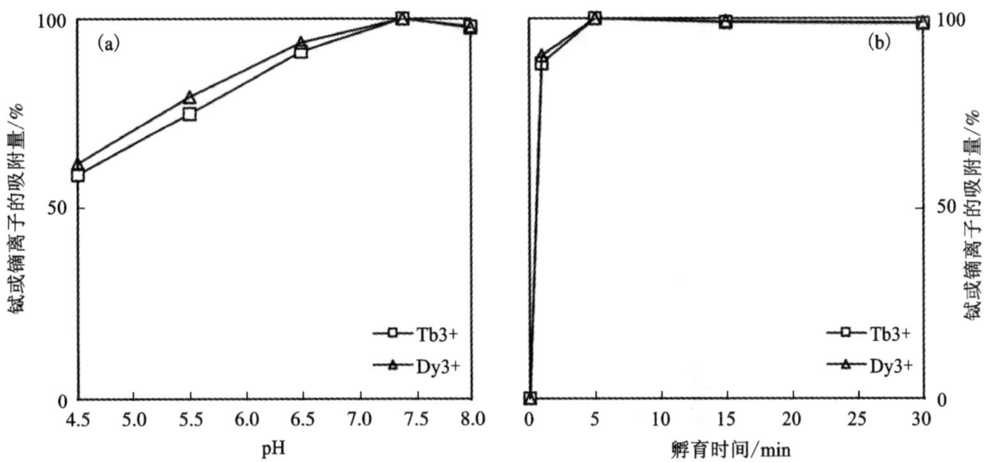

图 6－1　孵育 pH 和时间对枯草芽孢杆菌芽孢吸附铽离子或镝离子的影响

枯草芽孢杆菌 PS832 芽孢在 23℃ 与 200 μmol/L 的铽或者镝离子，在不同 pH（4.5、5.5、6.5、7.4 和 8.0）条件下孵育 5 min（a），或者在 pH 为 7.4 条件下孵育不同的时间（0、1 min、5 min、15 min 和 30 min）（b），然后洗涤。最终浓度 OD_{600} 为 0.5 的吸收铽或镝离子芽孢煮沸 30 min，离心后取 90 mL 上清在 K－Hepes 缓冲液（25 mmol/L，pH 为 7.4）中进行荧光强度检测。所得数值为在时间 t 的荧光强度与最高荧光强度值之间的百分比。

野生型枯草芽孢杆菌芽孢积累的铽离子或镝离子的量随与芽孢孵育的氯化铽或氯化镝浓度升高而增加，但最高约 100 μmol/L，并产生 100 ~ 200 nmol/mg 干芽孢，相当于芽孢干重的 2% ~ 3%（图 6－2，表 6－1）。由于吡啶二羧酸约占芽孢干重的 10%，因此与吸附的最大量的铽离子或镝离子相比，吡啶二羧酸显然是显著过量的。相比铽离子，芽孢吸附的镝离子更多，这表明芽孢对稀土离子的吸附可能有一定的选择性，尽管野生型枯草芽孢杆菌芽孢和野生型蜡样芽孢杆菌芽孢的吸附能力没有显著差异。虽然经化学法处理的和未经处理的野生型枯草芽孢杆菌芽孢对铽离子或镝离子的吸附能力类似，但缺乏芽孢衣聚集蛋白 SafA 的芽孢，更严重的芽孢衣缺陷的枯草芽孢杆菌 PS4150 的芽孢和缺乏吡啶二羧酸钙的 FB122 芽孢比野生型芽孢吸附更多的铽离子（表 6－1）。这一发现表明，对于缺乏吡啶二羧酸钙的芽孢，铽离子或镝离子没有累积在芽孢核心与吡啶二羧酸结合。毕竟，铽离子或镝离子与吡啶二羧酸结合得非常紧密，并且比芽孢核心中几乎所有吡啶二羧酸通常螯合的钙离子都更紧密（Tichane & Bennett，1957；Grenthe，1961）。芽孢皮层肽聚糖结构的各种变化，包括交联的改变和缺乏芽孢胞壁酸－ε－内酰胺的特异性修饰，对铽或镝离子的吸附也没有影响（表 6－1）。

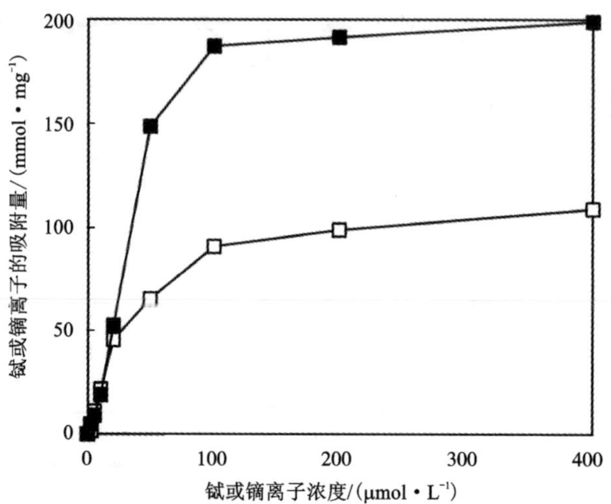

图 6-2 枯草芽孢杆菌芽孢对铽或镝离子的吸附量

枯草芽孢杆菌 PS832 芽孢在 23℃的 K-Hepes 缓冲液(100 mmol/L, pH 为 7.4)中与不同浓度铽离子或者镝离子孵育 5 min，然后润洗。最终浓度 OD_{600} 为 0.5 的吸收铽或镝离子芽孢煮沸 30 min，离心后取 90 μL 上清在 K-Hepes 缓冲液(25 mmol/L, pH 为 7.4)中进行荧光强度检测。

表 6-1 不同种类的芽孢杆菌菌株芽孢对铽和镝离子的吸附

菌种/菌株	吸附量/(nmol/mg 干重芽孢)			
	孵育浓度/(20 μmol · L⁻¹)		孵育浓度/(200 μmol · L⁻¹)	
	铽离子	镝离子	铽离子	镝离子
枯草芽孢杆菌野生型	46 ± 4.5	52 ± 4.7	100 ± 9.7	191 ± 13
枯草芽孢杆菌(去除芽孢衣)	45 ± 6.1	49 ± 6.4	112 ± 12	187 ± 16
枯草芽孢杆菌 PS2066	50 ± 5.8	56 ± 4.6	107 ± 11	200 ± 18
枯草芽孢杆菌 PS2307	49 ± 4.8	54 ± 4.5	105 ± 10	195 ± 17
枯草芽孢杆菌 PS2421	43 ± 5.2	47 ± 4.3	95 ± 8.9	181 ± 15
枯草芽孢杆菌 PS2422	48 ± 4.7	53 ± 4.8	105 ± 11	189 ± 14
枯草芽孢杆菌 PS3738	58	66	182	317
枯草芽孢杆菌 PS4150	76 ± 7.7	88 ± 10	166 ± 17	186 ± 24
枯草芽孢杆菌 FB122	77 ± 9.2	85 ± 9.3	157 ± 18	182 ± 26
蜡样芽孢杆菌 T	51 ± 4.6	71 ± 6.2	89 ± 6.5	102 ± 12

为了测定其他二价金属离子是否影响芽孢对铽或镝离子的吸附，将野生型枯

草芽孢杆菌芽孢单独与铽离子或镝离子，以及 10 倍过量的钙离子或镁离子一起孵育，并且测定铽离子或镝离子的量(表 6 -2)。结果表明，相比单独的铽离子或镝离子，用 10 倍过量的钙离子孵育的芽孢吸附稀土离子比之前减少 25%，而在使用 10 倍过量的镁离子的情况下，芽孢对铽离子或镝离子的吸附量几乎没有变化(表 6 -2)。这些结果进一步表明，芽孢对某些二价阳离子的吸附比其他离子更加紧密。

表 6 -2　溶液中钙离子或者镁离子对枯草芽孢杆菌 PS832 芽孢吸附铽离子或镝离子的影响

孵育	吸附量/(nmol · mg^{-1}干重芽孢)	
	铽离子	镝离子
氯化铽或氯化镝/(20 μmol · L^{-1})	46 ±4.5	52 ±4.7
添加氯化钙/(200 μmol · L^{-1})	34 ±2.8	39 ±3.3
添加氯化镁/(200 μmol · L^{-1})	48 ±4.3	51 ±4.6

6.2.2　负载稀土离子芽孢的活性、耐热性和萌发特性

为了检测铽离子或镝离子累积是否影响芽孢特性，将野生型枯草芽孢杆菌芽孢与(或不与)20 mmol/L 的氯化铽或氯化镝一起孵育 5 min，润洗后的芽孢在 LB 琼脂平板上培养，结果发现负载铽离子或镝离子的芽孢同未处理的芽孢具有相同的存活率(+/ - 15%)，并且它们在 90℃下的耐湿热性几乎相同。然而，在 L 型缬氨酸萌发的前 20 min 内，吸附了铽离子或镝离子的芽孢萌发比未吸附的芽孢稍慢(图 6 -3)。与之前的发现一致的是(Yi, et al., 2011)，负载铽离子或镝离子的芽孢衣缺陷芽孢的萌发受到抑制，但是如果在加入萌发剂 L 型缬氨酸之前或之时将吡啶二羧酸添加到铽离子或镝离子负载的芽孢液中，这种抑制作用则被消除了。

6.2.3　芽孢中铽或镝离子的释放

鉴于芽孢可以积累大量的铽离子或镝离子，有一个明显的问题是如何除去这些离子，吡啶二羧酸单独或与萌发剂 L 型缬氨酸一起用作解吸附剂，以负载铽离子或镝离子的、有严重芽孢衣缺陷的和吡啶二羧酸钙缺失的野生型枯草芽孢杆菌芽孢洗去这些稀土离子(图 6 -4)。正如预期的那样，基于铽离子或镝离子与吡啶二羧酸的极度紧密结合(Tichane & Bennett, 1957; Grenthe, 1961)，当吡啶二羧酸被加入到铽离子或镝离子负载芽孢液中时，无论在 23℃还是在 37℃下，所有铽离子或镝离子几乎立即从芽孢中释放出来(图 6 -4)。单独使用吡啶二羧酸或添

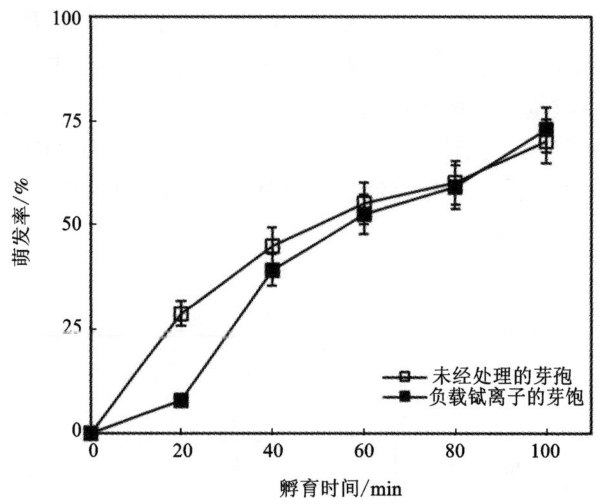

图 6 -3　吸附铽离子对枯草芽孢杆菌芽孢萌发的影响

枯草芽孢杆菌 PS832 芽孢在 K - Hepes 缓冲液（100 mmol/L，pH 为 7.4）中与铽离子(20 mmol/L)在 23℃下孵育 5 min，然后润洗。吸收铽离子的芽孢 37℃下与休眠芽孢在含有 L 型缬氨酸(10 mmol/L)的缓冲液(25 mmol/L，pH 为 7.4）中孵育，每隔 20 min 进行相差显微镜镜检，芽孢萌发率通过计算变暗的芽孢在总芽孢数中的比例获得。

加 L 型缬氨酸，在 20 min 内引起芽孢释放铽离子或镝离子的效率没有明显差异，表明有望将吡啶二羧酸应用在环境中，将铽离子或镝离子从细菌芽孢上解吸附。虽然这些稀土离子非常紧密地结合吡啶二羧酸(Tichane & Bennett，1957；Grenthe，1961)，但是当吡啶二羧酸的羧基团和氮质子化时，这些离子似乎能在低 pH 下解离。值得注意的是，铽离子或镝离子从芽孢衣缺陷的芽孢解吸附比完整芽孢衣的芽孢更快(图 6 -4A、C)，这表明吡啶二羧酸更容易接近外层缺陷芽孢积累的铽离子或镝离子。

L 型缬氨酸是枯草芽孢杆菌芽孢的有效萌发剂，已被广泛用于触发依赖萌发受体的芽孢萌发(Setlow et al.，2017)。因此，本研究还利用 L 型缬氨酸进行检测，以确定芽孢萌发释放的吡啶二羧酸是否也触发了芽孢累积的铽离子或镝离子的释放(图 6 -4B、D)。结果显示，L 型缬氨酸的添加引发了芽孢萌发和吡啶二羧酸的释放，从而导致了铽离子或镝离子从芽孢释放，尽管铽离子或镝离子释放的速率比单独添加吡啶二羧酸时的速率慢(图 6 -4)。然而，单独添加 L 型缬氨酸不会引起芽孢衣缺陷芽孢铽离子或镝离子的释放，因为这些芽孢的萌发已被强烈抑制，很可能是被如上所述的铽离子或镝离子与吡啶二羧酸形成的复合物所抑制(图 6 -4C)。显然，由于 FB122 芽孢中缺乏吡啶二羧酸钙，单独用 L 型缬氨酸没有引起芽孢释放吡啶二羧酸，因此也没有引发铽离子或镝离子的释放(图 6 -4D)。

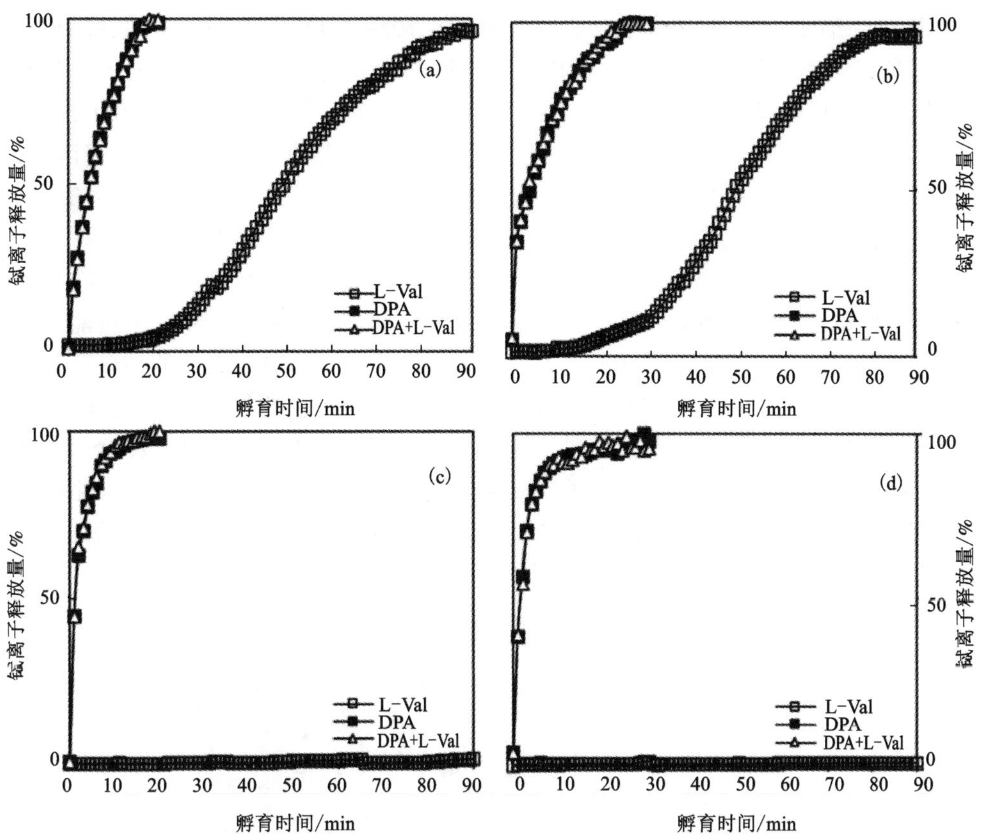

图 6-4　铽或镝离子从枯草芽孢杆菌芽孢释放的动力学曲线

23℃下在 K-Hepes 缓冲液(100 mmol/L, pH 为 7.4)中，枯草芽孢杆菌 PS832（A)和 PS4150（C)芽孢与铽离子（20 μmol/L)孵育 5 min，PS832（B)和 FB122（D）芽孢与镝离子（20μmol/L）孵育 5 min，然后分别润洗。润洗后的芽孢终浓度调整 OD_{600} 为 0.5，分别与 L 型缬氨酸(10 mmol/L)或者吡啶二羧酸(100 μmol/L)在 K-Hepes 缓冲液（25 mmol/L, pH 为 7.4）中孵育，并实时监测荧光强度。所得数值为在时间 t 的荧光强度与最高荧光强度值之间的百分比。

6.2.4　芽孢吸附稀土离子的位置

鉴于上述结果，特别是铽离子或镝离子在芽孢的快速吸附和释放，表明吸附的铽离子或镝离子可能不在芽孢核中，但也不清楚这些离子在芽孢的多层结构中具体积累的位置。为了精确地确定芽孢吸附稀土离子的位置，本研究使用透射电子显微镜定位电子致密的铽离子。因为在初步的透射电子显微镜测试时，在负载铽离子野生型枯草芽孢杆菌芽孢中没有显示铽离子，很可能是因为吡啶二羧酸释放引发铽离子解吸附，因此在切片和透射电子显微镜样品处理过程中铽离子已完全损失。所以，本研究选择了核心缺失吡啶二羧酸的 FB122 芽孢进行电镜分析。没有负载铽离子的 FB122 芽孢切片透射电镜图像清楚地显示了芽孢的主要分层结构，即使样品没用 OsO_4固定（图 6 -5A、C）。然而，与未处理的芽孢相比，负载有铽离子的芽孢的透射电镜照片显示，芽孢外表面周围具有高电子致密区域，似乎形成延伸的基质（图 6 -5B、D；暗箭头）。这些电子致密基质区域的存在，加上负载铽离子芽孢衣中的一些略微增加的电子密度（图 6 -5B、D；白色箭头），表明了铽离子几乎完全吸附在芽孢表面，这与添加的吡啶二羧酸快速且完全洗脱芽孢所吸附的铽离子的发现一致。为了进一步测试铽离子或镝离子结合中可能涉及的芽孢外层成分，本章还测试了缺乏这些芽孢最外层（壳）特定成分的枯草芽孢杆菌芽孢（Shuster et al. , 2019），以确认是否对稀土离子的吸附有影响（表 6 -3）。以 PY79 为基因背景去除芽孢的外壳组分，对比野生型 PY79 芽孢以及 PS533 芽孢，对这些突变体芽孢吸附铽离子或镝离子量进行测定。除了 cge 突变体芽孢的镝离子吸附略低之外，与 PY79 或 PS533 为基因背景的野生型芽孢的吸附相比，外壳突变体对铽离子或镝离子的吸附量没有显著降低。

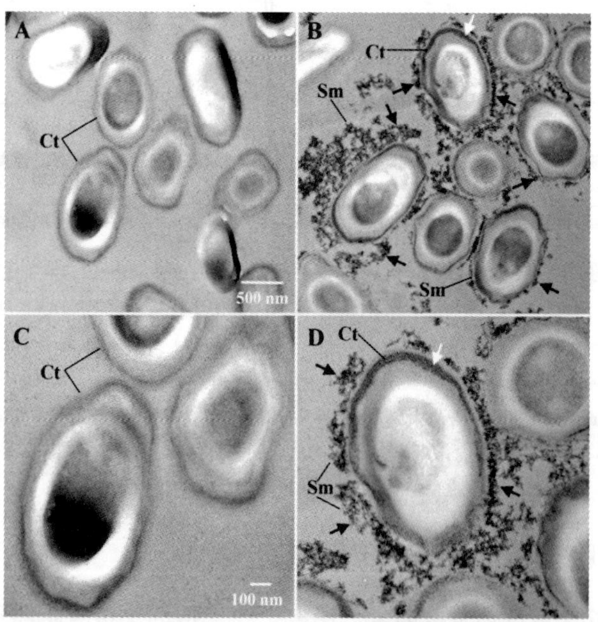

图 6 -5　吸附铽离子的枯草芽孢杆菌芽孢的透射电镜图像

利用透射电镜观察枯草芽孢杆菌 FB122 休眠芽孢（A 和 C），以及在 23℃与含有氯化铽（20 μmol/L）的 K - Hepes 缓冲液（100 mmol/L，pH 7.4）孵育 5 min 的枯草芽孢杆菌 FB122 芽孢（B 和 D）。C 和 D 分别是 A 和 B 样品更高分辨率观察的图像。缩写 Ct 代表芽孢衣；Sm 代表芽孢外层基质；白色箭头所示为芽孢衣，黑色箭头所示为吸附铽离子的电子致密层。A 和 B 的比例尺同为 500 nm，C 和 D 的比例尺同为 100 nm。

表6-3　外壳有缺陷的枯草芽孢杆菌芽孢吸附铽和镝离子的量

菌株	基因型-背景	吸附量/%	
		铽离子	镝离子
枯草芽孢杆菌 PS533	wt -168	100	100
枯草芽孢杆菌 PS3483	wt -PY79	108±21	92±18
枯草芽孢杆菌 PE670	cotXYZ-PY79	82±31	98±15
枯草芽孢杆菌 PE2763	spsI-PY79	87±22	58±9
枯草芽孢杆菌 PE2916	cgeB-PY79	118±21	88±16

6.3 本章讨论

目前的研究结果表明，几种芽孢杆菌属的芽孢能够吸附铽离子或镝离子，吸附量高达芽孢干重的约3%，此发现是对细菌吸附稀土离子作用的延伸。对枯草芽孢杆菌芽孢吸附铽离子或镝离子位置的透射电镜分析清楚地表明，芽孢的最外层吸附大部分稀土离子，吸附的铽离子和镝离子不在芽孢的内层，特别是芽孢核心。提供的证据包括：①在23℃下5 min内吸附铽离子或镝离子的水平达到最高，而最大吸收分子如锂离子、甲胺甚至水分子进入芽孢核心需要多个小时(Swerdlow et al.，1981；Ghosal et al.，2010；Knudsen et al.，2016)；②在添加吡啶二羧酸时，吸附的铽离子或镝离子几乎立即从枯草芽孢杆菌芽孢中释放，并且随着分子摄入芽孢核心，在没有芽孢萌发的情况下核心小分子的释放也非常缓慢(Paidhungat et al.，2001；Magge et al.，2008；Paidhungat et al.，2000)；③芽孢皮层肽聚糖结构的各种改变对芽孢吸附铽离子或镝离子没有影响；④吡啶二羧酸占芽孢核心干重的约20%，铽离子或镝离子与吡啶二羧酸结合极其紧密，比钙离子紧密约10^4，这些阳离子通常与芽孢核心中大多数(即使不是全部)吡啶二羧酸结合(Tichane & Bennett，1957；Grenthe，1961；Setlow 2019)，缺乏吡啶二羧酸钙的芽孢对铽离子或镝离子的吸收与野生型芽孢一样多，甚至可能高于野生型芽孢。因此，所有的数据表明，铽离子或镝离子，以及芽孢可能吸附的其他稀土离子，都吸附在芽孢最外层而不是芽孢核心。此外，芽孢表面对二价阳离子结合具有一定的选择性，对镝离子的结合略好于铽离子，并且过量10倍的钙离子或镁离子会最低限度地降低芽孢对铽离子或镝离子的结合，或根本没有影响。

虽然铽离子或镝离子的吸附发生在芽孢的外层，但会受到芽孢内部事件的影响。特别是，芽孢萌发过程中芽孢核心巨大的吡啶二羧酸钙储量的释放是重要的早期事件，导致所有结合在芽孢上的铽离子或镝离子释放。原因可能是芽孢核心中吡啶二羧酸与钙离子的结合比与铽离子或镝离子的结合弱得多(Tichane & Bennett, 1957; Grenthe, 1961)。因此,芽孢吸附的铽离子或镝离子从芽孢萌发中释放的吡啶二羧酸钙中置换钙离子,这导致铽离子或镝离子从芽孢中释放。据推测,吡啶二羧酸与铽离子或镝离子的结合不仅比钙离子强得多,而且比与吸附铽离子或镝离子的芽孢成分的结合强得多。芽孢吸附的铽离子或镝离子也得到了如下发现的支持,即不含吡啶二羧酸钙的 FB122 芽孢没有铽离子或镝离子从其中释放,因为仅在外源添加吡啶二羧酸时,吸附的铽离子或镝离子才从 FB122 芽孢释放。

值得注意的是,无论是化学处理还是遗传改造获得的芽孢衣缺陷芽孢,吸附铽离子或镝离子后都不会与 L 型缬氨酸萌发,这一点可以由 L 型缬氨酸添加不会引起大量的铽离子或镝离子释放所证实。同时也表明,添加 L 型缬氨酸后芽孢没有释放吡啶二羧酸钙,因为如果有大量的吡啶二羧酸钙释放,就会有显著的吡啶二羧酸铽或镝荧光。尤其是之前的研究表明,小于等于 10 μmol/L 的铽离子或镝离子强烈抑制芽孢衣缺陷芽孢的 L 型缬氨酸萌发(Yi et al., 2011)。这种抑制被认为是由于铽离子或镝离子渗透到芽孢内膜,当它通过内膜中的吡啶二羧酸钙释放通道时与吡啶二羧酸结合,因此堵塞了吡啶二羧酸钙通道。然而,类似的强烈抑制萌发的现象也发生在芽孢衣缺陷芽孢上,虽然这些芽孢外层结合了铽离子或镝离子,但是只有很少量的游离铽离子或镝离子浓度,表明还有其他稀土离子抑制芽孢萌发的解释。因此,需要更多的研究来明确抑制芽孢萌发的机理。

关于铽离子或镝离子结合的芽孢的特定外层结构目前尚不清楚。已知枯草芽孢杆菌芽孢最外层结构是外壳,含有蛋白质和碳水化合物,围绕芽孢衣蛋白层形成基质(Shuster et al., 2019)。然而,外壳层的精确结构和组成是未知的,并且预计它会在芽孢衣严重缺陷的芽孢中大大减少,例如 PS4150 芽孢,缺乏芽孢衣形态发生蛋白 CotE 和许多芽孢衣蛋白基因的转录因子 GerE (Ghosh et al., 2008; Shuster et al., 2019)。理论上,铽离子或镝离子可以与糖或蛋白质骨架上的羧酸盐基团或磷酸盐基团结合。在生长的芽孢杆菌细胞中,糖骨架存在的各种类型的磷壁酸均含有磷酸盐基团,并且在一些情况下,这些磷壁酸证明在细胞结合阳离子时发挥重要作用,结合的阳离子包括稀土离子(Moriwaki & Yamamoto, 2013; Inaoka & Ochi, 2012; Moriwaki et al., 2013; Cheng et al., 2018)。然而,虽然有报道称芽孢中有磷蛋白(Nguyen et al., 2016; McPherson et al., 2010),但是芽孢杆菌芽孢中不存在磷壁酸(Chin, et al., 1968)。值得注意的是,枯草芽孢杆菌芽孢中约 50% 的酸不溶性磷酸盐不存在于 DNA 或 RNA 中,而是在某些未知的大分子中(Nelson & Kornberg, 1970)。也许这种大量的磷存在于芽孢的外层结构中,就像磷壁酸中的磷一样,它可以结合铽离子或镝离子,以及其他可能的离子。展望未来,鉴定能够结合铽离子或者镝离子的芽孢外部结构的成分,也是一个值得期待的研究领域，尤其可以设想使用芽孢进行稀土离子等物质的生物采矿。

6.4　本章小结

虽然之前已有很多关于芽孢杆菌细胞吸附稀土离子的研究，并在一定程度上用于工业湿法冶金中，但现阶段极少有关于芽孢杆菌芽孢吸附稀土离子的研究。芽孢因其自身的结构组成和对极端环境的抗性特征，有望作为吸附剂吸附稀土离子的新材料，本研究不仅有利于填补细菌芽孢吸附稀土离子研究的不足，还有利于芽孢作为稀土材料的资源开发利用。

本研究以芽孢杆菌不同菌种的芽孢为试验对象，对两种稀土离子，即铽离子和镝离子的吸附和解吸附规律，以及可能的吸附机制进行了分析。研究发现，在中性 pH，每毫克芽孢杆菌芽孢在 5 min 内吸附铽离子和镝离子的量达到 100 ~ 200 nmol，吸附量相当于芽孢干重的 2% ~3%。然而，芽孢的湿热抗性或萌发特性并未受吸附稀土离子的影响，而且在芽孢萌发时这些离子能够全部释放出来，原因很可能是在芽孢萌发时，稀土离子与芽孢流出的大量吡啶二羧酸形成复合物。芽孢吸附的铽离子或镝离子也在几分钟内被外部添加的吡啶二羧酸所结合而释放，并且比芽孢萌发时释放得更快。枯草芽孢杆菌芽孢的缺陷，包括芽孢衣缺陷、芽孢皮层肽聚糖结构的显著改变、外壳层特定组分的缺失或芽孢核心吡啶二羧酸钙缺失，并没有减少芽孢对铽离子或镝离子的积累。所有这些发现与芽孢在外层积累铽离子或镝离子的结果相一致，同时这一结果也被透射电镜观察所证实。然而，本研究尚不清楚结合铽离子或镝离子的芽孢外层组分。

本研究的发现为芽孢杆菌芽孢吸附稀土离子提供了全新的信息，而且芽孢表面吸附的稀土离子可以通过螯合剂快速洗脱，因此稀土离子的芽孢吸附与解吸附具有非常强的可操作性，将芽孢开发为新型稀土离子吸附材料，从环境中回收稀土离子，可以更好地满足稀土绿色提取的现实需要。

第7章 研究结论及建议

7.1 研究结论

有关芽孢杆菌芽孢的研究已经取得了很多成果，这些成果已应用于人类生产实践中。但由于对芽孢的研究比较分散，没有系统地从芽孢形态结构到应用的论述，特别是鲜有结合芽孢自身特点而应用于稀土绿色提取方面的报道。因此，本研究针对本领域内存在的问题，较为系统地对芽孢杆菌芽孢进行了研究，同时对前期的相关发现进行了证实并加以延伸，从而得出以下结论：

(1)嗜热脂肪地芽孢杆菌芽孢的形成、形态结构、生化组成和萌发特性受环境因子的影响，尤其受营养缺陷型培养基类型的影响。其中硫缺陷型培养基制备的芽孢产量最高，但L型缬氨酸触发其芽孢萌发的速率却最低。氮缺陷型培养基的芽孢产量最低，但芽孢萌发率却最快。原子力显微镜和透射电子显微镜分析结果表明，相比硫或碳缺陷型培养基培养的芽孢，氮缺陷型芽孢的表面更完整、更均匀。而且，当利用碱性SDS－DTT化学法去除N(－)芽孢外衣层时，芽孢响应L型缬氨酸的萌发率大幅减少，表明芽孢表面结构的完整性和生化组成都是L型缬氨酸触发芽孢萌发的重要决定因素。然而，比较N(－)和S(－)芽孢外层蛋白中萌发相关蛋白水平时，却没发现有显著差异。虽然芽孢外衣层的两种皮层裂解酶SleB和CwlJ在S(－)芽孢比N(－)芽孢中少，但它们可能仍然无法解释导致两种类型芽孢的L型缬氨酸触发萌发率的显著差异。

(2)蛋白质组学分析揭示了萌发率不同的芽孢内膜中几种已知萌发相关蛋白的表达水平有差异。免疫印迹数据分析表明，存在于枯草芽孢杆菌芽孢的萌发蛋白质，包括GerD、SpoVAD、SleB和YpeB，也存在于嗜热脂肪地芽孢杆菌芽孢中。在枯草芽孢杆菌芽孢萌发过程中，这些蛋白的功能已被证明：①GerD传输萌发信号到下游；②SpoVAD令吡啶二羧酸钙从芽孢内释放；③SleB降解肽聚糖皮层；④YpeB组装SleB。除了上述鉴定的嗜热脂肪地芽孢杆菌芽孢萌发蛋白，假定的GerA受体蛋白也通过它的亚基GerAC被验证。而且，GerAC水平在N(－)芽孢比S(－)芽孢中高，而其他的萌发相关蛋白水平并没有显著差异，心磷脂水平在两者间也没有差异，表明萌发受体蛋白水平可能是芽孢萌发的关键因素之一。

(3)芽孢杆菌芽孢虽然有较为完整的多层结构作为防御系统，但包括氟离子和十六烷基三甲基溴化铵在内的小分子能够进入到枯草芽孢杆菌芽孢内，并在一定条件下抑制芽孢萌发甚至杀死芽孢。酸性环境有利于氟离子以氟化氢或者氟化钠的形式进入到芽孢核心区域，从而累积氟离子并对芽孢萌发产生抑制作用，氟离子输出蛋白 YhdU(现在命名为 FluC)在芽孢萌发时虽然促进芽孢释放氟离子，但它对芽孢内氟离子的解毒作用远小于细胞。十六烷基三甲基溴化铵作为阳离子表面活性剂能够引起芽孢杆菌芽孢释放大量的吡啶二羧酸钙，却不能触发芽孢完成萌发过程。在较高温度下，它能作为杀孢剂，但杀孢作用是在其触发芽孢萌发之后，很可能是通过损坏芽孢内膜来实现的。因此，十六烷基三甲基溴化铵既是一种消毒杀菌剂，也是一种可以作为杀灭芽孢的有用辅助剂。

(4)芽孢杆菌芽孢具有吸附稀土离子的功能。包括枯草芽孢杆菌和蜡样芽孢杆菌等不同菌种的芽孢都能高效吸附稀土离子，尤其是对铽离子和镝离子的吸附量达到芽孢干重的2% ~3%。而且，其他金属离子，包括钙离子及镁离子对芽孢吸附稀土离子的影响并不大，吸附稀土离子后的芽孢特性也未发生明显改变。芽孢杆菌芽孢是通过芽孢表面进行稀土离子吸附的，虽然机理并不清楚，但芽孢自身的特点使其具有可开发利用的潜质，能够应用于稀土离子提取和资源回收过程，芽孢作为生物吸附材料在绿色、环保、可重复利用等方面显现优势。

7.2　研究建议

本书对影响芽孢杆菌芽孢形成的因素、芽孢的形态结构、生理生化等特征进行了较为系统的描述，对芽孢萌发的抑制作用及杀孢作用进行了研究，而且对芽孢作为稀土离子吸附材料的应用进行了探讨，得出了许多有价值的结论。但是在很多方面的研究还不够完善、不够深入，需要进一步的研究：

(1)虽然某些氨基酸如 L 型缬氨酸触发嗜热脂肪地芽孢杆菌 N(-)芽孢快速萌发，GerAC 和其他萌发蛋白质已被确定为候选的萌发蛋白，但它们在萌发过程中分子水平上的详细功能有待进一步研究。

(2)嗜热脂肪地芽孢杆菌芽孢受体蛋白 GerA 蛋白仍然不清楚。分离纯化膜蛋白，特别研究受体蛋白是一项极具挑战性的工作，一旦受体蛋白得以纯化就可以解析其分子结构。因此建议在完成此工作的基础上，通过基因工程技术在菌株内删除 GerA 或过度表达，然后利用 N(-)或者 S(-)培养基培养制备此类型的芽孢，最后通过检测 GerA 的水平了解 GerA 对突变株芽孢萌发率的影响。

(3)本研究发现芽孢杆菌芽孢具有吸附稀土离子的功能，尤其确认了高效吸附铽离子与镝离子的能力，但吸附机理并不明确，也未对其他稀土离子进行吸附测试。此外，当前芽孢吸附稀土离子仅处于实验阶段，应用上具有一定的局限性。因此，建议搞清芽孢吸附稀土离子的专一性与吸附机理，在此基础上，如何将芽孢开发为吸附材料并大规模应用于稀土离子的绿色提取是后续研究的重点与难点。

参考文献

陈美娜，谷平平，罗丹，2013. 微量元素 Mn 离子对 DY 芽孢杆菌芽孢形成影响的研究[J]. 中国微生态学杂志，25(12)：1369 - 1372.

程淑琴，2014. 利用金属离子促进枯草芽孢杆菌芽孢形成的方法[P]. CN103766586A.

霍春芳，张冬艳，刘进荣，等，2002. 稀土对芽孢菌的抑菌机理研究[J]. 化学学报，60(6)：1065 - 1071.

姜照伟，翁伯琦，黄元仿，等，2008. 镧对土壤微生物的影响[J]. 中国稀土学报，26(4)：498 - 502.

梁栋，陈芳，胡小松，2018. 芽孢萌发研究进展[J]. 中国食品学报，(6).

罗进明，2008. 营养及环境条件对枯草芽孢杆菌芽孢形成的影响[D]. 广州：华南农业大学.

刘秀花，2007. 芽孢杆菌生物学及其应用[M]. 开封：河南大学出版社.

刘燕，秦玉昌，潘宝海，2005. 枯草芽孢杆菌(Bacillus subtilis)在芽孢形成过程中的几个关键事件[J]. 生命科学，17(4)：360 - 363.

王似锦，武永秀，肖璜，等，2018. 两种芽孢悬液形式生物指示剂的耐热性研究[J]. 中国药学杂志，(11).

杨晓改，范云周，冯敏，等，2014. 稀土发挥生物效应的机制及其作用物种探讨[J]. 中国科学:化学，44(4)：521 - 530.

赵越，魏法山，赵改名，等，2017. NaCl 对嗜热脂肪芽孢杆菌耐热性影响的研究[J]. 现代食品科技，(4)：229 - 235.

郑春丽，王亚琴，陈敏洁，等，2016. 巨大芽孢杆菌与稀土离子的相互作用研究[J]. 稀土，37(1)：132 - 136.

Abel - Santos E, Dodatkob T, 2007. Differential nucleoside recognition during *Bacillus cereus* 569 (ATCC 10876) spore germination[J]. New J Chem, 31, 748 - 755.

Abhyankar W, Beek A T, Dekker H, Kort R, Brul S, de Koster C G, 2011. Gel - free proteomic identification of the *Bacillus subtilis* insoluble spore coat protein fraction [J]. Proteomics, 11, 4541 - 4550.

Abhyankar W, Hossain A, Djajasaputra A, Permpoonpattana P, Beek A T, Dekker H, et al, 2013. In pursuit of protein targets: proteomic characterization of Bacterial spore outer layers[J]. J Proteome research, 12, 4507 - 4521.

Aguilar C, Vlamakis H, Guzman A, Losick R, Kolter R, 2010. KinD is a checkpoint protein linking spore formation to extracellular - matrix production in *Bacillus subtilis* biofilms[J]. MBio, 1(1), e00035 - 00010.

Aguilar C, Vlamakis H, Losick R, Kolter R, 2007. Thinking about *Bacillus subtilis* as a multicellular organism[J]. Curr Opin in Microbiol, 10, 638 - 648.

Ahlström B, Thompson R A, Edebo L, 1999. The effect of hydrocarbon chain length, pH, and temperature on the binding and bactericidal effect of amphiphilic betaine esters on Salmonella typhimurium[J]. APMIS 107, 318 - 324.

Akoachere M, Squires R C, Nour A M, Angelov L, Brojatsch J, Abel - Santos E, 2007. Identification of an in vivo inhibitor of *Bacillus anthracis* spore germination[J]. J Biol Chem, 282, 12112 - 12118.

Aljie J E, Watt I C, 1984. Calculation of Mass and Water Content between the Core, Cortex, and Coat of *Bacillus stearothermophilus* Spores[J]. Curr Microbiol, 10, 249 - 254.

Aronson A I, Fitz - James P C, 1975. Properties of *Bacillus cereus* spore coat mutants[J]. J Bacteriol, 123, 354 - 365.

Aronson A I, Fitz - James P C, 1976. Structure and morphogenesis of the bacterial spore coat[J]. Bacteriol Rev, 40, 360 - 402.

Atluri S, Ragkousi K, Cortezzo D E, Setlow P, 2006. Cooperativity between different nutrient receptors in germination of spores of *Bacillus subtilis* and reduction of this cooperativity by alterations in the GerB receptor[J]. J Bacteriol, 188(1), 28 - 36.

Atrih A, Foster S J, 2001. In vivo roles of the germination - specific lytic enzymes of *Bacillus subtilis* 168[J]. Microbiol, 147, 2925 - 2932.

Atrih A, Zöllner P, Allmaier G, Foster S J, 1996. Structural analysis of *Bacillus subtilis* 168 endospore peptidoglycan and its role during differentiation[J]. J Bacteriol, 178, 6173 - 6183.

Atrih A, Zöllner P, Allmaier G, Williamson M P, Foster S J, 1998. Peptidoglycan structural dynamics during germination of *Bacillus subtilis* 168 endospores[J]. J Bacteriol, 180, 4603 - 4612.

Avignone - Rossa C, Arcas J, Mignone C, 1992. *Bacillus thuringiensis* growth, sporulation and 6 - endotoxin production in oxygen limited and non - limited cultures[J]. World J Microb Biot, 8, 301 - 304.

Bagyan I, Noback M, Bron S, Paidhungat M, Setlow P, 1998. Characterization of yhcN, a new forespore - specific gene of *Bacillus subtilis*[J]. Gene 212:179 - 188.

Baker J L, Sudarsan N, Weinberg Z, Roth A, Stockbridge R B, Breaker R R, 2012. Widespread genetic switches and toxicity resistance proteins for fluoride[J]. Science 335, 233 - 235.

Bakhiet N, Stahly D P, 1985. Ultrastructure of sporulating Bacillus larvae in a broth medium[J]. Appl Environ Microb, 50, 690 - 692.

Banerjee D, Markley AL, Yano T, Ghosh A, Berget P B, Minkley E G Jr, Khetan S K, Collins T J, 2006. "Green" oxidation catalysis for rapid deactivation of bacterial spores[J]. Angew Chem Int Ed Engl, 45, 3974 - 3977.

Barák I, Muchová K, 2013. The role of lipid domains in bacterial cell processes[J]. Int J Mol Sci, 14, 4050 - 4065.

Barlass P J, Houston C W, Clements M O, Moir A, 2002. Germination of Bacillus cereus spores in response to L - alanine and to inosine: the roles of gerL and gerQ operons[J]. Microbiol - SGM, 148, 2089 - 2095.

Bassler B L, Losick R, 2006. Bacterially speaking[J]. Cell, 125, 237 - 246.

Baudouin - Cornu P, Surdin - Kerjan Y, Marliere P, Thomas D, 2001. Molecular evolution of protein atomic composition[J]. Science, 293(5528), 297 - 300.

Beaman T C, Pankratz H S, Gerhardt P, 1988. Heat shock affects permeability and resistance of *Bacillus stearothermophilus* spores[J]. Appl Environ Microb, 54, 2515 - 2520.

Beckedorf A I, Schöffer C, Messner P, Peter - Katalinić J, 2002. Mapping and sequencing of cardiolipins from *Geobacillus stearothermophilus* NRS 2004/3a by positive and negative ion nanESI - QTOF - MS and MS/MS[J]. J Mass Spectrom, 37, 1086 - 1094.

Behravan J, Chirakkal H, Masson A, Moir A, 2000. Mutations in the gerP cocus of Bacillus subtilis and *Bacillus cereus* affect access of germinants to their targets in spores [J]. J Bacteriol, 182, 1987 - 1994.

Bejerano - Sagie M, Oppenheimer - Shaanan Y, Berlatzky I, Rouvinski A, Meyerovich M, Ben - Yehuda S, 2006. A checkpoint protein that scans the chromosome for damage at the start of sporulation in Bacillus subtilis[J]. Cell, 125, 679 - 690.

Ben - Yehuda S, Losick R, 2002. Asymmetric cell division in B. subtilis involves a spiral - like intermediate of the cytokinetic protein FtsZ[J]. Cell, 109, 257 - 266.

Bender G R, Marquis R E, 1985. Spore heat resistance and specific mineralization[J]. Appl Environ Microb, 50, 1414 - 1421.

Bernhardt J, Weibezahn J, Scharf C, Hecker M, 2003. *Bacillus subtilis* during feast and famine: visualization of the overall regulation of protein synthesis during glucose starvation by proteome analysis [J]. Genome Res, 13, 224 - 237.

Black E P, Koziol - Dube K, Guan D, Wei J, Setlow B, Cortezzo D E, et al, 2005. Factors influencing germination of *Bacillus subtilis* spores via activation of nutrient receptors by high pressure [J]. Appl Environ Microb, 71(10), 5879 - 5887.

Blake M R, Weimer B C, 1997. Immunomagnetic detection of *Bacillus stearothermophilus* spores in food and environmental samples[J]. Appl Environ Microb, 63, 1643 - 1646.

Bonificio WD, Clarke DR, 2016. Rare - earth separation using bacteria[J]. Environ Sci Technol Lett 3:180 - 184.

Boniolo F S, Rodrigues R C, Prata A M R, López M L, Jacinto T, da Silveira M M, et al, 2012. Oxygen supply in *Bacillus thuringiensis* fermentations: bringing new insights on their impact on sporulation andδ - endotoxin production[J]. Appl Microbiol Biot, 94, 625 - 636.

Bourne N, Fitz - James P C, Aronson A I, 1991. Structural and germination defects of *Bacillus subtilis* spores with altered contents of a spore coat protein[J]. J Bacteriol, 173, 6618 - 6625.

Bozue J A, Welkos S, Cote C K, 2015. The *Bacillus anthracis* exosporium: what's the big "hairy" deal? [J]. Microbiology Spectrum, 3(5).

Bragg J G, Wagner A, 2008. Protein material costs: single atoms can make an evolutionary difference [J]. Trends Genet, 25, 5 - 8.

Breaker R R, 2012. New insight on the response of bacteria to fluoride[J]. Caries Res 46, 78 - 81.

Buchanan C E, Neyman S L, 1986. Correlation of penicillin - binding protein composition with different functions of two membranes in *Bacillus subtilis* forespores[J]. J Bacteriol 165, 498 - 503.

Burkholder W F, Kurtser I, Grossman A D, 2001. Replication initiation proteins regulate a developmental checkpoint in *Bacillus subtilis*[J]. Cell, 104, 269 - 279.

Burton B M, Marquis K A, Sullivan N L, Rapoport T A, Rudner D Z, 2007. The ATPase SpoIIIE transports DNA across fused septal membranes during sporulation in Bacillus subtilis[J]. Cell, 131, 1301 - 1312.

Card G L, 1973. Metabolism of phosphatidylglycerol, phosphatidylethanolamine, and cardiolipin of *Bacillus stearothermophilus*[J]. J Bacteriol, 114, 1125 - 1137.

Carr K A, Janes B K, Hanna P C, 2010. Role of the gerP operon in germination and outgrowth of *Bacillus anthracis* spores[J]. PLoS ONE, 5, e9128.

Catalano F A, Meador - parton J, Popham D L, Driks A, 2001. Amino acids in the *Bacillus subtilis* morphogenetic protein SpoIVA with roles in spore coat and cortex formation[J]. J Bacteriol, 183, 1645 - 1654.

Chada V G R, Sanstad E A, Wang R, Driks A, 2003. Morphogenesis of Bacillus spore surfaces[J]. J Bacteriol, 185, 6255 - 6261.

Cheng Y, Zhang L, Bian X, Zuo H, Dong H, 2018. Adsorption and mineralization of REE - lanthanum onto bacterial cell surface[J]. Environ Sci Pollut Res Int 25:22334 - 22339.

Cheung H - Y, 1980. The influnce of nutrient depletion on the properties of *Bacillus stearothermophilus* spores[J]. Univeristy of Aston in Birmingham.

Cheung H - Y, Brown M R W, 1982. Evaluation of glycine as an in activator of glutaraldehyde[J]. J Pharm Pharmacol, 34, 211 - 214.

Cheung H - Y, Brown M R W, 1985. Coat stucture and morphogenesis of bacterial spores in relation to the initiation of spore germination, Fundamental and applied aspects of bacterial spores[M]. (London) Ltd: Academic Press, Inc.

Cheung H - Y, So C W, Sun S Q, 1998. Interfering mechanism of sodium bicarbonate on spore germination of *Bacillus stearothermophilus*[J]. J Appl Microbiol, 84, 619 - 626.

Cheung H - Y, Vitkovic L, Brown M R W, 1982a. Dependence of *Bacillus stearothermophilus* spore germination on nutrient depletion and manganese[J]. J Gen Microbiol, 128, 2403 - 2409.

Cheung H - Y, Vitkovic L, Brown M R W, 1982b. Toxic effect of manganese on growth and sporulation of *Bacillus stearothermophilus*[J]. J Gen Microbiol, 128, 2395 - 2402.

Cheung S, 2008. The role of spore coat on spore germination[D]. Hong Kong: City Univeristy of Hong Kong.

Chin T, Younger J, Glaser L, 1968. Synthesis of teichoic acids VII. Synthesis of teichoic acids during spore germination[J]. J Bacteriol 95: 2044 - 2050.

Chiori C O, Hambelton R, Rigby G J, 1965. The inhibition of spores of *Bacillus subtilis* by cetrimide retained on washed membrane filters and on the washed spores[J]. J Appl Microbiol 28, 322 - 330.

Chirakkal H O, Rourke M, Atrih A, Foster S J, Moir A, 2002. Analysis of spore cortex lytic enzymes and related proteins in *Bacillus subtilis* endospore germination[J]. Microbiol, 148, 2383 - 2392.

Christie G, Götzke H, Lowe C R, 2010a. Identification of a receptor subunit and putative ligand -

binding residues involved in the *Bacillus megaterium* QM B1551 spore germination response to glucose [J]. J Bacteriol, 192, 4317 -4326.

Christie G, Lazarevska M, Lowe C R, 2008. Functional consequences of amino acid substitutions to GerVB, a component of the *Bacillus megaterium* spore germinant receptor [J]. J Ba cteriol, 190, 2014 -2022.

Christie G, Lowe C R, 2008. Amino acid substitutions in transmembrane domains 9 and 10 of GerVB that affect the germination properties of *Bacillus megaterium* spores [J]. J Bacteriol, 190, 8009 -8017.

Christie G, Ṽstok F I, Lu Q, Packman L C, Lowe C R, 2010b. Mutational analysis of *Bacillus megaterium* QM B1551 cortex - Lytic enzymes[J]. J Bacteriol, 192, 5378 -5389.

Coleman W H, Zhang P, Li Y Q, Setlow P, 2010. Mechanism of killing of spores of *Bacillus cereus* and *Bacillus megaterium* by wet heat[J]. Lett Appl Microbiol 50,507 -514.

Coppee J - Y, Auger S, Turlin E, Sekowska A, Caer J - P L, Labas V, et al,2001. Sulfur - limitation - regulated proteins in *Bacillus subtilis*: a two - dimensional gel electrophoresis study[J]. Microbiol, 147, 1631 -1640.

Cortezzo D E, Setlow B, Setlow P, 2004. Analysis of the action of compounds that inhibit the germination of spores of Bacillus species[J]. J Appl Microbiol, 96(4), 725 -741.

Cortezzo D E, Setlow P, 2005. Analysis of factors that in? uence the sensitivity of spores of Bacillus subtilis to DNA damaging chemicals[J]. J Appl Microbiol 98, 606 -617.

Cowan A E, Olivastro E M, Koppel D E, Loshon C A, Setlow B, Setlow P, 2004. Lipids in the inner membrane of dormant spores of Bacillus species are largely immobile[J]. P Natl Acad Sci USA, 101 (20), 7733 -7738.

Cunningham S E, Magee T R A, Mcminn W A M, Gaze J E, Richardson P S, 2007. Thermal resistance of *Bacillus stearothermophilus* spores in dried pasta at different stages of rehydration[J]. J Food Process Pres, 31, 420 -432.

Das N, Das D, 2013. Recovery of rare earth metals through biosorption: an overview[J]. J Rare Earths 31:933 -943.

Dawes I W, Kay D, Mandelstam J, 1971. Determining effect of growth medium on the shape and position of daughter chromosomes and on sporulation in *B. subtilis*[J]. Nature, 230, 567 -569.

de Hoon M J L, P Eichenberger, D Vitkup, 2010. Hierarchical evolution of the bacterial sporulation network[J]. Curr Biol, 20, R735 - R745.

DelVecchio V G, Connolly J P, Alefantis T G, Walz A, Quan M A, Patra G, et al, 2006. Proteomic profiling and identification of immunodominant spore antigens of *Bacillus anthracis*, *Bacillus cereus*, and *Bacillus thuringiensis*[J]. Appl Environ Microb, 72(9), 6355 -6363.

Djouiai B, Thwaite JE, Laws TR, Commichau FM, Setlow B, Setlow P, Moeller R, 2018. Role of DNA repair and protective components in *Bacillus subtilis* spore resistance to inactivation by 400 - nm - wavelength blue light[J]. Appl Environ Microbiol 84: e01604 -18.

Dlugokenski R E F, Sella S R B R, Guizelini B P, Vandenberghe L P S, Woiciechowski A L, Soccol C R, et al, 2011. Use of soybean vinasses as a germinant medium for a *Geobacillus stearothermophilus*

ATCC 7953 sterilization biological indicator[J]. Appl Microbiol Biot, 90, 713 – 719.

Dodatko T, Akoachere M, Jimenez N, Alvarez Z, Abel – Santos E, 2010. Dissecting interactions between nucleosides and germination receptors in *Bacillus cereus* 569 spores [J]. Microbiol, 156, 1244 – 1255.

Doherty G P, Bailey K, Lewis P J, 2010. Stage – specific fluorescence intensity of GFP and mcherry during sporulation In *Bacillus Subtilis*[J]. BMC Res Notes, 3, 303.

Doi R H, Mcgloughlin M, 1992. Biology of bacilli: applications to industry [M]. Butterworth – Heinemann.

Dong W, Green J, Korza G, Setlow P, 2019. Killing of Spores of Bacillus Species by Cetyltrimethylammonium bromide (CTAB)[J]. J Appl Microbiol, 126, 1391 – 1401.

Dong W, Li S, Camilleri E, Korza G, Yankova M, King S M, Setlow P, 2019. Accumulation and release of rare earth ions by spores of Bacillus species and the location of these ions in spores[J]. Appl Environ Microb, 85 (17), e00956 – 19.

Dong W, Setlow P, 2019. Fluoride movement into and out of Bacillus spores and growing cells and effects of fluoride accumulation on spore properties[J]. J Appl Microbiol, 126:503 – 515.

Dong W, Shen Q, Baibado J, Wang P, Huang Y, Zhang Z, et al, 2013. Phospholipid analyses by MALDI TOF/TOF mass spectrometry using 1,5 – diaminonaphthalene as matrix [J]. Int J Mass Spectrom, 343 – 344, 15 – 22.

Dragon D C, Rennie R P, 2001. Evaluation of spore extraction and purication methods for selective recovery of viable *Bacillus anthracis* spores[J]. Lett Appl Microbiol, 33, 100 – 105.

Driks A, 1999. *Bacillus subtilis* spore coat[J]. Microbiol Mol Bio Rev, 63, 1 – 20.

Driks A, 2002a. Maximum shields: the assembly and function of the bacterial spore coat[J]. Trends in Microbio, 10, 251 – 254.

Driks A, 2002b. Overview: development in bacteria: spore formation in *Bacillus subtilis*[J]. Cell Mol Life Sci, 59, 389 – 391.

Driks A, 2003. The dynamic spore[J]. P Natl Acad Sci USA, 100, 3007 – 3009.

Driks A, Eichenberger P, 2016. The spore coat. In the Bacterial Spore: From Molecules to Systems ed. Driks A and Eichenberger P[M]. Washington, DC: ASM Press.

Dufrêne Y F, 2008. Towards nanomicrobiology using atomic force microscopy [J]. Nature, 6, 674 – 680.

Dufrêne Y F, Boonaert C J P, Gerin P A, M Asther, Rouxhet P G, 1999. Direct probing of the surface ultrastructure and molecular interactions of dormant and germinating spores of *Phanerochaete chrysosporium*[J]. J Bacteriol, 181, 5350 – 5354.

Eymann C, Dreisbach A, Albrecht D, Bernhardt J, Becher D, Gentner S, et al, 2004. A comprehensive proteome map of growing *Bacillus subtilis* cells[J]. Proteomics, 4, 2849 – 2876.

Farrera R R, Pérez – Guevara F, de la Torre M, 1998. Carbon: nitrogen ratio interacts with initial concentration of total solids on insecticidal crystal protein and spore production in *Bacillus thuringiensis* HD – 73[J]. Appl Microbiol Biot, 49, 758 – 765.

Ferencko L, Rotman B, 2010. Constructing fluorogenic Bacillus spores (F – Spores) via hydrophobic decoration of coat proteins[J]. PLoS ONE, 5, e9283.

Fields M L, Frank H A, 1969. Dipicolinate - induced germination of *Bacillus stearothermophilus* spores[J]. J Bacteriol, 97, 464 - 465.

Finiley N, Fields M L, 1962. Heat activation and heat - induced dormancy of *Bacillus stearothermophilus* spores[J]. Appl Microbiol, 10, 231 - 236.

Flores E R, Plerz F, Torre M D L, 1997. Scale - up of *Bacillus thuringiensis* fermentation based on oxygen transfer[J]. J Ferm BIioeng, 83, 561 - 564.

Foerster H F, 1983. Activation and germination characteristies observed in endospores of thermophilic strains of Bacillus[J]. Arch Microbiol, 134, 175 - 181.

Foster S J, Johnstone K, 1990. Pulling the trigger: the mechanism of bacterial spore germination[J]. Mol Microbiol, 4, 137 - 141.

Fritze D, 2004. Taxonomy of the genus Bacillus and related genera: the aerobic endospore - forming bacteria[J]. Phytopathology, 94, 1245 - 1248.

Fujioka R S, Frank H A. Nutritional requirements for germination, outgrowth, and vegetative growth of *Putrefactive anaerobe* 3679 in a chemically defined medium[J]. J Bacteriol, 92, 1515 - 1520.

Fukushima T, Yamamoto H, Atrih A, Foster S J, Sekiguchi J, 2002. A polysaccharide deacetylase gene (pdaA) is required for germination and for production of muramic δ - Lactam residues in the spore cortex of *Bacillus subtilis*[J]. J Bacteriol, 184, 6007 - 6015.

Garrett T A, O'Neill A C, Hopson M L, 2012. Quantification of cardiolipin molecular species in *Escherichia coli* lipid extracts using liquid chromatography/electrospray ionization mass spectrometry [J]. Rapid Commun Mass Spectrom, 26, 2267 - 2274.

Ghosal S, Leighton T J, Wheeler K E, Hutcheon I D, Weber P K, 2010. Spatially resolved characterization of water and ion incorporation in Bacillus spores[J]. Appl Environ Microbiol 76, 3275 - 3282.

Ghosh S, Niu S, Yankova M, Mecklenburg M, King S M, Ravichandran J, Kalia R K, Nakano A et al, 2017. Analysis of killing of growing cells and dormant and germinated spores of Bacillus species by black silicon nanopillars[J]. Sci Rep 7, 17768.

Ghosh S, Scotland M, Setlow P, 2012. Levels of germination proteins in dormant and superdormant spores of *Bacillus subtilis*[J]. J Bacteriol, 194(9), 2221 - 2227.

Ghosh S, Setlow B, Wahome P G, Cowan A E, Plomp M, Malkin A J, et al, 2008. Characterization of spores of *Bacillus subtilis* that lack most coat layers[J]. J Bacteriol, 190, 6741 - 6748.

Ghosh S, Setlow P, 2009. Isolation and characterization of superdormant spores of Bacillus species [J]. J Bacteriol, 191, 1787 - 1797.

Ghosh S, Setlow P, 2010. The preparation, germination properties and stability of superdormant spores of *Bacillus cereus*[J]. J Appl Microbiol 108, 582 - 590.

Giddena J, Denson J, Liyanage R, Ivey D M, Jr J O L, 2006. Lipid compositions in Escherichia coli and *Bacillus subtilis* during growth as determined by MALDI - TOF and TOF/TOF mass spectrometry [J]. Int J Mass Spectrom, 283, 178 - 284.

Giebel J D, Carr K A, Anderson E C, Hanna P C, 2009. The germination - specific lytic enzymes

SleB, CwlJ1, and CwlJ2 each contribute to *Bacillus anthracis* spore germination and virulence[J]. J Bacteriol, 191, 5569 - 5576.

Gorman S P, Scott E M, 1980. Antimicrobial activity, uses and mechanism of action of glutaraldehyde. [Review] [J]. J Appl Bacteriol, 48, 161 - 190.

Grenthe I, 1961. Stability relationships among the rare earth dipicolinates [J]. JAmChemSoc 83:360 - 364.

Griffiths K K, Setlow P, 2009. Effects of modification of membrane lipid composition on *Bacillus subtilis* sporulation and spore properties[J]. J Appl Microbiol 106, 2064 - 2078.

Griffiths K K, Zhang J Q, Cowan A E, Yu J, Setlow P, 2011. Germination proteins in the inner membrane of dormant *Bacillus subtilis* spores colocalize in a discrete cluster[J]. Mol Microbiol, 81 (4), 1061 - 1077.

Guizelini B P, Vandenberghe L P S, Sella S R B R, Soccol C R, 2012. Study of the influence of sporulation conditions on heat resistance of Geobacillus stearothermophilus used in the development of biological indicators for steam sterilization[J]. Arch Microbiol, 194, 991 - 999.

Guzman A D, Fields M L, Humbert R D, Kazanas N, 1972. Sporulation and heat resistance of *Bacillus stearothermophilus* spores produced in chemically defined media [J]. J Bacteriol, 110, 775 - 776.

Haferburg G, Merten D, Büchel G, et al, 2007. Biosorption of metal and salt tolerant microbial isolates from a former uranium mining area. Their impact on changes in rare earth element patterns in acid mine drainage[J]. Journal of Basic Microbiology, 47(6):474 - 484.

Haldenwang W G, 1995. The sigma factors of *Bacillus subtilis*[J]. Microbiol Rev, 59, 1 - 30.

Heffron J D, Lambert E A, Sherry N, Popham D L, 2010. Contributions of four cortex lytic enzymes to germination of *Bacillus anthracis* spores[J]. J Bacteriol, 192, 763 - 770.

Heffron J D, Orsburn B, Popham D L, 2009. Roles of germination - specific lytic enzymes CwlJ and SleB in *Bacillus anthracis*[J]. J Bacteriol, 191(7), 2237 - 2247.

Heffron J D, Sherry N, Popham D L, 2011. In vitro studies of peptidoglycan binding and hydrolysis by the *Bacillus anthracis* germination - specific lytic enzyme SleB[J]. J Bacteriol, 193, 125 - 131.

Henriques A O, Beall B W, Moran Jr C P, 1997. CotM of *Bacillus subtilis*, a member of the a - crystallin family of stress proteins, is induced during development and participates in spore outer coat formation[J]. J Bacteriol, 179, 1887 - 1897.

Henriques A O, Moran Jr C P, 2000. Structure and assembly of the bacterial endospore coat[J]. Methods, 20, 95 - 110.

Henriques A O, Moran Jr C P, 2007. Structure, assembly, and function of the spore surface layers [J]. Annu Rev Microbiol, 61, 555 - 588.

Hinc K, Ghandili S, Karbalaee G, Shali A, Noghabi KA, Ricca E, Ahmadian G, 2010. Efficient binding of nickel ions to recombinant *Bacillus subtilis* spores[J]. Res Microbiol 161:757 - 764.

Hindle AA, Hall EA, 1999. Dipicolinic acid (DPA) assay revisited and appraised for spore detection [J]. Analyst 124:1599 - 1604.

Hintze P E, Nicholson WL, 2010. Single - spore elemental analyses indicate that dipicolinic acid -

deficient *Bacillus subtilis* spores fail to accumulate calcium[J]. Arch Microbiol 192, 493 – 497.

Hodges N A, Melling J, Parker S J, 1980. A comparison of chemically defined and complex media for the production of *Bacillus subtilis* spores having reproducible resistance and germination characterisitics [J]. J Pharm Pharmacol 32, 126 – 130.

Hoi L T, B Voigt, Jürgen B, Ehrenreich A, G Gottschalk, Evers S, et al, 2006. The phosphate – starvation response of *Bacillus licheniformis*[J]. Proteomics, 6, 3582 – 3601.

Hornstra L M, Vries Y P d, Wells – Bennik M H J, Vos W M d, Abee T, 2006. Characterization of germination receptors of *Bacillus cereus* ATCC 14579[J]. Appl Environ Microb, 72, 44 – 53.

Howerton A, Ramirez N, Abel – Santos E, 2011. Mapping interactions between germinants and Clostridium difficile spores[J]. J Bacteriol, 193(1), 274 – 282.

Huang C M, Foster K W, DeSilva T S, Van Kampen K R, Elmets C A, Tang D C C, 2004. Identification of *Bacillus anthracis* proteins associated with germination and early outgrowth by proteomic profiling of anthrax spores[J]. Proteomics, 4(9), 2653 – 2661.

Hudson K D, Corfe B M, Kemp E H, Feavers I M, Coote P J, Moir A, 2001. Localization of GerAA and GerAC germination proteins in the *Bacillus subtilis* spore [J]. J Bacteriol, 183 (14), 4317 – 4322.

Iber D, Clarkson J, Yudkin M D, Campbell I D, 2006. The mechanism of cell differentiation in *Bacillus subtilis*[J]. Nature, 2006.

Igarashi T, Setlow B, Paidhungat M, Setlow P, 2004. Analysis of the effects of a gerF (lgt) mutation on the germination of spores of *Bacillus subtilis*[J]. J Bacteriol, 186, 2984 – 2991.

Igarashi T, Setlow P, 2005. Interaction between individual protein components of the GerA and GerB nutrient receptors that trigger germination of *Bacillus subtilis* spores [J]. J Bacteriol, 187 (7), 2513 – 2518.

Imamura D, Kuwana R, Takamatsu H, Watabe K, 2010. Localizatioin of proteins to different layers and regions of *Bacillus subtilis* spore coats[J]. J Bacteriol, 192, 518 – 524.

Inaoka T, Ochi K, 2012. Undecaprenyl pyrophosphate involvement in susceptibility of *Bacillus subtilis* to rare earth elements [J]. J Bacteriol 194: 5632 – 5637.

Ireland J A W, Hanna P C, 2002. Amino acid – and purine ribonucleoside – induced germination of *Bacillus anthracis* Delta Sterne endospores: gerS mediates responses to aromatic ring structures[J]. J Bacteriol, 184(5), 1296 – 1303.

Isticato R, Pelosi A, Felice M D, Ricca E, 2010. CotE binds to CotC and CotU and mediates their interaction during spore coat formation in *Bacillus subtilis*[J]. J Bacteriol, 192, 949 – 954.

Jarvis R M, Goodacre R, 2008. Characterisation and identification of bacteria using SERS[J]. Chem Soc Rev, 37, 931 – 936.

Jenkinson H F, Sawyer W D, Mandelstam J, 1981. Synthesis and order of assembly of spore coat proteins in *Bacillus subtilis*[J]. J Bacteriol, 123, 1 – 16.

Ji C, Stockbridge R B, Miller C, 2014. Bacterial ? uoride resistance, FluC channels, and the weak acid accumulation effect[J]. J Gen Physiol 144, 257 – 261.

Johnson S S, Hebsgaard M B, Christensen T R, Mastepanov M, Nielsen R, Munch K, et al, 2007.

Ancient bacteria show evidence of DNA repair[J]. P Natl Acad Sci USA, 104, 14401 - 14405.

Kaieda S, Setlow B, Setlow P, Halle B, 2013. Mobility of core water in *Bacillus subtilis* spores by 2H NMR[J]. Biophys J 105, 2016 - 2023.

Kang B C, Lee S Y, Chang H N, 1992. Enhanced spore production of *Bacillus thuringiensis* by fed - batch culture[J]. Biotechnol Lett, 14, 721 - 726.

Kawai F, Hara H, Takamatsu H, Watabe K, Matsumoto K, 2006. Cardiolipin enrichment in spore membranes and its involvement in germination of *Bacillus subtilis* Marburg[J]. Genes Genet Syst, 81 (2), 69 - 76.

Kawai F, Shoda M, Harashima R, Sadaie Y, Hara H, Matsumoto K, 2004. Cardiolipin domains in *Bacillus subtilis* Marburg membranes[J]. J Bacteriol, 186(5), 1475 - 1483.

Keynan A, Evenchik Z, Halvorson H O, Hastings J W, 1964. Activation of bacterial spores[J]. J Bacteriol, 88, 313 - 318.

Kim J, Schumann W, 2009. Display of proteins on *Bacillus subtilis* endospores[J]. Cell Mol Life Sci, 66, 3127 - 3136.

Klobutcher L A, Ragkousi K, Setlow P, 2006. The *Bacillus subtilis* spore coat provides " eat resistance" during phagocytic predation by the protozoan Tetrahymena thermophila[J]. Proc Natl Acad SciUSA 103:165 - 170.

Knudsen S M, Cermak N, Delgado F F, Setlow B, Setlow P, Manalis S R, 2016. Water and small - molecule permeation of dormant *Bacillus subtilis* spores[J]. J Bacteriol 198, 168 - 177.

Kong L, Setlow P, Li Y - Q, 2012. Anaysis of the Raman spectra of Ca2 + - dipicolinic acid alone and in the bacterial spore core in both aqueous and dehydrated environments [J]. Analyst 137, 3683 - 3689.

Kong L, Zhang P, Setlow P, Li Y - q, 2010. Characterization of bacterial spore germination using integrated phase contrast microscopy, Raman spectroscopy, and optical tweezers[J]. Anal Chem, 82, 3840 - 3847.

Koshikawa T, Beaman T C, Pankratz H S, Nakashio S, Corner T R, Gerhardt P, 1984. Resistance, germination, and permeability correlates of *Bacillus megaterium* spores successively divested of integument layers[J]. J Bacteriol, 159, 624 - 632.

Korza G, Setlow P, 2013. Topology and accessibility of germination proteins in the *Bacillus subtilis* spore inner membrane[J]. J Bacteriol, 195, 1484 - 1491.

Kunst F, Ogasawara N, Moszer I, Albertini A M, Alloni G, Azevedo V, et al, 1997. The complete genome sequence of the Gram - positive bacterium *Bacillus subtilis*[J]. Nature, 390, 249 - 256.

Kutima P M, Foegeding P M, 1987. Involvement of the spore coat in germination of *Bacillus cereus* T spores[J]. Appl Environ Microb, 53(1), 47 - 52.

Kuwana R, Kasahara Y, Fujibayashi M, Takamatsu H, Ogasawara N, Watabe K, 2002. Proteomics characterization of novel spore proteins of *Bacillus subtilis*[J]. Microbiol - SGM, 148, 3971 - 3982.

Lacombe C, Lubochinsky B, 1988. Specific extraction of bacterial cardiolipin from sporulating *Bacillus subtilis*[J]. Biochim Biophys Acta, 961(2), 183 - 187.

Lai E - M, Phadke N D, Kachman M T, Giorno R, Vazquez S, Vazquez J A, et al, 2003. Proteomic analysis of the spore coats of *Bacillus subtilis* and *Bacillus anthracis* [J]. J Bacteriol, 185, 1443 - 1454.

Lalloo R, Maharajh D, Görgens J, Gardiner N, G? rgens J F, 2009. High - density spore production of a *B. cereus* aquaculture biological agent by nutrient supplementation[J]. Appl Microbiol Biot, 83, 59 - 66.

Lambert P A, 2013. Mechanism of action of microbicides. In Principles, and Practice of Disinfection, Preservation and Sterilization ed. Fraise, A. P., Maillard, J. - Y. and Sattar, S. A[M]. Chichester: Wiley - Blackwell.

Laue M, Han H M, Dittmann C, Setlow P, 2018. Intracellular membranes of bacterial endospores are reservoirs for spore core membrane expansion during spore germination[J]. Sci Rep 8, 11388.

Lawley T D, Croucher N J, Yu L, Clare S, Sebaihia M, Goulding D, et al, 2009. Proteomic and genomic characterization of highly infectious *Clostridium difficile* 630 spores[J]. J Bacteriol, 191, 5377 - 5386.

Lee W H, Ordal Z J, 1963. Reversible activation for germination and subsequent changes in baterial spores[J]. J Bacteriol, 85, 207 - 217.

Lee Y H, Brown M R W, Cheung H - Y, 1982. Minimal chemically defined media for the growth of prototrophic and auxotrophic strains of *Bacillus stearothermophilus* [J]. J Appl Microbiol, 53, 179 - 187.

Leuschner R G K, Lillford P J, 1999. Effects of temperature and heat activation on germination of individual spores of *Bacillus subtilis*[J]. Lett Appl Microbiol, 29, 228 - 232.

Levin P A, Grossman A D, 1998. Cell cycle and sporulation in *Bacillus subtilis* [J]. Curr Opin Microbiol, 1, 630 - 635.

Liang T, Li K, Wang L, 2014. State of rare earth elements in different environmental components in mining areas of China[J]. Environ Monit Assess 186:1499 - 1513.

Liang Y M, Wang X, Ramalingam R, So K Y, Lam Y W, Z F Li, 2012. Novel nucleolar isolation method reveals rapid response of human nucleolar proteomes to serum stimulation [J]. Journal of Proteomics, 521 - 530.

Li Q, Korza G, Setlow P, 2017. Killing of spores of Bacillus species by molecular iodine[J]. J ApplMicrobiol 122, 54 - 64.

Li S, Smith K D, Davis J H, Gordon P B, Breaker R R, Strobel S A, 2013. Eukaryotic resistance to fluoride toxicity mediated by a widespread family of fluoride export proteins[J]. Proc Natl Acad Sci USA 110, 19018 - 19023.

Liu B - L, Tzeng Y - M, 1998. Optimization of growth medium for the production of spores from *Bacillus thuringiensis* using response surface methodology[J]. Bioproc Eng, 18, 413 - 418.

Liu H, Bergman N H, Thomason B, Shallom S, Hazen A, Crossno J, et al, 2004. Formation and composition of the *Bacillus anthracis* endospore[J]. J Bacteriol, 186, 164 - 178.

Liu W M, Bajpai R, Bihari B, 1994. High - density cultivation of spore formers[J]. Ann N Y Acad Sci 721, 310 - 325.

Loison P, Hosny N A, Gervais P, Champion D, Kuimova M K, Perrier - Cornet J M, 2013. Direct investigation of viscosity of an atypical inner membrane of Bacillus spores: a molecular rotor/FLIM study[J]. Biochim Biophys Acta 1828, 2436 – 2443.

Long S, Jones D T, Woods D R, 1983. Sporulation of *Clostridium acetobutylicum* P262 in a defined medium. [notes][J]. Appl Environ Microb, 45, 1389 – 1393.

Lopez M, Gonzilez I, Condon S, Bernard A, 1996. Effect of pH heating medium on the thermal resistance of *Bacillus stearothermophilus* spores[J]. Int J Food Microbiol, 28, 405 – 410.

Luu S, Setlow P, 2014. Analysis of the loss in heat and acid resistance during germination of spores of Bacillus species[J]. J Bacteriol 196, 1733 – 1740.

Macdonald C B, Stockbridge R B, 2017. A topologically diverse family of fluoride channels[J]. Curr Opin Struct Biol 45, 142 – 149.

Magge A, Granger A C, Wahome P G, Setlow B, Vepachedu V R, Loshon C A, et al, 2008. Role of dipicolinic acid in the germination, stability, and viability of spores of *Bacillus subtilis* [J]. J Bacteriol, 190, 4798 – 4807.

Magill N G, Cowan A E, Koppel D E, Setlow P, 1994. The internal pH of the forespore compartment of *Bacillus megaterium* decreases by about 1 pH unit during sporulation[J]. J Bacteriol 176, 2252 – 2258.

Mallozzi M, J Bozue, Giorno R, Moody K – S, Slack A, Cote C, et al, 2008. Characterization of *Bacillus anthracis* spore coat – surface protein that influences coat – surface morphology[J]. FEMS Microbiol Lett, 289, 110 – 117.

Mao L, Jiang S, Wang B, Chen L, Yao Q, Chen K, 2011. Protein profile of *Bacillus subtilis* spore [J]. Curr Microbiol, 63, 198 – 205.

Marquis R, Gerhardt P, 2001. Bacterial Endospores[J]. Encyclopedia of Life Sciences, 1 – 6.

Marquis R E, Clock S A, Mota – Meira M, 2003. Fluoride and organic weak acids as modulators of microbial physiology[J]. FEMS Microbiol Rev 26, 493 – 510.

Martinez RE, Pourret O, Takahashi Y, 2014. Modeling of rare earth element sorption to the Gram positive *Bacillus subtilis* bacteria surface[J]. J Colloid Interface Sci 413:106 – 111.

Masayama A, Kuwana R, Takamatsu H, Hemmi H, Yoshimura T, Watabe K, et al, 2007. A novel lipolytic enzyme, YcsK (LipC), located in the spore coat of *Bacillus subtilis*, is involved in spore germination[J]. J Bacteriol, 189, 2369 – 2375.

Mascarenhas J, Soppa J, V Strunnikov A, L Graumann P, 2002. Cell cycle – dependent localization of two novel prokaryotic chromosome segregation and condensation proteins in *Bacillus subtilis* that interact with SMC protein[J]. EMBO J, 21, 3108 – 3118.

Matsumoto K, Kusaka J, Nishibori A, Hara H, 2006. Lipid domains in bacterial membranes[J]. Mol Microbiol, 61(5), 1110 – 1117.

Mazzella N, Molinet J, Syakti A D, Dodi A, Doumenq P, Artaud J, et al, 2004. Bacterial phospholipid molecular species analysis by ion – pair reversed – phase HPLC/ESI/MS[J]. J Lipid Res, 45(7), 1355 – 1363.

McKenney PT, Driks A, Eichenberger P, 2013. The Bacillus subtilis endospore: assembly and functions of the multilayered coat[J]. Nat Rev Microbiol 11:33 – 44.

McPherson SA, Li M, Kearney JF, Turnbough CL, Jr, 2010. ExsB, an unusually highly phosphorylated protein required for the stable attachment of the exosporium of *Bacillus anthracis*[J]. Mol Microbiol 76: 1527 - 1538.

Meisner J, Wang X, Serrano M, Henriques A O, Moran Jr C P, 2008. A channel connecting the mother cell and forespore during bacterial endospore formation[J]. P Natl Acad Sci USA, 105, 15100 - 15105.

Meyer P, Gutierrez J, Pogliano K, Dworkin J, 2010. Cell wall synthesis is necessary for membrane dynamics during sporulation of *Bacillus subtilis*[J]. Mol Microbiol, 76, 956 - 970.

Mileykovskaya E, Dowhan W, 2000. Visualization of phospholipid domains in *Escherichia coli* by using the cardiolipin - specific fluorescent dye 10 - N - nonyl acridine orange[J]. J Bacteriol, 182, 1172 - 1175.

Mileykovskaya E, Dowhan W, 2009. Cardiolipin membrane domains in prokaryotes and eukaryotes [J]. Biochim Biophys Acta, 1788, 2084 - 2091.

Moir A, 1981. Germination properties of a spore coat - defective mutant of *Bacillu*s subtilis[J]. J Bacteriol, 146, 1106 - 1116.

Moir A, 2006. How do spores germinate? [J]. J Appl Microbiol, 101, 526 - 530.

Moir A, Corfe B M, Behravan J, 2002. Spore germination[J]. Cell Mol Life Sci, 59, 403 - 409.

Mongkolthanaruk W, Robinson C, Moir A, 2009. Localization of the GerD spore germination protein in the *Bacillus subtilis* spore[J]. Microbiol - SGM, 155, 1146 - 1151.

Monteiro S M, Clemente J J, Henriques A O, Gomes R J, Carrondo M J, Cunha A E, 2005a. A procedure for high - yield spore production by *Bacillus subtilis*[J]. Biotechnol Prog, 21, 1026 - 1031.

Moriwaki H, Koide R, Yoshikawa R, et al, 2013. Adsorption of rare earth ions onto the cell walls of wild - type and lipoteichoic acid - defective strains of *Bacillus subtilis*[J]. Applied Microbiology and Biotechnology, 97(8):3721 - 3728.

Moriwaki H, Yamamoto H, 2013. Interactions of microorganisms with rare earth ions and their utilization for separation and environmental technology[J]. Appl Microbiol Biotechnol 97: 1 - 8.

Moriyama R, Fukuoka H, Miyata S, Kudoh S, Hattori A, Kozuka S, et al, 1999. Expression of a germination - specific amidase, SleB, of Bacilli in the forespore compartment of sporulating cells and its localization on the exterior side of the cortex in dormant spores[J]. J Bacteriol, 181, 2373 - 2378.

Nagler K, Moeller R, 2015. Systematic investigation of germination responses of Bacillus subtilis spores in different high - salinity environments[J]. FEMS Microbiol Ecol 91, fiv023.

Nazina T N, Tourova T P, Poltaraus A B, Novikova E V, Grigoryan A A, Ivanova A E, et al, 2001. Taxonomic study of aerobic thermophilic bacilli: descriptions of *Geobacillus subterraneus* gen. nov., sp nov and *Geobacillus uzenensis* sp nov from petroleum reservoirs and transfer of *Bacillus stearothermophilus Bacillus thermocatenulatus*, *Bacillus thermoleovorans*, *Bacillus kaustophilus*, *Bacillus thermoglucosidasius* and *Bacillus thermodenitrificans* to Geobacillus as the new combinations *G - stearothermophilus*, *G - thermocatenulatus*, *G - thermoleovorans*, *G - kaustophilus*, *G - thermoglucosidasius and G - thermodenitrificans*[J]. Int J Syst Evol Micr, 51, 433 - 446.

Nelson DL, Kornberg A, 1970. Biochemical studies of bacterial sporulation and germination. 18. Free amino acids in spores[J]. J Biol Chem 245:1128 - 1136.

Nguyen KB, Sreelatha A, Durrant ES, Lopez - Garrido J, Muszewska A, Dudkiewicz M, Grynberg

M, Yee S, Pogliano K, Tomchick DR, Pawlowski K, Dixon JE, Tagliabracci VS, 2016. Phosphorylation of spore coat proteins by a family of atypical protein kinases[J]. Proc Natl Acad SciUSA 113:E3482 – E3491.

Nicholson W L, Setlow P, 1990. Sporulation, germination and outgrowth[M]. UK: John Wiely & Sons Ltd.

Nicholson W, Setlow P, 1990. Sporulation and germination. In Molecular Biological Methods for Bacillus ed. Harwood, C. R. and Cutting, S. M[M]. Chichester: John Wiley and Sons.

Nicolas P, Mader U, Dervyn E, Rochat T, Leduc A, Pigeonneau N, Bidnenko E, Marchadier E, et al, 2012. Condition – dependent transcriptome reveals high – level regulatory architecture in *Bacillus subtilis*[J]. Science 335, 1103 – 1106.

Okugawa S, Moayeri M, Pomerantsev A P, Sastalla I, Crown D, Gupta P K, et al, 2012. Lipoprotein biosynthesis by prolipoprotein diacylglyceryl transferase is required for efficient spore germination and full virulence of *Bacillus anthracis*[J]. Mol Microbiol, 83(1), 96 – 109.

Omotade T O, Bernhards R C, Klimko C P, Matthews M E, Hill A J, Hunter M S, Webster V V M, Bozue J A, et al, 2014. The impact of inducing germination of *Bacillus anthracis* and *Bacillus thuringiensis* spores on potential secondary decontamination strategies [J]. J Appl Microbiol 117, 1614 – 1633.

Onyenwoke R U, Brill J A, K Farahi, J Wiegel, 2004. Sporulation genes in members of the low C + C Gram – type – positive phylogenetic branch (Firmicutes) [J]. Arch Microbiol, 182, 182 – 192.

Ozin A J, Costa T, Henriques A O, Moran Jr C P, 2001. Alternative translation Initiation produces a short form of a spore coat protein in *Bacillus subtilis*[J]. J Bacteriol, 183, 2032 – 2040.

Ozin A J, Yi H, Henriques A O, Moran Jr C P, 2000. Morphogenetic proteins SpoVID and SafA form a complex during assembly of the *Bacillus subtilis* spore coat[J]. J Bacteriol, 182, 1828 – 1833.

Paidhungat M, Ragkousi K, Setlow P, 2001. Genetic requirements for induction of germination of spores of *Bacillus subtilis* by Ca2 + – dipicolinate[J]. J Bacteriol, 183, 4886 – 4893.

Paidhungat M, Setlow B, Driks A, Setlow P, 2000. Characterization of spores of *Bacillus subtilis* which lack dipicolinic acid[J]. J Bacteriol 182: 5505 – 5512.

Paidhungat M, Setlow P, 2000. Role of Ger proteins in nutrient and nonnutrient triggering of spore germination in *Bacillus subtilis*[J]. J Bacteriol, 182, 2513 – 2519.

Pandey N K, Aronson A I, 1979. Properties of the *Bacillus subtilis* spore Coat[J]. J Bacteriol, 137, 1208 – 1218.

Panessa – Warren B J, Tortora G T, Warren J B, 2007. High resolution FESEM and TEM reveal bacterial spore attachment[J]. Microsc Microanal, 13, 251 – 266.

Pan XH, Wu W, Lu J, Chen Z, Li L, Rao WH, Guan X, 2017. Biosorption and extraction of europium by *Bacillus thuringiensis* strain[J]. Inorg Chem Commun (Camb) 75:21 – 24.

Paredes – Sabja D, Setlow P, Sarker M R, 2009a. GerO, a putative Na +/H + – K + antiporter, is essential for normal germination of spores of the pathogenic bacterium Clostridium perfringens[J]. J Bacteriol, 191(12), 3822 – 3831.

Paredes – Sabja D, Setlow P, Sarker M R, 2011. Germination of spores of Bacillales and Clostridiales species: mechanisms and proteins involved[J]. Trends Microbiol, 19(2), 85 - 94.

Paredes - Sabja D, Udompijitkul P, Sarker M R, 2009b. Inorganic phosphate and sodium Ions are cogerminants for spores of *Clostridium perfringens* type A food poisoning - related isolates[J]. Appl Environ Microb, 75(19), 6299 - 6305.

Park DM, Brewer A, Reed DW, Lammers LN, Jiao Y, 2017. Recovery of rare earth elements from low - grade feedstock leachates using engineered bacteria[J]. Environ Sci Technol 51:13471 - 13480.

Park DM, Reed DW, Yung MC, Eslamimanesh A, Lencka MM, Anderko A, Fujita Y, Riman RE, Navrotsky A, Jiao Y, 2016. Bioadsorption of rare earth elements through cell surface display of lanthanide binding tags[J]. Environ Sci Technol 50:2735 - 2742.

Patazca E, Koutchma T, Rwaswamy H S, 2006. Inactivation kinetics of *Geobacillus stearothermophilus* spores in water using high - pressure processing at elevated temperatures[J]. J Food Sci, 71(3), M110 - M116.

Paul M, Atluri S, Setlow B, Setlow P, 2006. Mechanisms of killing of spores of Bacillus subtilis by dimethyldioxirane[J]. J Appl Microbiol, 101(5), 1161 - 1168.

Paul M, Setlow B, Setlow P, 2007. Killing of spores of *Bacillus subtilis* by tert - butyl hydroperoxide plus a TAMLactivator[J]. J Appl Microbiol 102, 954 - 962.

Pelczar P L, Igarashi T, Setlow B, Setlow P, 2007. Role of GerD in germination of *Bacillus subtilis* spores[J]. J Bacteriol, 189, 1090 - 1098.

Pellegrino P M, Fell N F Jr, Gillespie J B, 2002. Enhanced spore detection using dipicolinate extraction techniques[J]. Anal Chim Acta 455, 167 - 177.

Penna T C, Machoshvili I A, Ishii M, 2003. Effect of media on spore yield and thermal resistance of *Bacillus stearothermophilus*[J]. Appl Biochem Biotechnol, 105 - 108, 287 - 294.

Permpoonpattana P, Phetcharaburanin J, Mikelsone A, Dembek M, Tan S, Brisson M C, et al, 2013. Functional characterization of *Clostridium difficile* spore coat proteins[J]. J Bacteriol, 195, 1492 - 1503.

Pestov D, Wang X, Ariunbold G O, Murawski R K, Sautenkov V A, Dogariu A, et al, 2008. Single - shot detection of bacterial endospores via coherent Raman spectroscopy[J]. P Natl Acad Sci USA, 105, 422 - 427.

Petit J - M, Maftah A, Ratinaud M - H, Julien R, 1992. 10N - Nonyl acridine orange interacts with cardiolipin and allows the quantification of this phospholipid in isolated mitochondria[J]. Eur J Biochem, 209, 267 - 273.

Phillips Z E V, Strauch M A, 2002. *Bacillus subtilis* sporulation and stationary phase gene expression [J]. Cell Mol Life Sci, 59, 392 - 402.

Piggot P J, Hilbert D W, 2004. Sporulation of *Bacillus subtilis*[J]. Curr Opin Microbiol, 7, 579 - 586.

Pinón - Arango P A, Nagarajan R, Camesano T A, 2010. Effects of L - alanine and inosine germinants on the elasticity of *Bacillus anthracis* spores[J]. Langmuir, 26, 6535 - 6541.

Pinzón - Arango P A, Scholl G, Nagarajan R, Mello C M, Camesano T A, 2009. Atomic force microscopy study of germination and killing of *Bacillus atrophaeus* spores[J]. J Mol Recognit 22, 373 - 379.

Plomp M, Carroll AM, Setlow P, Malkin AJ, 2014. Architecture and assembly of the *Bacillus subtilis* spore coat[J]. PLoS One 9:e108560.

Plomp M, Leighton T J, Wheeler K E, Hill H D, Malkin A J, 2007. In vitro high – resolution structural dynamics of single germinating bacterial spores[J]. P Natl Acad Sci USA, 104, 9644 – 9649.

Plomp M, Leighton T J, Wheeler K E, Malkin A J, 2005. The high – resolution architecture and structural dynamics of Bacillus spores[J]. Biophys J, 88, 603 – 608.

Popham D L, Helin J, Costello C E, Setlow P, 1996. Analysis of the Peptidoglycan Structure of *Bacillus subtilis* endospores[J]. J Bacteriol, 178, 6451 – 6458.

Popham D L, Helin J, Costello C E, Setlow P, 1996. Muramic lactam in peptidoglycan of *Bacillus subtilis* spores is required for spore outgrowth but not for spore dehydration or heat resistance[J]. Proc Natl Acad Sci USA 93:15405 – 15410.

Popham D L, Gilmore M E, Setlow P, 1999. Roles of low – molecular – weight penicillin – binding proteins in *Bacillus subtilis* spore peptidoglycan synthesis and spore properties[J]. J Bacteriol 181, 126 – 132.

Popham DL, Meador – Parton J, Costello CE, Setlow P, 1999. Spore peptidoglycan structure in a cwlD dacB double mutant of *Bacillus subtilis*[J]. J Bacteriol 181:6205 – 6209.

Power E G M, Russell A D, 1990. Uptake of –

C] – alanine by glutaraldehyde – treated and untreated spores of *Bacillus subtilis*[J]. FEMZ Microbiol Lett 66, 271 – 276.

Powell J F, Hunter J R, 1955. Spore germination in the genus Bacillus: the modi? cation of germination requirements as a result of preheating[J]. J Gen Microbiol 13, 59 – 67.

Ramirez – Peralta A, Stewart K A V, Thomas S K, Setlow B, Chen Z, Li Y Q, et al, 2012a. Effects of the SpoVT regulatory protein on the germination and germination protein levels of spores of *Bacillus subtilis*[J]. J Bacteriol, 194(13), 3417 – 3425.

Ramirez – Peralta A, Zhang P, Li Y, Setlow P, 2012b. Effects of sporulation conditions on the germination and germination protein levels of *Bacillus subtilis* spores[J]. Appl Environ Microb, 78, 2689 – 2697.

Ramirez N, Abel – Santos E, 2010. Requirements for germination of *Clostridium sordellii* spores in vitro[J]. J Bacteriol, 192, 418 – 425.

Ramirez N, Liggins M, Abel – Santos E, 2010. Kinetic evidence for the presence of putative germination receptors in *Clostridium difficile* spores[J]. J Bacteriol, 192(16), 4215 – 4222.

Rao Y K, Tsay K – J, Wu W – S, Tzeng Y – M, 2007. Medium optimization of carbon and nitrogen sources for the production of spores from *Bacillus amyloliquefaciens* B128 using response surface methodology[J]. Process Biochem, 42, 535 – 541.

Real G, Pinto S M, Schyns G, Costa T, Henriques A O, Moran Jr C P, 2005. A gene encoding a holin – like protein involved in spore morphogenesis and spore germination in *Bacillus subtilis*[J]. J Bacteriol, 187, 6443 – 6453.

Reineke K, Mathys A, Knorr D, 2011. The impact of high pressure and temperature on bacterial spores: inactivation mechanisms of *Bacillus subtilis* above 500 MPa[J]. J Food Sci, 76, M189 – M197.

Retta S M, Sagripanti J L, 2008. Modeling the inactivation kinetics of bacillus spores by glutaraldehyde[J]. Lett Appl Microbiol, 46(5), 568 - 574.

Rode L J, Foster J W, 1960. The action of surfactants on bacterial spores [J]. Arch Mikrobiol 36, 67 - 94.

Rode L J, Foster J W, 1961. Germination of bacterial sproes with alkyl primary amines [J]. J Bacteriol, 81, 768 - 779.

Rode L J, Lewis C W Jr, Foster J W, 1962. Electron microscopy of spores of Bacillus megaterium with special reference to the effects of fixation and thin sectioning[J]. J Cell Biol 13, 423 - 435.

Ross C, Abel - Santos E, 2010a. The Ger receptor family from sporulating bacteria[J]. Curr Issues Mol Biol, 12, 147 - 157.

Ross C A, Abel - Santos E, 2010b. Guidelines for nomenclature assignment of Ger receptors[J]. Res Microbiol, 161(10), 830 - 837.

Rowe G E, Margaritis A, Wei N, 2003. Specific oxygen uptake rate variations during batch fermentation of *Bacillus thuringiensis* subspecies kurstaki HD - 1[J]. Biotechnol Prog, 19, 1439 - 1443.

Rowland S L, Burkholder W F, Cunningham K A, Maciejewski M W, Grossman A D, King G F, 2004. Structure and mechanism of action of Sda, an inhibitor of the histidine kinases that regulate initiation of sporulation in *Bacillus subtilis*[J]. Mol Cell, 13(5), 689 - 701.

Rubio A, Pogliano K, 2004. Septal localization of forespore membrane proteins during engulfment in *Bacillus subtilis*[J]. EMBO J, 23, 1636 - 1646.

Russell A D, 1990. Bacterial spores and chemical sporicidal agents [J]. Clin Microbiol Rev 3, 99 - 119.

Sakae Y, Yasuda Y, Tochikubo K, 1995. Immunoelectron microscopic localization of one of the spore germination proteins, GerAB, in *Bacillus subtilis* spores[J]. J Bacteriol, 177(21), 6294 - 6296.

Sanchez - Salas J - L, Setlow B, Zhang P, Li Y - q, Setlow P, 2011. Maturation of released spores is necessary for acquisition of full spore heat resistance during *Bacillus subtilis* sporulation [J]. Appl Environ Microb, 77, 6746 - 6754.

Sarrafzadeh M H, Navarro J M, 2006. The effect of oxygen on the sporulation, δ - endotoxin synthesis and toxicity of *Bacillus thuringiensis* H14[J]. World J Microb Biot, 22, 305 - 310.

Schäffer C, Beckedorf A I, Scheberl A, Zayni S, Peter - Katalini? J, Messner P, 2002. Isolation of glucocardiolipins from *Geobacillus stearothermophilus* NRS 2004/3a [J]. J Bacteriol, 184 (23), 6709 - 6713.

Schultz D, Wolynes P G, Jacob E B, Onuchic J N, 2009. Deciding fate in adverse times: sporulation and competence in *Bacillus subtilis*[J]. P Natl Acad Sci USA, 106, 21027 - 21034.

Segev E, Smith Y, Ben - Yehuda S, 2012. RNA dynamics in aging bacterial spores [J]. Cell, 148, 1 - 11.

Serricchio M, Bütikofer P, 2012. An essential bacterial - type cardiolipin synthase mediates cardiolipin formation in a eukaryote[J]. P Natl Acad Sci USA, E954 - E961.

Setlow B, Cowan A E, Setlow P, 2003. Germination of spores of *Bacillus subtilis* with dodecylamine [J]. J Appl Microbiol 95, 637 - 648.

Setlow B, Korza G, Blatt K M S, Fey J, Setlow P, 2016. Mechanism of *Bacillus subtilis* spore killing by and resistance to supercritical CO2 plus peracetic acid[J]. J Appl Microbiol 120, 57 – 69.

Setlow B, Loshon C A, Genest P C, Cowan A E, Setlow C, Setlow P, 2002. Mechanisms of killing spores of *Bacillus subtilis* by acid, alkali and ethanol[J]. J Appl Microbiol, 92(2), 362 – 375.

Setlow B, Peng L, Loshon C A, Li Y – Q, Christie G, Setlow P, 2009. Characterization of the germination of *Bacillus megaterium* spores lacking enzymes that degrade the spore cortex[J]. J Appl Microbiol, 107, 318 – 328.

Setlow B, Setlow P, 1980. Measurements of the pH within dormant and germinated bacterial spores [J]. Proc Natl Acad Sci USA 77, 2474 – 2476.

Setlow B, Setlow P, 1996. Role of DNA repair in *Bacillus subtilis* spore resistance[J]. J Bacteriol 178:3486 – 3495.

Setlow B, Wahome P G, Setlow P, 2008. Release of small molecules during germination of spores of Bacillus Species[J]. J Bacteriol, 190, 4759 – 4763.

Setlow P, 2003. Spore germination[J]. Curr Opin Microbiol, 6, 550 – 556.

Setlow P, 2006. Spores of *Bacillus subtilis*: their resistance to and killing by radiation, heat and chemicals[J]. J Appl Microbiol, 101, 514 – 525.

Setlow P, 2008. Dormant spores receive an unexpected wake – up call[J]. Cell, 135, 410 – 412.

Setlow P, 2012. Dynamics of the assembly of a complex macromolecular structure – the coat of spores of the bacterium *Bacillus subtilis*[J]. Mol Microbiol, 83, 241 – 244.

Setlow P, 2013. Resistance of bacterial spores to chemical agents. In Principles and Practice of Disinfection, Preservation and Sterilization, 5th edn ed. Fraise, A. P. ,Maillard, J – Y and Sattar, S. A. pp[M]. Oxford, UK: Wiley – Blackwell.

Setlow P, 2014. Germination of spores of Bacillus species: what we know and do not know[J]. J Bacteriol 196, 1297 – 1305.

Setlow P, 2018. Observations on research with spores of Bacillales and Clostridiales species[J]. J Appl Microbiol 126:348 – 358.

Setlow P, Kornberg A, 1970. Biochemical studies of bacterial sporulation and germination. XXII. Energy metabolism in early stages of germination of *Bacillus megaterium* spores[J]. J Biol Chem 245, 3637 – 3644.

Setlow P, Wang S, Li Y Q, 2017. Germination of spores of the orders Bacillales and Clostridiales[J]. Annu Rev Microbiol 71, 459 – 477.

Shah I M, Laaberki M – H, Popham D L, Dworkin J, 2008. A eukaryotic – like Ser/Thr kinase signals bacteria to exit dormancy in response to peptidoglycan fragments[J]. Cell, 135, 486 – 496.

Shevchenko A, Tomas H, Havlis J, Olsen J V, Mann M, 2006. In – gel digestion for mass spectrometric characterization of proteins and proteomes[J]. Nat Protoc, 1, 2856 – 2860.

Shi F, Zhu Y, 2007. Application of statistically – based experimental designs in medium optimization for spore production of Bacillus subtilis from distillery effluent[J]. BioControl, 52, 845 – 853.

Shikata T, Hirata H, Katoka T, 1987. Micelle formation of detergent molecules in aqueous media: viscoelastic properties of aqueous cetyltrimethylammonium bromide solutions [J]. Langmuir

3, 1081 - 1086.

Shuster B, Khemmani M, Abe K, Huang X, Nakaya Y, Maryn N, Buttar S, Gonzalez AN, Driks A, Sato T, Eichenberger P, 2019. Contributions of crust proteins to spore surface properties in *Bacillus subtilis*[J]. Mol Microbiol 111:825 - 843.

Siani H, Cooper C, Maillard J - Y, 2011. Efficacy of "sporicidal" wipes against *Clostridium difficile* [J]. Amer J Infect Control 39, 212 - 218.

Sonenshein A L, 2000. Control of sporulation initiation in *Bacillus subtilis*[J]. Curr Opin Microbiol, 3, 561 - 566.

Southworth T W, Guffanti A A, Moir A, Krulwich T A, 2001. GerN, an endospore germination protein of *Bacillus cereus*, is an Na + /H + - K + antiporter[J]. J Bacteriol, 183(20), 5896 - 5903.

Stancik L M, Stancik D M, Schmidt B, Barnhart D M, Yoncheva Y N, Slonczewski J L, 2002. PHdependent expression of periplasmic proteins and amino acid catabolism in *Escherichia coli*[J]. J Bacteriol 184, 4246 - 4258.

Steichen C T, Kearney J F, Turnbough C L Jr, 2007. Non - uniform assembly of the *Bacillus anthracis* exosporium and a bottle cap model for spore germination and outgrowth[J]. Mol Microbiol, 64(2), 359 - 367.

Stewart K - A V, Yi X, Ghosh S, Setlow P, 2012. Germination protein levels and rates of germination of spores of Bacillus subtilis with overexpressed or deleted genes encoding germination proteins[J]. J Bacteriol, 194, 3156 - 3164.

Stockbridge R B, Lim H H, Otten R, Williams C, Shane T, Weinberg Z, Miller C, 2012. Fluoride resistance and transport by riboswitch - controlled CLC antiporters[J]. Proc Natl Acad Sci USA 109, 15289 - 15294.

Stockbridge R B, Robertson J L, Kolmakova - Partensky L, Miller C,2013. A family of fluoride - specific ion channels with dual - topology architecture[J]. eLife 2, e01084.

Stockbridge R B, Kolmakova - Partensky L, Shane T, Koide A, Koide S, Miller C, Newstead S, 2015. Crystal structures of a double - barrelled fluoride ion channel[J]. Nature 525, 548 - 551.

Stöckel S, Meisel S, Böhme R, Elschner M, R? scha P, Popp J, 2009. Effect of supplementary manganese on the sporulation of Bacillus endospores analysed by Raman spectroscopy[J]. J Raman Spectrosc 40, 1469 - 1477.

Sunde E P, Setlow P, Hederstedt L, Halle B, 2009. The physical state of water in bacterial spores [J]. Proc Natl Acad Sci USA 106, 19334 - 19339.

Swarge B N, Roseboom W, Zheng L, Abhyankar W R, Brul S, deKoster C G, deKoning L J, 2018. "Onepot" sample processing method for proteome - wide analysis of microbial cells and spores[J]. Proteomics Clin Appl 12, e1700169.

Swerdlow B M, Setlow B Setlow P, 1981. Levels of H + and other monovalent cations in dormant and germinating spores of *Bacillus megaterium*[J]. J Bacteriol 148, 20 - 29.

Takahashi Y, Châtellier X, Hattori K H, et al, 2005. Adsorption of rare earth elements onto bacterial cell walls and its implication for REE sorption onto natural microbial mats[J]. Chemical Geology, 219 (1 - 4):53 - 67.

Takahashi Y, Hirata T, Shimizu H, et al, 2007. A rare earth element signature of bacteria in natural waters? [J]. Chemical Geology, 244(3 -4):569 -583.

Takahashi Y, Yamamoto M, Yamamoto Y, et al, 2010. EXAFS study on the cause of enrichment of heavy REEs on bacterial cell surfaces[J]. Geochimica Et Cosmochimica Acta, 74(19):5443 -5462.

Tam L T, Antelmann H, Eymann C, Albrecht D, Bernhardt J, Hecker M, 2006. Proteome signatures for stress and starvation in *Bacillus subtilis* as revealed by a 2 - D gel image color coding approach[J]. Proteomics, 6, 4565 -4585.

Tan B K, Bogdanov M, Zhao J, Dowhan W, Raetz C R H, Guan Z, 2012. Discovery of a cardiolipin synthase utilizing phosphatidylethanolamine and phosphatidylglycerol as substrates[J]. P Natl Acad Sci USA, 109, 16504 -16509.

Tennen R, Setlow B, Davis K L, Loshon C A, Setlow P, 2000. Mechanisms of killing of spores of Bacillus subtilis by iodine, glutaraldehyde and nitrous acid[J]. J Appl Microbiol, 89, 330 -338.

Thackray P D, Behravan J, Southworth T W, Moir A, 2001. GerN, an antiporter homologue important in germination of *Bacillus cereus* endospores[J]. J Bacteriol, 183(2), 476 -482.

Tichane RM, Bennett WE, 1957. Coordination compounds of metal ions with derivatives and analogs of ammoniadiacetic acid[J]. J Am Chem Soc 79:1293 - 1296.

Tocheva E I, Matson E G, Morris D M, Moussavi F, Leadetter J R, Jensen G J, 2011. Peptidoglycan remodeling and conversion of an inner membrane into an outer membrane during sporulation[J]. Cell, 146, 799 -812.

Tovar - Rojo F, Chander M, Setlow B, Setlow P, 2002. The products of the spoVA operon are involved in dipicolinic acid uptake into developing spores of *Bacillus subtilis*[J]. J Bacteriol 184, 584 -587.

Traaga B A, Driks A, Stragier P, Bitter W, Broussard G, Hatfull G, et al, 2010. Do mycobacteria produce endospores? [J]. P Natl Acad Sci USA, 107, 878 - 881.

Tros M, Zheng L, Hunger J, Bonn M, Bonn D, Smits G J, Woutersen S, 2017. Picosecond orientational dynamics of water in living cells[J]. Nat Commun 8, 904.

Untrau S, Lebrihi A, Lefebvre G, Germain P, 1994. Nitrogen catabolite regulation of spiramycin production in *Streptomyces ambofaciens*[J]. Curr Microbiol, 28, 111 - 118.

Valdez - Castro L, Baruch I, Barrera - Cortés J, 2003. Neural networks applied to the prediction of fed - batch fermentation kinetics of *Bacillus thuringiensis*[J]. Bioprocess Biosyst Eng, 25, 229 -233.

Vary J C, 1973. Germination of *Bacillus megaterium* spores after various extraction procedures[J]. J Bacteriol, 797 -802.

Veening J - W, Igoshin O A, Eijlander R T, Nijland R, Hamoen L W, Kuipers O P, 2008. Transient heterogeneity in extracellular protease production by *Bacillus subtilis*[J]. Mol Syst Biol, 4, 184.

Veening J - W, Murray H, Errington J, 2009. A mechanism for cell cycle regulation of sporulation initiation in *Bacillus subtilis*[J]. Genes Dev, 23(16), 1959 - 1970.

Vepachedu V R, Setlow P, 2007. Role of SpoVA proteins in release of dipicolinic acid during germination of *Bacillus subtilis* spores triggered by dodecylamine or lysozyme[J]. J Bacteriol, 189, 1565 - 1572.

Viedma P M, Abriouel H, Ben Omar N, Lopez R L, Valdivia E, Galvez A, 2009. Inactivation of

Geobacillus stearothermophilus in canned food and coconut milk samples by addition of enterocin AS - 48[J]. Food Microbiol, 26(3), 289 - 293.

Voigt B, Schweder T, Sibbald M J J B, Albrecht D, Ehrenreich A, Bernhardt J, et al, 2006. The extracellular proteome of *Bacillus licheniformis* grown in different media and under different nutrient starvation conditions[J]. Proteomics, 6, 268 - 281.

Voort M v d, García D, Moezelaar R, Abee T, 2010. Germinant receptor diversity and germination responses of four strains of the *Bacillus cereus* group[J]. Int J Food Microbiol, 139, 108 - 115.

Vries Y P D, 2004. The role of calcium in bacterial spore germination[J]. Microbes Environ, 19, 199 - 202.

Wang R, Krishnamurthy S N, Jeong J - S, Driks A, Mehta M, Gingras B A, 2007. Fingerprinting species and strains of Bacilli spores by distinctive coat surface morphology[J]. Langmuir, 23, 10230 - 10234.

Wang S, Setlow P, Li Y Q, 2015. Slow leakage of Cadipicolinic acid from individual Bacillus spores during initiation of spore germination[J]. J Bacteriol 197, 1095 - 1103.

Wang S T, Setlow B, Conlon E M, Lyon J L, Imamura D, Sato T, et al, 2006. The forespore line of gene expression in *Bacillus subtilis*[J]. J Mol Biol, 358, 16 - 37.

Watanabe T, Furukawa S, Hirata J, Koyama T, Ogihara H, Yamasaki M, 2003. Inactivation of *Geobacillus stearothermophilus* spores by high - pressure carbon dioxide treatment[J]. Appl Environ Microb, 69(12), 7124 - 7129.

Weber P K, Graham G A, Teslich N E, Moberly Chan W, Ghosal S, Leighton T J, Wheeler K E, 2009. NanoSIMS imaging of Bacillus spores sectioned by focused ion beam[J]. J Microsc 238, 189 - 199.

Wiencek K M, Klapes N A, Foegedingi P M, 1990. Hydrophobicity of Bacillus and Clostridium Spores[J]. Appl Environ Microb, 56, 2600 - 2605.

Williams D D, Turnbough C L, 2004. Surface layer protein EA1 is not a component of *Bacillus anthracis* spores but is a persistent contaminant in spore preparations [J]. J Bacteriol, 186, 566 - 569.

Wilson M J, Carlson P E, Janes B K, Hanna P C, 2012. Membrane topology of the *Bacillus anthracis* gerH germinant receptor proteins[J]. J Bacteriol, 194, 1369 - 1377.

Wu L J, Errington J, 2008. Cell biology: DNA versus membrane[J]. Nature, 451, 900 - 901.

Wu Z, Li Y, Pan G, Tan X, Hu J, Zhou Z, et al, 2008. Proteomic analysis of spore wall proteins and identification of two spore wall proteins from *Nosema bombycis* (Microsporidia) [J]. Proteomics, 8, 2447 - 2461.

Yasuda Y, Kanda K, Nishioka S, Tanimotu Y, Kato C, Saito A, et al, 1993. Regulation of L - alanine - initiated germination of *Bacillus subtilis* spores by alanine racemase[J]. Amino Acids, 4, 89 - 99.

Yasuda Y, Sakae Y, Tochikubo K, 1996. Immunological detection of the GerA spore germination proteins in the spore integuments of *Bacillus subtilis* using scanning electron microscopy[J]. FEMS Microbiol Lett, 139(2 - 3), 235 - 238.

Yi X A, Setlow P, 2010. Studies of the commitment step in the germination of spores of Bacillus species[J]. J Bacteriol, 192(13), 3424 - 3433.

Yi X, Bond C, Sarker MR, Setlow P, 2011. Efficient inhibition of germination of coat - deficient bacterial spores by multivalent metal cations, including terbium ($Tb3^{+}$)[J]. Appl Environ Microbiol 77:5536 - 5539

Young S B, Setlow P, 2003. Mechanisms of killing of *Bacillus subtilis* spores by hypochlorite and chlorine dioxide[J]. Journal of Applied Microbiology, 95(1), 54 - 67.

Young S B, Setlow P, 2004. Mechanisms of killing of *Bacillus subtilis* spores by decon and oxone (TM), two general decontaminants for biological agents[J]. J Appl Microbiol, 96(2), 289 - 301.

Zhang P, Garner W, Yi X, Yu J, Li Y, Setlow P, 2010. Factors affecting variability in time between addition of nutrient germinants and rapid dipicolinic acid release during germination of spores of Bacillus species[J]. J Bacteriol, 192, 3608 - 3619.

Zhao J, Krishna V, Moudgil B, Koopman B, 2008. Evaluation of endospore purification methods applied to *Bacillus cereus*[J]. Sep Purif Technol, 61, 341 - 347.

Zheng L, Abhyankar W, Ouwerling N, Dekker NL, van der Wel N N, Rosenboom W, de Konig L J, Brul S, et al, 2016. *Bacillus subtilis* spore inner membrane proteome [J]. J Proteome Res 15, 585 - 594.

Zhou T T, Dong Z Y, Setlow P, Li Y - Q, 2013. Kinetics of germination of iIndividual spores of *Geobacillus stearothermophilus* as measured by Raman spectroscopy and differential interference contrast microscopy[J]. PLoS ONE, 8, e74987.

Zilhão R, Isticato R, Martins L O, Steil L, Völker U, Ricca E, et al, 2005. Assembly and function of a spore coat - associated transglutaminase of *Bacillus subtilis*[J]. J Bacteriol, 187, 7753 - 7764.

Zolock R A, Li G, Bleckmann C, Burggraf L, Fuller D C, 2006. Atomic force microscopy of Bacillus spore surface morphology[J]. Micron, 37, 363 - 369.

图书在版编目(CIP)数据

芽孢杆菌芽孢特性及其作为吸附稀土离子材料的应用／董伟著. —长沙：中南大学出版社，2020.4
ISBN 978－7－5487－3443－7

Ⅰ.①芽… Ⅱ.①董… Ⅲ.①芽孢杆菌属—特性②芽孢杆菌属—应用—稀土金属—离子吸附 Ⅳ.①Q939.124 ②TG146.4

中国版本图书馆 CIP 数据核字(2020)第 050191 号

芽孢杆菌芽孢特性及其作为吸附稀土离子材料的应用

YABAO GANJUN YABAO TEXING JIQI ZUOWEI XIFU XITU LIZI CAILIAO DE YINGYONG

董伟　著

□**责任编辑**　刘小沛
□**责任印制**　周　颖
□**出版发行**　中南大学出版社
社址：长沙市麓山南路　　邮编：410083
发行科电话：0731－88876770　　传真：0731－88710482
□**印　　装**　长沙鸿和印务有限公司

□**开　　本**　710 mm×1000 mm 1/16　□**印张** 10.5　□**字数** 213 千字
□**版　　次**　2020 年 4 月第 1 版　□2020 年 4 月第 1 次印刷
□**书　　号**　ISBN 978－7－5487－3443－7
□**定　　价**　58.00 元